华为ICT学院指定教材

工信知识赋能工程

智能终端安全与实践

基于 OpenHarmony 操作系统

邹仕洪 郭燕慧 张 熙 编著

技术审校 付天福 陆月明

人民邮电出版社

北 京

图书在版编目（CIP）数据

智能终端安全与实践 ：基于 OpenHarmony 操作系统 /
邹仕洪，郭燕慧，张熙编著. -- 北京 ：人民邮电出版社，
2025. -- ISBN 978-7-115-67637-5

Ⅰ．TN929.53

中国国家版本馆 CIP 数据核字第 2025RH1564 号

内 容 提 要

本书以 OpenHarmony 操作系统为例，介绍新一代智能终端（由分布式多设备组成的超级终端）的安全原理与实践，详细阐述了智能终端的分级安全架构设计及核心安全机制，包括安全架构、系统完整性保护、用户身份认证、访问控制、分布式协同安全、应用安全与数据安全等内容。

本书主要面向网络空间安全、计算机科学与技术、电子信息等相关专业的高校师生和相关领域的科研人员，以及从事智能终端安全研发、测试与运维的工程技术人员。

◆ 编　著　邹仕洪　郭燕慧　张　熙

技术审校　付天福　陆月明

责任编辑　邓昱洲

责任印制　焦志炜

◆ 人民邮电出版社出版发行　　北京市丰台区成寿寺路 11 号

邮编　100164　　电子邮件　315@ptpress.com.cn

网址　https://www.ptpress.com.cn

固安县铭成印刷有限公司印刷

◆ 开本：787×1092　1/16

印张：13.25　　　　　　　　　　　2025 年 8 月第 1 版

字数：312 千字　　　　　　　　　2025 年 8 月河北第 1 次印刷

定价：69.80 元

读者服务热线：(010)81055410　印装质量热线：(010)81055316

反盗版热线：(010)81055315

在万物互联的智能化时代，智能终端已深度融入人类生活，从移动支付终端、智能穿戴设备到工业物联网节点，数以百亿计的智能设备承载着数字经济核心业务与关键数据资产。智能终端的安全性不仅关乎个人隐私与财产安全，更成为维系社会数字化进程的基石。面对终端形态泛在化、操作系统碎片化与攻击技术持续演进的三重挑战，传统"围墙式"安全架构在万物智联场景下日显疲态，"烟囱式"和"补丁式"防御体系难以应对动态威胁，构建软硬协同的内生安全能力已成为产业发展的必然选择。

2020 年 9 月，开放原子开源基金会（OpenAtom Foundation）正式接纳华为贡献的智能终端操作系统基础代码，由此诞生了开源操作系统项目 OpenAtom OpenHarmony（以下简称 OpenHarmony）。自开源以来，国内外众多芯片厂商、设备厂商积极对 OpenHarmony 进行适配，发布各种开发板、操作系统发行版和设备，使它成为万物智联时代的首选数字基座。作为我国自主研发的新一代操作系统，OpenHarmony 能够将多个架构迥异、能力不同的设备通过虚拟化技术组成一个超级终端，在这个全新的虚拟超级终端上，OpenHarmony 的分级安全架构确保了"正确的人用正确的设备正确使用数据"。OpenHarmony 不仅具备开源开放的生态优势，而且通过分级安全架构实现了从芯片信任根到应用服务的全生命周期的、跨设备的体系化安全防护，这使其成为研究新一代智能终端安全体系的理想样本。

本书秉承"理论架构与工程实践双轮驱动"的理念，系统地构建了智能终端安全知识体系。通过深入解析 OpenHarmony 开源代码，将安全机制理论与工程实践有机融合，着力培养读者"知其然更知其所以然"的体系化安全思维。全书内容如下。

第 1 章 概述

这一章首先从硬件、操作系统和应用 3 个方面对智能终端进行介绍，接着介绍安全概念与信息技术安全通用评估准则，然后基于通用评估准则的方法论分析智能终端安全威胁与安全需求，最后介绍智能终端安全体系与评估的现状。

第 2 章 安全架构

这一章首先回顾计算机安全的发展历程，详细阐述计算机安全架构的 3 个要素：隔离机制、访问控制和可信计算。然后介绍微观层面与漏洞对抗的内存访问控制，以及系统安全等级和系统安全的演进与发展。最后介绍 OpenHarmony 安全设计理念与分级安全架构。

第 3 章 系统完整性保护

这一章首先介绍系统完整性保护的主要技术，包括系统启动的基本保护机制和基于 TPM 硬件芯片的度量机制，然后从启动时完整性保护、运行时完整性保护和配置文件完整性保护 3 个方面详细阐述了 OpenHarmony 的系统完整性保护。

第 4 章　用户身份认证

这一章首先介绍用户身份认证概念、分类及主要技术，然后详细介绍 OpenHarmony 的身份认证技术体系，包括用户身份管理与认证架构、用户身份认证流程，以及生物认证可信等级（Authentication Trust Level，ATL）。

第 5 章　访问控制

这一章首先介绍访问控制和权限管理，然后介绍黑/白名单、自主访问控制（Discretionary Access Control，DAC）、强制访问控制（Mandatory Access Control，MAC）等主流访问控制机制，最后详细阐述 OpenHarmony 访问控制体系和 OpenHarmony 应用分级访问控制。

第 6 章　分布式协同安全

这一章首先阐述分布式操作系统及分布式协同关键技术，剖析协同安全挑战；然后解读 OpenHarmony 分布式协同安全目标与设计理念；最后详解 OpenHarmony 分布式协同安全的技术路径——设备互信关系建立与认证的原理及方法。

第 7 章　应用安全

这一章首先剖析应用安全面临的威胁与挑战、应用生态安全模型、应用生态安全目标与治理架构，解读应用运行生命周期各阶段安全要点；然后讲解 OpenHarmony 的沙箱隔离、权限管控与应用签名的流程与作用。

第 8 章　数据安全

这一章首先剖析数据安全总体目标，然后详解数据分类分级、系统级文件加密、分布式数据传输安全，以及跨用户文件分享安全。

智能终端是安全攻防博弈的永恒战场，期待本书能培育兼具战略视野与战术能力的新一代安全人才。值此开源生态蓬勃发展之际，我们更呼吁读者秉持"开放共治"理念，共同筑牢数字世界的安全基石。

致谢

感谢华为终端安全团队对北京邮电大学"基于 OpenHarmony 的高安全终端设计"课程的全方位支持，特别致敬付天福、李昌婷、侯林、聂集腾、高红亮和刘元章等华为专家，以及北京邮电大学陆月明教授在课程建设与书稿审校中的专业贡献。

感激北京邮电大学网络空间安全学院师生的深度参与，实验室研究生团队孙冠楠、武琦、薛安、王婷宇、曹强、叶成杰、杨勇杰、张国胤、孟繁帆、林于翔、赵思苇、张一鸣、杨成尧等在代码验证与文稿校对上展现出卓越的专业素养，以及李剑教授对书稿审校工作的支持。

最后，向所有 OpenHarmony 开源社区贡献者致以崇高敬意，正是你们的智慧结晶铸就了技术创新之路。

本书配套代码资源请在 PC 浏览器中访问 https://box.lenovo.com/l/u1FKVr 下载。

书中不足之处，恳请学界同仁与业界专家不吝指正，让我们共同推动智能终端安全技术的持续演进。

目 录

第 1 章
概述

01

1.1　智能终端

在 20 世纪，终端（Terminal）通常指的是与大型主机系统交互的，由显示器、键盘等 I/O 设备组成的操作台设备，是**直接与用户交互的输入输出处理设备**。后来，终端的处理能力越来越强大，"终端"这个词已经约等于计算机系统，也就是人们常说的微型机或个人计算机（Personal Computer，PC）。到了 21 世纪，随着移动系统技术（包括软件和硬件）的发展，人们所说的终端，更多指的是笔记本计算机、智能手机、平板计算机等设备。并且，随着消费电子设备的发展，智能电视、智能眼镜、智能手表、智能手环等设备也已加入终端的行列。

近年来，智能终端（Smart Terminal）的概念在各种媒体中频繁被提及。从概念上讲，智能终端是相对于非智能终端而言的，**"智能"的核心特征是功能的可扩展性**。在 21 世纪之前，面向消费市场的终端产品由于受软硬件能力的限制，大多属于非智能终端，出厂之后功能即被固化。功能可扩展的基础是有一个软件平台——操作系统。随着嵌入式软硬件技术和操作系统技术的发展及硬件成本的不断降低，智能终端由于功能灵活可扩展，迅速发展并快速取代了非智能终端，成为市场主流。

随着信息技术的飞速发展，网络已经成为现代社会的基础设施之一。从最初的"固定"互联网到如今的移动互联网、物联网（Internet of Things，IoT），网络技术的演进不断推动着智能终端的革新，二者之间的关系也日益紧密。首先，2000 年开始的移动互联网的兴起，为移动智能终端的普及提供了强有力的支撑，手机、平板计算机等移动智能终端使用户能够随时随地访问互联网，逐渐成为日常生活的核心工具。随着支持 eMBB、uRLLC、mMTC 三大场景的 5G 网络的商用，进一步推动了**智能终端与网络的紧密结合**，无论是智能家居设备、可穿戴设备，还是应用于工业、农业、医疗、交通等领域的设备，如工业平板计算机、智能电表、智能水文监测仪、医疗监控和诊断终端、智能网联汽车等，都能与网络连接、彼此协同工作，极大增强了终端设备的应用价值。

综上所述，**智能终端是一种嵌入式计算机设备，通常具有网络连接能力和人机交互能力，具备可以明确区分的操作系统与应用软件，可以动态配置操作系统并增减应用软件**。智能终端的核心构成包括硬件、操作系统和一系列可扩展的应用软件，如图 1-1 所示。

应用商店的应用规模是衡量操作系统生态的一个重要指标，Android 操作系统和 iOS 的应用规模都超过了百万，鸿蒙操作系统的应用规模正在迎头赶上。

与此同时，智能手表、智能电视、智能座舱等新型智能终端的应用生态蓬勃发展，各具特色。

1. 智能手表

智能手表作为可穿戴设备的重要代表，其应用生态主要围绕健康监测、智能交互和便捷生活展开。

健康监测：智能手表搭载了先进的传感器和 AI 算法，能够实时监测用户的心率、血压、血氧饱和度等生理数据，并提供异常预警。部分智能手表还能分析用户的睡眠质量，提供个性化的改善建议。

智能交互：智能手表内置语音助手功能，用户可以通过语音指令完成多种操作，如音乐播放、信息查询、日程安排等，极大地提升了使用便利性。同时，智能手表还支持与智能手机无缝连接，实现电话接听、信息推送等功能。

便捷生活：智能手表具有丰富的应用生态，可以接入各种健康、运动、支付等服务。例如，用户可以通过智能手表实现在线支付、控制智能家居设备等，打造全面的智能生活体验。

2. 智能电视

智能电视已经超越了传统电视机的功能，其应用生态更加多元化和智能化。

娱乐功能：智能电视配备高分辨率屏幕和优质的音响系统，提供影院级的视觉和听觉体验。用户可以通过智能电视在线观看高清影视、玩体感游戏等，享受丰富的娱乐体验。

个性化推荐：智能电视集成强大的 AI 技术，能够深度学习用户的观看习惯，提供个性化的内容推荐。这使得用户在海量内容中能够快速找到自己喜欢的内容。

智能家居控制：智能电视还可以作为智能家居的控制中心，用户通过电视屏幕即可控制家中的智能设备，如智能电灯、智能空调等，实现智能家居的便捷管理。

生活助手：智能电视还具有工作助手、学习助手等多种功能。例如，用户可以利用电视处理工作事务、提升外语口语水平等。此外，智能电视还能根据用户的兴趣推荐旅游目的地和特色美食，为用户的旅行计划提供更多选择。

3. 智能座舱

智能座舱作为汽车行业的创新成果，其应用生态主要围绕人机交互、个性化服务、安全舒适性和娱乐与信息服务展开。

人机交互：智能座舱采用多种人机交互方式，如触控操作、语音识别、手势控制等。这些技术使得用户能够轻松操控车辆功能，如调节空调、播放音乐等。同时，智能座舱还支持多区域语音控制和手势识别，提高了驾驶的安全性与便利性。

个性化服务：智能座舱能够根据用户的喜好和需求提供个性化的服务。例如，用户可以根据自己的喜好调整座椅和内饰，打造独一无二的驾驶环境。智能座舱还能根据乘客的身体状况自动调整座椅参数，以满足乘客对舒适性的要求。

安全舒适性：智能座舱通过优化驾驶员、传感器与车辆系统的协同工作，提升驾驶安全性。例如，智能座舱可以实时监测驾驶员的疲劳程度，并在必要时发出预警。同时，智能座舱还具备自动调节空调、切换空气循环模式等功能，为用户提供舒适的乘坐体验。

娱乐与信息服务：智能座舱还提供了丰富的在线音乐、视频、有声读物等内容，以及实时交通信息和新闻资讯。这使得车内人员能够在出行过程中享受娱乐和信息服务，实现与外界信息的无缝衔接。

1.2　安全概念与信息技术安全通用评估准则

1.2.1　安全概念

随着信息技术的发展，政府、军队、公司、金融机构、医院等组织机构构建了各种各样的 IT 系统，积累了大量产品研发、生产经营、财务运作、员工档案、客户关系等与组织业务运营和生产经营相关的信息资产。这些资产被收集、组织、存储在 IT 系统中，并通过网络传输到组织内外的网络化系统中。诸如个人信息、重要数据等敏感信息一旦泄露或遭受破坏，可能会导致相关机构和个人在经济等多个层面的损失。因此，信息安全技术从 20 世纪 60 年代开始逐步得到重视。

对信息的保护应从多个方面进行考虑。例如，IT 系统必须遵循各种法律法规及组织合规性的要求，确保 IT 系统及其管理信息受到保护，不受偶然的或者恶意的因素影响而遭到破坏、修改、泄露；同时，IT 系统及 IT 产品组成部分应能连续、可靠地运行，保证组织业务运行的连续性。

实际上，信息保护的目标随着人们对信息安全技术的认识逐步加深而渐渐清晰。信息安全最初用于保护 IT 产品和 IT 系统中处理、传递的秘密数据，注重数据在传输和存储过程中的机密性。因此，早期的信息安全主要强调的是通信安全。随着主机技术、数据库技术和信息系统的广泛应用，信息安全概念逐步扩充到数据完整性，包括用户身份鉴别、授权和访问控制、安全审计等安全机制与功能。因此，在 20 世纪 70 年代，信息安全强调计算机安全。随着计算机软硬件技术的快速发展，出现了对内开放、对外封闭的 IT 系统，计算机在处理、存储、传输和使用信息时面临被泄露、窃取、篡改、滥用、干扰、丢失等安全威胁，出现了数据加密、可信计算等面向信息保护的信息安全概念。网络的发展，特别是互联网技术的发展使 IT 产品和系统的应用范围不断扩大，IT 产品和系统依赖网络的正常运行，信息安全必须考虑网络安全。

21 世纪以来，特别是随着云计算、移动互联网技术和大数据技术的广泛应用，信息安全又上升到"网络空间安全"层次。网络空间是所有 IT 产品和系统的集合，是人类生存的信息环境，人在其中与信息相互作用、相互影响，并由此产生人与人、人与社会的更深层次的交流。网络空间安全的概念最宏观，涉及技术、法律、经济、军事等诸多领域。2015 年 6 月，国务院学位委员会和教育部批准在我国增设网络空间安全一级学科。网络空间安全是研究信息获取、信息存储、信息传输和信息处理领域中信息安全保障问题的一门新兴学科，融合了计算机、电子、通信、数学、物理、生物、管理、法律和教育等诸多学科，是一门交叉学科。

在有关信息安全的国际标准中，安全通常定义为"安全是指保护信息在采集、传输和处理中，免遭未授权的泄露（机密性）、未授权的修改（完整性），并对授权实体而言是随时可用的（可用性）"。换句话说，安全是指处理信息的硬件、软件及网络受到保护，不因偶然的或者恶意的原因而遭到破坏、修改、泄露，IT 系统连续、可靠、正常地运行，信息服务不中断。

从安全属性着眼，业界普遍认可 1985 年美国国防部发布的计算机安全桔皮书《可信计算机系统评估标准》（TCSEC）所提出的**机密性、完整性、可用性**（**Confidentiality, Integrity, Availability, CIA**）信息安全"金三角"框架模型。

机密性是指保证信息不泄露给非授权的用户或实体，确保存储的信息和传输的信息仅能被得到授权的各方得到，而非授权用户无法知晓信息内容，不能使用。它是信息安全的基本特性，也是信息安全研究的主要内容之一。对于纸质文档中的信息，保护好文件，使其不被非授权用户接触即可。而对于计算机及网络环境中的信息，不仅要通过访问控制制止非授权用户对信息的阅读或阻止授权用户将其访问的信息传递给非授权用户，也要通过各种加密变换技术阻止非授权用户获知信息内容。在信息安全领域，机密性有时又称为保密性。

完整性是指在信息生成、传输、存储和使用过程中，确保信息或数据不被未授权用户篡改（插入、修改、删除、重排序等）或在篡改后能够被迅速发现。例如在数据库中，完整性是为防止存在不符合语义规定的数据和防止因错误信息的输入输出造成无效操作或信息错误而提出的。在通信领域，完整性主要通过消息认证码等消息鉴别技术来实现；在云存储领域，数据完整性主要通过数据冗余编码、数字签名、消息认证码等技术来保证。因此，一般通过访问控制阻止篡改行为，同时通过消息鉴别算法来验证信息是否被篡改。

可用性是指在某个考查时间段内，信息系统能够正常运行，可以通过概率或时间占有率期望值来度量。可用性是 IT 产品和系统的可靠性、可维护性和维护支持性的综合特性。相对信息安全来讲，可用性是指授权主体在需要信息时能及时得到信息服务的能力。可用性是在信息安全保护阶段对信息安全提出的重要要求，也是在网络化空间中信息服务必须满足的一项信息安全要求。

当然，不同的组织和机构因其对信息安全目标的不同期望，对机密性、完整性和可用性要求的侧重会存在差异。信息安全的机密性、完整性和可用性主要强调对非授权用户的安全控制。而对授权用户（即合法身份的用户）的不正当行为如何进行控制呢？在 TCSEC 基础上，ISO/IEC 27001：2022（对应国标 GB/T 22080—2016）等标准提出了信息安全的其他属性，包括可控性、不可否认性、可审计性、可鉴别性等。其中，可控性、不可否认性等安全属性通过控制授权用户的行为，实现对保密性、完整性和可用性的有效补充。这些安全属性主要强调授权用户只能在授权范围内对 IT 产品和系统资源及数据进行合法的访问和处理，IT 产品和系统会对授权用户的行为进行监督和审查。

可控性是度量 IT 产品和系统中的所有安全状态是否可被其输入数据影响的性质。如果 IT 产品和系统所有状态变迁都可被输入数据影响和控制，且从任意的初始状态都可达到某个指定状态，则称 IT 产品和系统安全功能行为是可控的。或者更确切地说，IT 产品和系统的安全状态是可控的。否则就称 IT 产品和系统安全功能是不完全可控的，或简称为 IT 产品和系统安全功能不可控。因此，可控性要求 IT 产品和系统管理的信息及其安全技术与控制机制对用户是透明的，用户可通过输入参数和安全管控措施对 IT 产品和系统的信息和技术机制实施安全监控管理，防止它们被非法访问和使用。

不可否认性是指防止发送方或接收方抵赖所传输的信息及其行为，要求无论发送方还是接收方都不能抵赖所进行的信息传输。因此，当发送一个信息时，接收方能证实该消息的确是由所宣称的发送方发来的（源非否认性）。当接收方接收到一个消息时，发送方能够证实该消息的确送到了指定的接收方（非否认性）。信息安全领域一般通过数字签名来提供抗否认服务。

可审计性要求 IT 产品和系统记录针对网络服务资源（包括数据库、主机、操作系统、网络设备、安全设备等）所发生的各种事件并提供给安全管理员，作为系统维护及安全防范的依据。安全审计是保障信息的机密性、完整性、可控性、可用性和不可否认性的重要手段。从不同的审计角度和实现技术与机制进行划分，安全审计分为合规性审计、日志审计、网络行为审计、主机审计、应用系统审计、集中操作运维审计等。

可鉴别性是指确保一个信息的来源或信息本身被正确地标识，同时确保该标识没有被伪造，分为实体鉴别和消息鉴别。消息鉴别是指能向接收方保证该消息确实来自它所宣称的源；实体鉴别是指在双方通信连接发起时能确保这两个实体是可信的，即每个实体的确是他们宣称的那个实体，使第三方不能假冒这两个合法方中的任何一方。可鉴别性也是一个与不可否认性相关的概念。为了达到信息安全的目标，各种信息安全技术的使用必须遵守一些基本原则。

需要指出的是，ISO/IEC 15408:2022（对应 GB/T 18336—2024）已替代 TCSEC，成为国际互认的信息技术安全的通用评估准则。该标准对安全属性的支持十分宽泛，不仅提供了针对机密性、完整性和可用性这 3 个属性的安全组件，还提供了丰富的安全组件来支持可鉴别性、不可否认性、可审计性、用户隐私性、数据和实体真实性等安全属性，同时它还允许用户通过扩展组件定义来支持 IT 产品其他特定的安全要求。

1.2.2　信息技术安全通用评估准则

通用评估准则体现了西方国家在信息技术安全评估领域多年来的发展成果，标志着它们在"信息技术安全评估标准"这一领域的新高度。早在计算机诞生之初，人们对计算机安全的需求及对信息安全的关注便开始萌芽。在那个时代，国防、情报等国家敏感领域相关部门是计算机的主要用户，他们非常重视计算机安全技术及其测试与评估技术，以防止非授权人员对国家重要信息或机密信息蓄意或无意的访问，或者是对可能导致组织机密信息泄露的计算机及其外围设备的非授权操作。

由于信息技术安全评估的复杂性和 IT 国际贸易的迅速发展，单靠一个国家或地区自行制定并实行的信息技术安全评估标准已无法满足测评结果国际互认的要求。因此，西方多个国家安全机构与组织决定集结他们的资源以应对信息技术发展带来的各种安全挑战，提出了制定统一的 IT 产品和系统安全评估标准的方案。在此方面，原欧洲共同体提出的《信息技术安全评估准则》（ITSEC）为多国共同制定区域性信息安全标准开了先河。为了掌握 IT 市场的主导权，美国在 ITSEC 发布之后立即倡议欧美 6 个国家的 7 个组织，包括英国、法国、德国、荷兰、加拿大的国家安全相关机构，以及美国国家安全局（National Security Agency，NSA）和国家标准技术研究所（National Institute of Standards and Technology，NIST），共同制定《信息技术安全通用评估准则》（CC），这 6 个国家成为 CC 发起人。1993 年 6 月，CC 编辑理事会（Common Criteria Editorial Board，CCEB）成立，正式启动 CC 的编制工作，随后通过与 ISO/IEC JTC1/SC27 的 WG3 合作，于 1994 年启动了 CC 项目的国际化工作，以便将 CC 及其配套标准以 ISO/IEC 国际标准的形式进行发布和维护。

CC 是在早期多种信息技术安全评估相关标准（如 TCSEC、ITSEC、CTCPEC、FC 等）基础上开发和不断完善而来的，其优势体现在安全要求表达结构的开放性、表达方式的通用性、表达结构的内在逻辑完备性及标准的实用性几个方面。这些特点是 CC 不断扩大应用范围、取得应用成效的主要原因。

在 CCEB 与 ISO/IEC JTC1/SC27 WG3 合作前，国内的学者就已跟踪区域性信息技术安全评估标准的研制工作。在 CC 成为 ISO/IEC 标准后，由中国信息安全测评中心牵头，会同上海交通大学、中国科学院等机构对 ISO/IEC 15408:1999 标准进行了翻译和转标处理，于 2001 年完成了等同 ISO/IEC 15408:1999 的国家推荐标准 GB/T 18336—2001《信息技术　安全技术　信息技术安全评估准则》，包含以下 3 个部分：GB/T 18336.1—2001《信息技术　安全技术　信息技术安全评估准则　第 1 部分：简介和一般模型》（对应 ISO/IEC 15408-1）；GB/T 18336.2—2001《信息技术　安全技术　信息技术安全评估准则　第 2 部分：安全功能组件》（对应 ISO/IEC 15408-2）；GB/T 18336.3—2001《信息技术　安全技术　信息技术安全评估准则　第 3 部分：安全保障组件》（对应 ISO/IEC 15408-3）。

2022 年，CC 最新版本发布，国内对应采标为 GB/T 18336.1—2024，新增 GB/T 18336.4—2024《信息技术　安全技术　信息技术安全评估准则　第 4 部分：评估方法和活动的规范框架》（对应 ISO/IEC 15408-4）和 GB/T 18336.5—2024《信息技术　安全技术　信息技术安全评估准则—第 5 部分：预定义的安全要求包》（对应 ISO/IEC 15408-5）。

1.2.3　CC 安全模型与评估保障级别

CC 安全模型的核心，在于明确产品的市场定位与应用场景，进而深入分析影响安全性的两大核心要素：内因（脆弱性）与外因（威胁）。脆弱性主要源于系统设计与实现中的不足，如代码缺陷、配置错误等；而威胁则来自外部环境的恶意行为，如黑客攻击、病毒传播等。通过深入剖析这两大要素，我们能够更准确地评估安全风险，为制定有效的安全对策提供依据，CC 安全模型如图 1-4 所示。

在设计安全产品时，我们的目标是通过合理的组合与配置，最大限度地降低安全风险，保护资产免受损害。这要求人们在充分理解威胁与脆弱性的基础上，灵活运用各种安全技术与产品，如防火墙、入侵检测系统、数据加密等，构建出多层次、立体化的安全防护体系。

CC 标准定义了两类关键的安全需求：**功能需求**、**保障需求**。

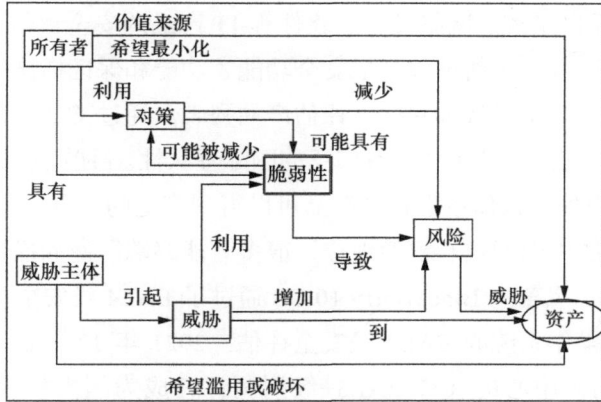

图 1-4　CC 安全模型

功能需求是指信息安全产品或系统必须具备的安全功能，它们是确保产品或系统能够稳定、安全运行的基本条件。以操作系统为例，功能需求可能包括用户身份验证、访问控制、数据加密、日志审计等，这些功能共同构成了操作系统的安全防线，保护系统免受未授权访问和数据泄露等风险。对于数据库而言，功能需求则可能涉及数据完整性保护、并发控制、备份恢复等，以确保数据的准确性和可用性。明确和满足功能需求，是信息安全产品设计和开发过程中的关键环节，也是产品获得市场认可和用户信任的基础。

保障需求与信息安全产品或系统安全性的保障程度紧密相关，并且这种需求是分层次的。以操作系统为例，保证等级可能划分为四级或五级，每一级都代表了操作系统在安全性方面的不同保证程度。保障需求可以类比为一扇门的坚固程度，它不仅关注门的基本作用（即功能需求），更关注门在抵御外部威胁时的能力和强度。就像木门、铁门，以及不同级别的防盗门一样，它们在抵御撬锁、撞击等威胁时的表现各不相同，从而反映了不同的安全保证级别。在信息安全领域，保障需求的高低直接决定了产品或系统在面对复杂多变的安全威胁时的抵御能力。

CC 还引入了评估保障级别（Evaluation Assurance level，EAL）的概念，用于表示对产品进行评估的深度和严格程度。EAL 级别分为 EAL1～EAL7，级别越高表示评估越严格，产品的安全性能越可靠，如表 1-2 所示。

表 1-2　　　　　　　　　　　　　　　　　　　　EAL 的说明

级别	说明
EAL1	功能性测试，主要验证产品是否具备声明的安全功能
EAL2	结构性测试，在功能性测试的基础上增加对产品内部结构的检查
EAL3	系统性测试和检查，对产品的整体安全性进行更深入的测试和审查
EAL4	系统性设计、测试和复查，在系统性测试和检查的基础上增加对产品设计的评估
EAL5	半形式化设计和测试，采用半形式化的方法对产品的设计和实现进行评估
EAL6	半形式化验证的设计和测试，在半形式化设计和测试的基础上增加对产品实现的验证
EAL7	形式化验证的设计和测试，采用形式化的方法对产品的设计和实现进行全面验证

CC 被广泛应用于操作系统、网络设备、软件等 IT 产品的安全评估中；产品的 CC 认证由授权的独立评估实验室进行，评估过程包括安全功能、功能和保证措施的测试与验证。如果产品符合指定的标准，就可以获得认证并列入评估产品列表。通过 CC 认证的产品可以在国际市场上获得更多的认可和信任，因为 CC 具有广泛的国际互认性。目前，已有多个国家签署了《CC 互认协定》（CCRA），明确了该体系下认证产品可以得到广泛的认可。

由于操作系统在智能终端的核心枢纽地位，很多智能终端厂商的操作系统通过了 CC 的高等级评估认证。2013 年，黑莓的 BlackBerry 10 OS 通过了 EAL4 级安全评估。2015 年，元心公司完成了国内首个移动操作系统的 EAL4 级安全评估。2021 年 12 月，元心公司的安全微内核通过了中国信息安全测评中心的 CC EAL5+ 级别测评，成为国内权威测评机构颁发的首例 EAL5+ 级别的软件产品。2023 年 7 月，华为鸿蒙微内核获得了 CC EAL6+ 级别认证，这是业界通用操作系统内核领域的最高安全等级认证。2024 年 6 月，华为 HarmonyOS NEXT 斩获智能终端操作系统领域首个 EAL5+ 级别的认证。

1.3　智能终端安全威胁与安全需求

1.3.1　安全威胁

随着移动互联网及 4G/5G 移动通信技术的飞速发展，以智能手机为代表的移动智能终端已成为人们工作与生活不可或缺的重要工具。与此同时，针对智能手机的病毒、木马、黑客攻击等各种安全威胁层出不穷，种类与数量也呈逐年上升的趋势，并且传播速度呈指数级增长，移动安全问题日趋复杂。通过智能手机窃取个人信息，并以此为踏板诈骗个人财产，甚至威胁人身安全的事件频发。如图 1-5 所示，据《2023 年中国手机安全状况报告》统计，2023 年 360 安全大脑共截获移动端新增恶意程序样本约 5964.0 万个，同比 2022 年（2407.9 万个）增长了约 147.7%。恶意软件的攻击目的主要包括数据与隐私窃取、资费消耗与恶意扣费、远程控制，以及破坏移动终端可用性。

图 1-5　移动终端新增恶意程序样本量

数据与隐私窃取：作为个人生活、工作不可或缺的工具，移动终端通常存储有大量个人信息与工作信息。攻击者可能利用恶意移动 App（如针对 iPhone 的 PhoneSpy 软件）窃取用户信息并传送给攻击者或其他利益方。而移动终端信息窃取通常还伴随着电信诈骗、商业欺诈等违法行为，因此信息与隐私窃取会对用户财产、人身安全造成严重威胁。

资费消耗与恶意扣费：已有研究表明，超过 40% 的恶意移动 App 是以直接或间接获取金钱利益为目的的。例如，攻击者可以利用恶意软件（如木马 Trojan-SMS.AndroidOS.FakePlayer）控制移动设备向特殊号码发送短信定制某服务，从而非法获得经济利益。

远程控制：由于移动终端已成为智能家居、汽车的远程控制端，通过移动终端实现的恶意攻击可能会导致对用户的人身伤害。例如，通过远程恶意软件控制智能门锁、加热装置、抽水马桶等智能家居设备对用户进行人身伤害等。另外，移动终端蓝牙、WiFi 等无线通信方式为用户提供便利的同时，也为攻击者实施远程控制提供了便利的途径。目前，业界已公开了多种基于蓝牙、WiFi 接口入侵并远程控制移动终端的案例。

破坏移动终端可用性：该类攻击的目的是破坏系统、干扰用户正常使用，乃至使系统崩溃或移动终端关机。例如，利用移动终端电池供电的特点，恶意软件通过 CPU 进行大量运算来耗尽电量，从而造成移动终端关机。更为严重的是，恶意软件可以获取 Root 权限后随意修改、删除终端数据，给用户造成难以挽回的损失。

2021 年"飞马（Pegasus）事件"曝光，包括一些国家政要在内的 5 万余人的手机被飞马间谍软件入侵。2023 年 12 月 27 日，在德国汉堡举行的混沌通信大会上，卡巴斯基的专家展示了"三角测量行动"研究的结果，该研究揭示了对 Apple 设备的复杂攻击链，该攻击链利用了 4 个零日漏洞。这些漏洞链接在一起，形成零点击漏洞，使攻击者无须与受害者进行交互即可获得权限并执行远程代码。攻击从发送到目标的恶意 iMessage 附件开始。整个攻击链是零点击的，这意味着它不需要用户交互，也不会产生任何可检测的痕迹。

1.3.2　安全需求

由于智能终端具有广泛的使用场景，并承载了巨大经济及数据价值，它们已成为不法分子、黑客甚至高级持续性威胁（Advanced Persistent Threat，APT）组织的主要攻击目标。如何系统性地构建智能终端的安全防御体系以应对这些挑战，需要一套科学的方法论和实践体系。1.2 节介绍的 CC，就提供了国内外业界公认的方法论和实践体系。依据该体系，首要的工作是识别受保护资产、分析安全威胁，进而得出安全需求。

从 CC 安全模型的角度，智能终端的资产主要是用户数据、系统数据和敏感资源。

用户数据：用户或应用软件产生的数据，如用户联系人、短信、位置信息、健康数据、照片等。

系统数据：包括系统镜像、系统升级包、访问控制策略、安全配置数据、预置证书、根密钥等。

敏感资源：包含敏感接口、通信资源、外设资源（如摄像头、位置传感器）等。

与此同时，智能终端面临的威胁可以抽象归纳如下。

完整性破坏：通过攻击非法篡改智能终端安全功能数据或可执行代码，破坏智能终端的完整性，导致保护数据资产的安全机制不再正常工作。

非授权访问：非授权用户或进程访问智能终端的安全功能、系统数据和用户数据，并对安全功能、系统数据和用户数据进行恶意操作。

授权用户的恶意行为：授权用户因安全意识薄弱或误操作，对智能终端操作系统进行不正确配置，或授权用户恶意利用权限进行非法操作，使智能终端安全受到威胁。

数据传输窃听：攻击者可能窃听或篡改智能终端与其他实体之间传输的数据，造成数据泄露或被篡改。

物理访问：攻击者尝试通过访问智能终端的物理接口来访问资产，或通过猜测口令和/或仿冒生物识别技术，来获得对用户数据资产的访问权限。物理接口包括 JTAG 接口、USB 接口、充电接口、直接访问智能终端存储介质的物理接口等。

残余信息利用：用户出售智能终端并尝试事先删除所有用户数据资产，攻击者可能利用智能终端残留信息的处理缺陷，利用未删除的残留信息获取敏感信息。

恶意应用软件攻击：恶意应用软件尝试越权访问用户数据和系统敏感资源，窃取用户数据或修改智能终端的关键配置。

会话冒用：攻击者尝试利用不被使用的会话，假冒授权用户对智能终端的功能和数据进行恶意操作。

根据已识别的受保护资产和安全威胁，下一步就是制定安全需求。安全需求是 IT 系统或产品设计需要满足的条件，以防止安全威胁对受保护资产造成损害。在 CC 框架中，安全需求通常从以下几方面推导得到。

机密性：确保信息只能被授权的实体访问。例如，如果一个资产涉及敏感数据，安全需求可能包括加密和访问控制机制，防止未授权的访问。

完整性：确保信息或系统在传输或存储过程中不被篡改。针对篡改威胁，安全需求可能包括数据完整性检查、签名或校验机制。

可用性：确保资产在需要时可用，不受拒绝服务（Denial of Service，DoS）攻击或其他因素影响。对于服务中断威胁，安全需求可能包括冗余、备份和防止 DoS 攻击的机制。

身份验证和授权：确保只有合法用户能够访问系统资源。针对非法用户访问，安全需求可能包括强身份验证、访问控制、权限管理等。

不可否认性：确保行为者无法否认其行为，常通过日志记录、数字签名等手段来实现。

接下来根据威胁和资产确定安全需求的具体措施，将安全需求转化为具体的技术和操作措施。例如以下措施。

访问控制：为了防止未经授权的访问，可能需要设计基于角色的访问控制（Role-Based Access Control，RBAC）系统，或者使用生物识别技术进行身份验证。

加密：为了保护数据的机密性，可能需要在传输过程中使用传输层安全协议（Transport Layer Security，TLS）进行加密，或者在存储过程中使用高级加密标准（Advanced Encryption Standard，AES）加密。

审计和监控：为了防止数据泄露和篡改，可能需要实施审计日志机制，记录所有重要操作，并进行实时监控。

以上描述的是安全功能需求，下面介绍安全需求另一方面的需求：安全保障需求。对应不同的评估保障级别，有不同的安全保障需求。安全保障需求是指为确保系统的安全性，所需要的设计、开发、测试和验证方面的保障措施。它们主要关注的是如何证明系统的设计和实施是否足够安全，以及是否能够有效应对潜在的安全威胁。与安全功能需求（如数据加密、访问控制等）不同，安全保障需求侧重于对安全性进行验证和证明，确保安全措施的实施是可靠的、有效的。

总结一下，在 CC 中，通过受保护资产和安全威胁的识别与分析，能够明确导出具体的安全需求。这些需求不仅为系统的设计和实现提供指导，还为后续的评估和认证提供了依据。其中关键的过程如下。

识别受保护资产：全面梳理需要保护的资产。

识别安全威胁：分析哪些威胁可能影响这些资产。

制定安全需求：根据威胁和资产的性质，制定相应的安全需求。

通过这种方式，可以确保智能终端的安全性，满足其在实际应用中的各种安全要求。

1.4 智能终端安全体系与评估

1.4.1 智能终端安全体系

针对 1.3 节分析的智能终端安全威胁，为了保障智能终端在复杂环境中安全运行，需要构建一个包括一系列防护措施和机制的智能终端安全体系。该安全体系通常需要包括以下几个关键部分。

硬件安全：确保智能终端设备的硬件组件在设计和制造过程中符合安全标准，防止硬件层面的攻击和篡改。

系统安全：加强操作系统的安全性，包括权限管理、访问控制、安全审计等功能，防止系统层面的攻击和漏洞利用。

应用安全：对智能终端上的应用进行严格的安全审查和管理，确保应用代码的安全性，防止恶意软件的入侵和攻击。

数据安全：采用加密技术保护智能终端上的敏感数据，确保数据在传输和存储过程中的完整性和机密性。

典型的移动智能终端安全体系如图 1-6 所示。

物联网时代，智能终端部署环境与应用场景复杂多样，最关键的是硬件配置千差万别，因此其安全体系也需要灵活应对这一情况。简要来说，物联网智能终端安全体系设计的核心思路是"分级"，在满足基础安全要求的前提下随着硬件资源的增加进行增量的安全机制设计，终端的安全级别决定了它能够处理的数据的安全级别，具体将在第 2 章中展开描述。

图 1-6 移动智能终端安全体系

1.4.2 智能终端安全评估

移动设备基础保护框架（Mobile Device Fundamental Protection Profile，MDFPP）是针对移动智能终端（特别是智能手机、平板计算机等）安全性的一个重要标准，为移动智能终端的安全评估和认证提供了基础的保护要求。MDFPP 由全球平台组织和全球移动通信系统协会（Global System for Mobile Communications Association，GSMA）等组织推动，主要用于为移动智能终端的安全性评估提供一套标准化、通用的框架，确保移动智能终端在设计、开发和部署过程中能够抵御各类安全威胁。MDFPP 主要关注移动智能终端的核心安全需求，尤其是那些影响用户隐私、数据保护和设备完整性的基本安全功能。

MDFPP 定义了与移动设备安全相关的基本要求，主要涵盖以下几个方面。

1. 数据保护与隐私

加密保护：要求设备能够加密存储的数据，包括应用数据和系统数据。所有敏感数据（如个人信息、支付数据等）必须进行加密处理。

数据完整性：确保数据在存储和传输过程中没有被篡改。设备需要使用校验和、哈希算法等机制来保障数据的完整性。

2. 身份验证和访问控制

用户身份验证：设备应支持强身份验证机制，如个人识别码（Personal Identification Number，PIN）、密码、指纹识别、人脸识别等，确保只有授权用户能够访问设备。

访问控制：设备应实施严格的访问控制策略，确保只有经过授权的应用和用户能够访问设备的敏感部分（如存储、通信模块等）。

3. 设备的完整性保护

启动时安全性（Secure Boot）：设备必须具备安全启动功能，确保系统从启动到操作过程中，任何未经授权的操作或篡改都会被检测到并阻止。

固件和操作系统的更新：设备应支持通过安全通道进行远程固件和操作系统更新，以修复安全漏洞。

4. 网络通信安全

加密通信：设备应支持加密的网络通信协议（如 HTTPS、SSL/TLS），确保在传输过程中的敏感信息不会被窃取。

认证机制：设备需要支持多种认证机制，确保在与其他设备或服务器进行通信时能够有效验证对方身份，防止中间人攻击和伪装攻击。

5. 恶意软件防护

防篡改和反病毒：设备应具备恶意软件的检测和防护功能，能够检测并阻止病毒、木马等恶意软件的入侵。

沙箱技术：通过沙箱技术隔离和限制应用的行为，避免恶意应用对设备的操作系统或其他应用造成损害。

6. 物理防护

防止物理攻击：设备应具备一定的物理防护措施，能够防止通过硬件层面的攻击（如侧信道攻击、冷启动攻击等）来获取设备中的敏感信息。

MDFPP 为移动智能终端的安全性提供了一个全面、标准化的保护框架，涵盖了从数据保护到物理安全的各个方面。通过遵循 MDFPP 的要求，厂商可以设计出更加安全的智能终端，增强用户的信任，减少数据泄露、设备篡改和恶意攻击的风险。在全球范围内，越来越多的智能终端依据 MDFPP 进行 CC 认证来提升安全性。以下是通过 MDFPP 的 CC 认证的部分智能手机产品。

OPPO Find X5 Pro：2022 年 4 月，OPPO Find X5 Pro 通过了 2021 年 4 月发布的 MDFPP v3.3 的 CC 认证，成为全球首款通过 MDFPP v3.3 认证的设备。

三星 Galaxy 系列设备：三星 Galaxy 设备 2013 年首次通过了 MDFPP 的 CC 认证，之后的 Galaxy S 系列和 Galaxy Note 系列都通过了该认证。

索尼 Xperia 系列设备：索尼 Xperia Z4 和 Xperia Z5 系列在 2015 年至 2016 年获得了 CC 认证，符合 MDFPP v2.0 的要求。

谷歌 Pixel 系列设备：谷歌第一代 Pixel 智能手机 2017 年通过了 MDFPP 的 CC 认证，之后谷歌发布的 Pixel 系列设备（如 Pixel 2、Pixel 3 等）也相继通过了更新版本的认证，表明其在移动设备安全性上的持续改进。

参考文献

[1] 徐震，李宏佳，汪丹．移动终端安全架构及关键技术[M]．北京：机械工业出版社，2023．

[2] 李毅，任革林．鸿蒙操作系统设计原理与架构[M]．北京：人民邮电出版社，2024．

[3] 石竑松. 信息技术安全评估准则：源流、方法与实践[M]. 北京：清华大学出版社，2020.

[4] 李兴新，侯玉华，周晓龙，等. 移动互联网时代的智能终端安全[M]. 北京：人民邮电出版社，2016.

[5] 中国国家标准化管理委员会. 网络安全技术　信息技术安全评估准则　第 1 部分：简介和一般模型：GB/T 18336.1—2024[S]. 北京：中国标准出版社，2024.

[6] 中国国家标准化管理委员会. 网络安全技术　信息技术安全评估准则　第 2 部分：安全功能组件：GB/T 18336.2—2024[S]. 北京：中国标准出版社，2024.

[7] 中国国家标准化管理委员会. 网络安全技术　信息技术安全评估准则　第 3 部分：安全保障组件：GB/T 18336.3—2024[S]. 北京：中国标准出版社，2024.

[8] 中国国家标准化管理委员会. 智能终端软件平台技术要求　第 1 部分：操作系统：GB/T 34980.1—2017[S]. 北京：中国标准出版社，2017.

[9] 中国国家标准化管理委员会. 网络安全技术 移动终端安全技术规范：GB/T 35278—2017[S]. 北京：中国标准出版社，2025.

第 2 章
安全架构

02

学习目标

① 了解计算机安全的发展历程。
② 理解计算机安全架构的 3 个要素：隔离机制、访问控制和可信计算。
③ 了解系统安全的演进与发展。

④ 掌握 OpenHarmony 分级安全架构设计理念及多级安全模型。
⑤ 掌握 OpenHarmony 的"三正确"访问控制模型。

2.1 计算机安全的发展历程

2.1.1 冯·诺依曼体系结构的安全缺陷

在计算机发展的最初阶段，计算机系统的设计目标主要集中在功能和性能上。早期的计算机（如 20 世纪 40 年代的 ENIAC）主要用于科学计算、军事用途和数据处理，其设计重点是如何提高计算速度、提升任务处理能力及优化资源利用效率。在那个时代，计算机系统往往是独立运行的，与外部环境几乎没有交互，系统使用者也是明确且有限的少数人。

由于早期计算机没有联网能力，计算机的安全需求主要集中在物理安全上，通过严格的物理环境安全管理来保护系统。系统用户通常是在高度可信的环境中操作，例如军事基地或科研机构，外部威胁的可能性极小。在这一阶段计算机开发者更关注如何通过改进硬件性能和优化程序算法来提升计算能力，而非为系统增加防护机制。这一时期的计算机是单任务处理的，资源完全由单个用户占用，甚至不存在用户之间资源共享的需求，因而不需要复杂的权限管理和访问控制。

但随着计算机从孤立的计算工具转变为互联网的节点，安全性迅速成为计算机系统设计中不可忽视的核心关注点。现代计算机安全正是在这一发展脉络中，逐步从最初的简单访问控制演变为涉及加密技术、网络防护、数据隐私保护等全方位的安全体系。

现代计算机安全架构的设计离不开对**冯·诺依曼体系结构**（见图 2-1）的全面审视与深入剖析。冯·诺依曼体系结构作为经典的计算机体系架构，提出的存储程序模型和统一的内存体系为计算机的发展演进奠定了基础。

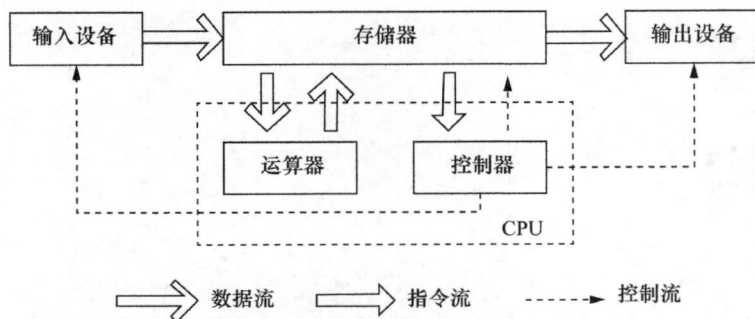

图 2-1　冯·诺依曼体系结构

那么冯·诺依曼体系结构从安全的视角，存在什么缺陷？表面上看，这个架构拥有输入输出和计算单元，整体设计完善。但如果仔细思考，从我们第一次接触计算机的那一刻起，计算机病毒就始终如影随形。回顾历史，我们会发现计算机漏洞从未消失，与计算机病毒的斗争也从未停止。问题的根源何在？从安全的视角来看，这一架构的设计理念在为计算提供便利的同时，也潜藏了一个最大的安全隐患，即**内存访问的开放性**，这成为现代计算机系统面临安全威胁的根源之一。

在冯·诺依曼体系结构中，任意指针可以自由地指向并访问内存中的任意地址，这种设计在当时旨在简化系统操作并提升计算效率。然而，这一特性也为攻击者提供了机会，使其能够通过操纵指针或总线寻址结构读取或修改内存中的关键数据。历史上，缓冲区溢出等典型攻击手段便充分利用了这一漏洞，造成了广泛的系统安全危机。从第一台现代意义上的计算机 ENIAC 开始，这种架构层面的脆弱性便成为病毒传播和漏洞利用的温床。攻击者通过构造恶意输入，可以轻松越界访问内存，篡改数据，甚至控制整个系统，直接威胁到计算机的安全性与稳定性。

从技术层面分析，冯·诺依曼体系结构的核心缺陷在于缺乏严格的内存访问控制机制和有效的权限分离策略。在这种统一的存储体系下，代码和数据共享相同的地址空间，没有明确的权限边界。指针指向的内存块，缺乏严格的只读、执行、写等操作权限，权限一旦被滥用就会带来巨大的灾难。攻击者可以通过简单的地址操纵直接访问或修改内存中的数据。总线寻址结构的设计进一步加剧了这一问题——只要地址线指向内存中的某个位置，相应的数据便会被读取或修改，而系统通常缺乏对这些操作的验证和约束。这种安全设计的先天不足，直接导致了诸多经典攻击事件的发生。

因此，在计算机出现的早期，计算机安全更多依赖物理和人员安全保障。大型计算机使用纸带机，这种设备的安全威胁来自输入纸带的泄密，打孔被篡改，甚至操作员成为间谍。应对这种安全威胁的策略是将计算机放置在严密的军事保护区内，操作员必须经过严格的政治审查，确保他们"政治过硬，踏实可靠"。然而，物理和人员安全保障的局限性非常大。

2.1.2　MULTICS

1964 年贝尔实验室、美国麻省理工学院及美国通用电气公司共同发起设计了一款能够应对更复杂安全需求的计算机，这就是后来的 MULTICS——现代计算机操作系统安全设计的鼻祖。

MULTICS 能够支持 1000 个终端接入，用户涵盖科研机构、教育机构及部分商业领域的科研人员等。这个系统的设计要求能够支持 300 个用户的并发处理，同时保证所有应用和数据的绝对安全，因为这些数据和程序涉及绝密的科研项目，一旦泄露，将对国家安全造成无法估量的损失。

MULTICS 的安全设计基于一个核心假设：即使系统已经被恶意程序或特洛伊木马攻陷，仍然能够确保系统核心部分的安全。这种假设推动了 MULTICS 安全模型的发展，并为后来的系统安全设计提供了重要的理论基础。人们熟知的 UNIX 就是在 MULTICS 的基础上创新和发展而来的。

MULTICS 的设计初衷是通过分层和严格的分级管理来构建安全体系。它引入了一个革命性的概念——多层安全（Multi-Layer Security，MLS），这成为操作系统安全架构的基础。MULTICS 将系统划分为多层（最多可达 64 层），不同的安全层级拥有不同的访问权限。图 2-2 所示为 MULTICS 的调用等级。

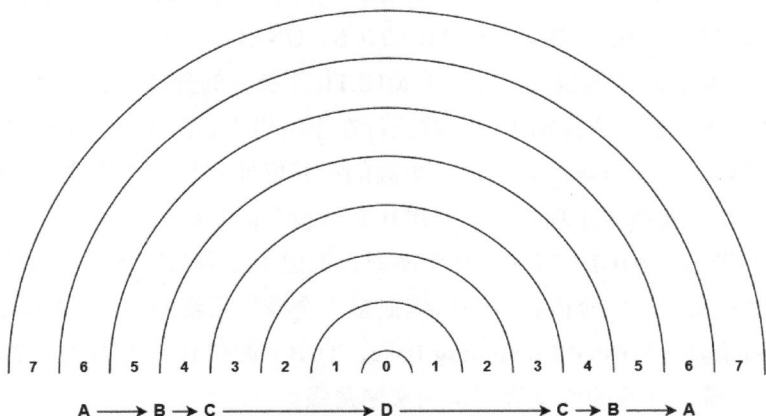

图 2-2　MULTICS 的调用等级

MULTICS 中不同安全层级间的访问控制有一套严格的逻辑，例如，某些安全层级可以读写，某些安全层级只能执行而不能写入，某些安全层级则完全拒绝访问。尽管这一宏伟目标最终由于系统过于复杂使项目失败而未能实现，但它的安全设计理念对后续操作系统架构的安全模型产生了深远影响。它不仅奠定了后续操作系统中多层安全管理的理论基础，还启发了现代计算机架构中关于内核态和用户态的设计。如今，在很多关于计算机安全的学习和研究中，MULTICS 的理念都是不可忽视的基础。

MULTICS 首次将机密性和完整性提升到操作系统安全设计的核心，并提出了引用监视器（Reference Monitor）架构，如图 2-3 所示。引用监视器是一种用于监督和控制所有访问请求的安全机制。它确保系统内的所有访问行为都经过授权检查，防止未经授权的操作。这一架构模型成为后续安全架构的核心模型之一，被广泛应用于现代计算机操作系统。

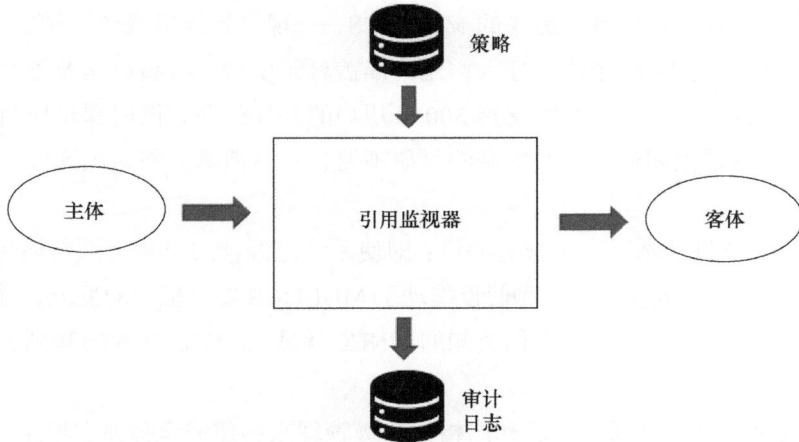

图 2-3　引用监视器架构

MULTICS 项目失败的原因主要在于其设计目标脱离了当时的技术现实，导致开发周期过长、成本过高。然而，MULTICS 的安全设计思想催生了一些重要的成果。1969 年，Ken Thompson 和 Dennis Ritchie 在贝尔实验室的 DEC 小型计算机上开发了 MULTICS 的简化版本——UNIX，标志着现代计算机操作系统的开端。相比 MULTICS，UNIX 在多个方面进行了关键的改动。首先，UNIX 采用了更简洁的系统架构，去除了 MULTICS 复杂的分层设计，专注于核心功能的实现。其次，UNIX 显著降低了资源需求，能够运行在小型机上，而 MULTICS 则需要昂贵的硬件支持。此外，UNIX 以 C 语言编写，实现了更高的可移植性和开发灵活性。这些设计改进不仅确保了 UNIX 的成功，还奠定了现代计算机操作系统设计的基础。

Roger Schel1 借鉴了 MULTCS 的 MLS 模型，推出了支持强制访问控制的 MLS 操作系统 GEMSOS，这个操作系统的安全内核成为后续很多安全操作系统的基石。GSMSOS 首次提出并实现了分层安全可信基（Trusted Computing Base，TCB）的概念，成为第一个满足美国国防部 A1 级要求的操作系统，处理的信息级别是国家绝密级。

Paul Karger 利用引用监视器的架构，设计了基于权能模型的安全架构，引入了操作系统隐蔽信道评估技术来评价操作系统安全等级的理论，使用虚拟机监控器的思想，成为现代虚拟化技术 Hypervisor 的基础。

1972 年，James Anderson 在一篇名为 *Computer Security Technology Planning Study* 的论文中，归纳总结了 MULTICS 的引用监视器的架构模型，也提炼了 MULTICS 的 TCB 概念。

1973 年，Bell 和 Lapadula 将 MULTICS 的机密性保护的设计思想，提炼为系统机密性保护的理论模型，称为 BLP 模型。BLP 模型的基本原则是，高安全等级的主体不可向低安全等级的主体写数据，防止泄密；低安全等级的主体不可向高安全等级的主体读数据，防止窃密。

1975 年，Kenneth Biba 将 MULTICS 的完整性保护设计思想，提炼为 Biba 安全模型，该安全模型的基本原则是，高安全等级的系统不可从低安全等级的系统读取程序或者数据来修改自己的系统，低安全等级的系统不可直接修改高安全等级的系统。Biba 模型成为现代可信计算的核心设计原则之一。

1982 年，英特尔的 80286 处理器正式引入了 Protection Mode 模型，并在指令集上引入了 Ring0～Ring3 的设计，从而在芯片和硬件层面实现了 MULTICS 的 MLS 模型，极大地简化了使用软件来实施 MLS 的复杂度。

2.1.3 计算机安全桔皮书与现代计算机安全

1985年，美国国防部发布了划时代的计算机安全桔皮书 TCSEC，第一次清晰地给出了计算机安全的定义："In general, secure systems will control, through use of specific security features, access to information such that only properly authorized individuals, or processes operating on their behalf, will have access to read, write, create, or delete information." TCSEC 首次明确了计算机安全的使命就是保护信息资产。

TCSEC 定义了计算机安全的等级标准，成为指导后续计算机安全体系架构发展的基础，同时，首次明确引入了 TCB、DAC、MAC 等概念。

随着 IBM PC、微软 DOS 操作系统等技术的发展带来的 PC 大流行，PC 感染计算机病毒（恶意代码）后，整个机器就会沦陷。计算机病毒的肆虐使可信计算步入黄金时代，随着计算机病毒向内核、BIOS 侵入，计算机病毒与杀毒软件之间展开了激烈的对抗，缺乏硬件信任根支持的计算机，变成了计算机病毒的乐园。操作系统在软件层面做了很多抗争，诸如 Canary、堆栈不可执行数据执行保护（Data Execution Prevention，DEP）等技术不断涌现，虽然这些软件方法缓解了一些攻击，但是仍然无法彻底解决问题。因此，基于硬件信任根（hardware security anchor）的可信计算技术走向历史舞台，并在 2003 年成立了可信计算组织（Trusted Computing Group，TGC）。

在与冯·诺依曼体系结构安全性不足带来的安全问题不断对抗的过程中，计算机科学家逐步发展出基于最小权限原则的安全设计理念，强调在资源隔离、权限控制和访问验证等层面实现更高的安全性，包括操作系统内核的强化设计、硬件支持的安全扩展（如可信执行环境和内存加密）及对访问控制机制的持续优化等。通过权限分级模型限制内存的访问范围，从而显著降低攻击者滥用指针或地址操纵的风险。虚拟化技术的引入，则通过创建受控的隔离环境，将高风险的操作限制在特定的虚拟机或容器中，避免恶意代码对系统核心资源的直接威胁。此外，沙盒技术的应用进一步提升了系统的安全性，为程序提供了独立的运行空间，防止资源的无授权访问或不必要的暴露。这些技术手段的结合，构成了现代计算机安全的主线，使现代计算机系统能够在一定程度上规避冯·诺依体系结构遗留的安全缺陷。

2.2 计算机安全架构

2.2.1 安全架构基本概念

安全架构是指在计算机系统中，为实现系统的安全目标而设计的一套系统化、结构化的安全机制、策略和技术的集合。它以系统的整体安全性为核心，围绕机密性、完整性和可用性这三大安全目标，通过软硬件的协同设计和分层防护，构建一个能够有效抵御内部威胁与外部攻击的整体性框架。

计算机安全技术的发展历史，就是一部隔离技术的发展历史。计算机系统在将资源、信息、功能等隔离的同时，也将安全问题进行了"分而治之"的切割，这样当一个隔离域被攻陷时，由于隔离机制的存在，攻击者无法直接发起对另一个隔离域的攻击，降低了攻击的影响。

但是隔离也带来了负面的影响，就是阻碍了系统的资源共享与协作，导致计算机系统无法完成正常的业务逻辑。因此，任何隔离技术，都要面临两个隔离域之间信息共享与协作的需求，也就必然需要访问控制来实现互通。

从安全的角度来说，隔离机制容易实现，但是访问控制却非常难以实现。访问控制机制往往由于主体身份难以"自证清白"，一旦在低安全隔离域沦陷，就会存在被仿冒、劫持等风险，如果把低安全隔离与主体身份用高安全隔离域的引用监视器来管控，性能上又存在不足。这一困境导致了早期系统安全的死循环，最终的解决之道，只能是依靠可信计算来实现，从可信根出发分级确保系统完整性，杜绝对主体身份的仿冒和劫持。

综上，计算机系统的安全架构可以总结为三大关键要素：**隔离机制、访问控制与可信计算**，如图 2-4 所示。隔离机制依赖处理器提供的硬件能力。访问控制机制决定了系统隔离前提下的信息共享。可信计算确保计算机系统的隔离与访问控制机制表现是符合预期的，保障了隔离与访问控制的有效性。

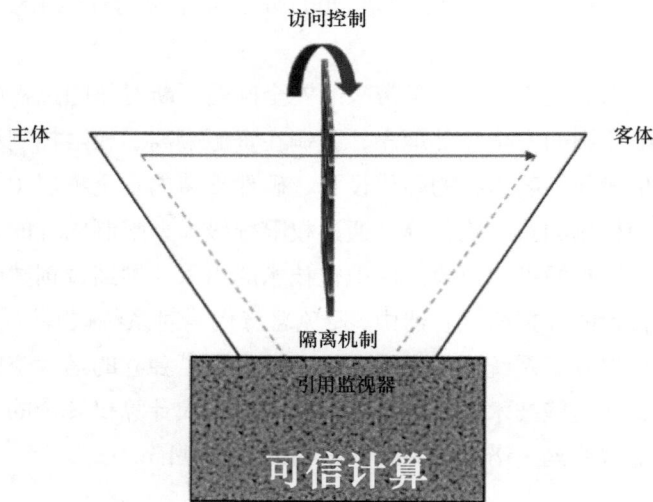

图 2-4　计算机系统安全架构的三大关键要素

2.2.2　隔离机制

在安全架构中，隔离是关键，在计算机系统的不同层次有着不同的隔离技术，如图 2-5 所示。下面从高到低介绍各层次的隔离技术，层次越低的隔离强度越高。

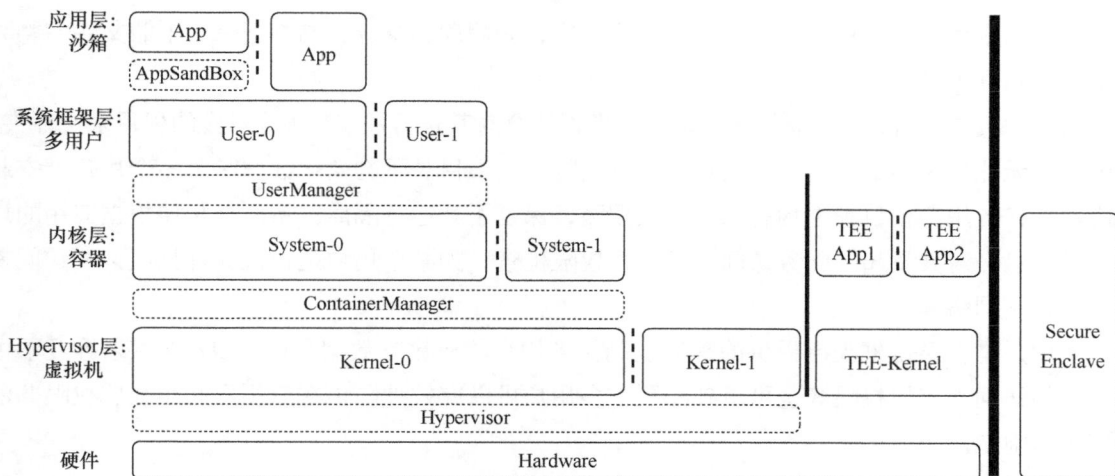

图 2-5　隔离技术全景图

1. 软件实现的虚拟化隔离

利用软件逻辑，将系统在不同层次上划分为多个隔离空间，如应用层的沙箱隔离，系统框架层的多用户隔离，内核层的容器隔离，Hypervisor 层的虚拟机隔离等。因为这些隔离技术使用纯软件实现，所以它们都是虚拟化的逻辑隔离手段。另外，由于软件都存在被攻破的风险，其隔离强度较低。当然，在微观层次，还有进程空间隔离、程序语言对象隔离等，在此不展开讨论。

（1）沙箱（基于应用的虚拟化）

沙箱是一种安全防护机制，通过将每个应用隔离在一个独立的、受限的环境中运行，防止应用之间以及应用与操作系统之间的非法访问和干扰。这种机制确保了应用在运行时，无法对系统或其他应用的数据和资源进行未经授权的访问或修改，从而提高了系统的安全性和稳定性。

智能终端的每个应用都被分配一个唯一的用户 ID（User Identifier，UID）和专属的沙箱环境。沙箱环境严格限制了应用所能访问的资源，如内存、文件、网络、传感器等。这样，每个应用只能在自己的沙箱中运行，无法访问其他应用或操作系统的敏感数据。具体又包括如下机制。

进程隔离： 操作系统为每个应用分配独立的进程空间，禁止跨进程直接通信或进行内存访问。例如，OpenHarmony、Android 使用 Linux 内核对进程资源进行隔离，iOS 则通过 Mach 微内核实现更严格的隔离。

文件系统隔离： 每个应用都只能访问自己私有的文件系统区域，而不能访问其他应用的数据或系统文件。这种隔离确保了即使恶意应用被运行，也无法读取或修改其他应用的敏感数据。

权限管理： 操作系统通过内核的安全机制，对应用的权限进行严格控制。应用在请求访问系统资源（如网络、硬件）时，必须经过操作系统的授权并通过系统 API 代理完成。未经授权的操作将被阻止，从而防止恶意应用的攻击或数据泄露。

（2）多用户（基于系统框架的虚拟化）

智能终端操作系统的多用户，与 PC 操作系统的多用户类似，即在同一台设备上，通过不同的账号密码，进入互相隔离的区域。在各自的区域中，有隔离的运行空间。用户可以安装相同或不同的应用。不同用户间，产生的用户数据，如照片、录音、浏览记录、下载文件、聊天记录等，均互不可见。

新用户被创建时，系统框架层的用户管理模块会对其进行注册，新建对应的根目录文件夹，其他用户无此目录的访问权限。用户安装应用时，在根目录下初始化数据区。多个用户都安装的应用，在各用户根目录下均有独立的数据区，保证了其运行隔离。系统框架层根据应用的用户标识信息，对其发起的服务访问请求进行权限检查，如某个用户是否被允许打电话、访问摄像头、访问网络等。

多用户是在系统框架层提供的隔离机制。各用户的应用、数据文件、SD 卡目录等互不可见，网络访问、应用权限等也可单独配置。多用户可以有效地防止在应用层利用敏感权限非法获取用户隐私。

（3）容器（基于内核的虚拟化）

容器是内核层提供的分组运行机制。进程以分组形式运行在不同的命名空间（Namespace）。

容器主要使用内核的命名空间和 Cgroups 机制。命名空间是对全局系统资源的一种封装隔离，使处于不同命名空间的进程拥有独立的全局系统资源。改变一个命名空间中的系统资源只会影响当前命名空间中的进程，对其他命名空间中的进程没有影响，如进程间通信、网络、分区挂载、进程 ID（Process Identity，PID）、UID 等。Cgroups 可以对命名空间中的进程组进行资源配置，如限制 CPU、内存、设备 I/O、可访问的设备节点等。通过以上机制，可实现以容器为单位的隔离运行。

作为内核层的隔离机制，各容器有独立的网络、物理分区、运行进程、内核文件节点和可访问硬件外设等。其中一个系统被恶意代码攻破，甚至被 root 提权后，影响仅限于此空间，其他空间不受影响。只有恶意代码攻破内核后，才能影响其他空间进程，实现容器逃逸。

（4）虚拟机（基于硬件的虚拟化）

Hypervisor 对底层硬件进行虚拟化，将内核运行在虚拟层，实现在同一个硬件设备上运行多个内核。

普通操作系统内核直接运行在物理层上，所有 CPU 资源都分配给单独的内核，应用将请求先发送给内核，再由内核调度物理层的 CPU 资源。虚拟机增加了虚拟化层 Hypervisor，Hypervisor 对物理层的 CPU 进行虚拟化，对运行在其上的多个内核完成调度，使其共享物理层 CPU。虚拟化后，应用将请求发送给内核，内核调度虚拟 CPU 资源，Hypervisor 对多个物理 CPU 进行资源调度，满足虚拟 CPU 的需要。Hypervisor 还对物理层的内存、I/O 等进行虚拟化和调度，从而实现多个内核的同平台运行。

Hypervisor 在硬件基础上实现虚拟化，虚拟特性与芯片密切绑定。隔离机制接近芯片层。应用、文件存储、网络及内核模块等均完全隔离。因此普通的恶意应用代码很难渗透到 Hypervisor 层。

2. 芯片实现的隔离：硬件隔离

硬件隔离通常是通过主芯片（CPU）来实现的。CPU 通过内存映射手段给每个进程营造一个单独的地址空间来隔离多个进程的代码和数据，通过内核空间和用户空间不同的特权等级来隔离操作系统和用户进程的代码及数据。但由于内存中的代码和数据都是明文的，为了防止关键程序的内存被其他应用非法访问，业界提出了**可信执行环境（Trusted Execution Environment，TEE）**。TEE 可以将 SoC 的硬件和软件资源划分为**安全世界和普通世界**。需要高安全需求的操作在安全世界执行（如指纹识别、密码管理、数据加解密、安全认证等），而其余操作在普通世界执行。安全世界和普通世界的代码运行在相互隔离的不同内存区域。

ARM 芯片从 ARMv6 架构开始引入 TrustZone 技术——TEE 的一种实现方式，之后又在 ARMv7 架构上引入虚拟化技术。TrustZone 技术将 ARM 处理器的工作状态区分为普通世界状态（NormalWorld Status，NWS）和安全世界状态（SecureWorld Status，SWS），基于这两个状态提供对外围硬件资源的硬件级别保护，由安全监视器负责两个状态之间的切换。虚拟化扩展技术则针对普通世界，在硬件层和操作系统层中间建立了虚拟机监视器（Virtual Machine Monitor，VMM）或 Hypervisor，取代之前操作系统的地位，拥有更高特权，可以访问所有物理设备（限定只能在安全世界访问的物理设备除外），支持运行多个虚拟机操作系统，并负责协调各操作系统对硬件资源的访问以及虚拟机之间的隔离防护。基于 ARM 安全架构构建的智能终端总共涉及 4 个安全特权等级，从高到低依次为 EL3、EL2、EL1、EL0，如图 2-6 所示。安全监视器权限最高，位于最高特权等级 EL3；虚拟机监视器权限仅次于安全监视器，位于特权等级 EL2，但其执行操作仅限于普通世界；普通世界和安全世界都涉及操作系统和应用的运行，在各自世界的运行环境中，操作系统位于特权等级 EL1，而应用程序则位于最低特权等级 EL0。

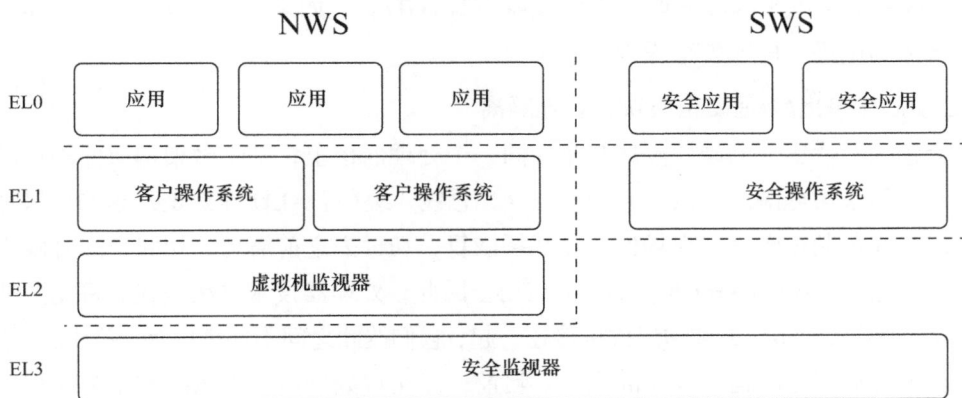

图 2-6 ARM 架构中的特权等级和安全状态

下面简要介绍 ARM 如何实现 TrustZone 的硬件设计支撑及其基本工作原理。

（1）AMBA3 AXI 系统总线

AMBA3 先进可扩展接口（Advanced eXtensible Interface，AXI）系统总线作为 TrustZone 的基础架构设施，提供了安全世界和普通世界的隔离机制，确保非安全状态的访问请求只能访问普通世界的系统资源，而安全状态的访问请求能访问所有资源。

针对 TrustZone，在 AMBA3 AXI 系统总线上针对每一个信道的读写操作增加了一个名为

NS（Non-Secure，意为"非安全"）位的控制信号位。NS 控制信号针对写和读操作分别称为写操作控制信号（AWPROT）与读操作控制信号（ARPROT）。总线上的所有主设备在发起新的操作时都会设置这些信号，总线或从设备上的解析模块会对主设备发出的信号进行辨识，以确保主设备发起的操作没有违反安全规定。例如，硬件设计上，所有普通世界的主设备在操作时必须将信号的 NS 位置为高，而 NS 位置为高又使其无法访问总线上安全世界的从设备。简言之，就是对普通世界主设备发出的地址信号进行解码时找不到对应的安全世界从设备，从而导致访问操作失败。

（2）外设隔离

针对 TrustZone，ARM 采用了 AMBA3 高级外设总线（Advanced Peripheral Bus，APB），以保护中断控制器、计时器、I/O 设备等外设的安全。APB 是一个低门数、低带宽的外设总线，通过 AXI-to-APB 桥连接到系统总线上，并且 APB 的安全管理由 AXI-to-APB 负责。APB 可以过滤不合理的安全请求，保证不合理的请求不会被转发到相应的外设。

另外，TrustZone 保护控制器（TrustZone Protection Controller，TZPC）向 APB 上的设备提供类似 AXI 上的 NS 控制信号。由于 TZPC 可以在运行时动态设置，外设的安全特性是动态变化的。例如，键盘平时可以作为非安全的输入设备，而在输入密码时配置为安全设备，只允许安全世界访问。

（3）内存隔离

处理器访问内存时，除了将内存地址发送到 AXI 总线上，还需要将 AWPROT 或 ARPROT 控制信号发送到总线上，以表明本次内存访问是安全操作还是非安全操作。如果当前系统处于安全状态，控制信号电平的高低取决于页表项的 NSTID 值。如果当前系统处于非安全状态，控制信号始终为高电平，即非安全操作。

3. 处理器核隔离/物理安全模块：物理隔离

上文介绍的芯片实现的硬件隔离都是在同一个处理器核上，基于微架构层面的控制寄存器作为引用监视器来实施隔离。但是它们的内存、总线、缓存、ALU 等都是共享的，只是在隔离切换的时候，靠控制逻辑进行现场保存和现场恢复，切过去之前清场，切回来的时候恢复。这种隔离面临隐蔽信道（Covert Channel）的威胁。因此，处理器技术再次迭代，将完全独立的处理器核，与其他核通过 die 封装的形式拼接在一起，它们彼此之间不共享内存、总线、缓存、ALU 等资源，极大降低了隐蔽信道存在的概率。目前，已实现处理器核隔离的有华为的移动安全处理器（Mobile Secure Processor，MSP）、苹果的安全域处理器（Secure Enclave Processor，SEP）和高通的安全处理单元（Secure Processing Unit，SPU）等。图 2-7 展示了苹果的 SEP 与 AP 的物理隔离。

物理隔离的另一种形式是通过物理安全模块来实现的。典型的物理安全模块包括可信平台模块（Trusted Platform Module，TPM）、中国自主设计的可信密码模块（Trusted Cryptographic Module，TCM)、安全元件（Secure Enclave）等。

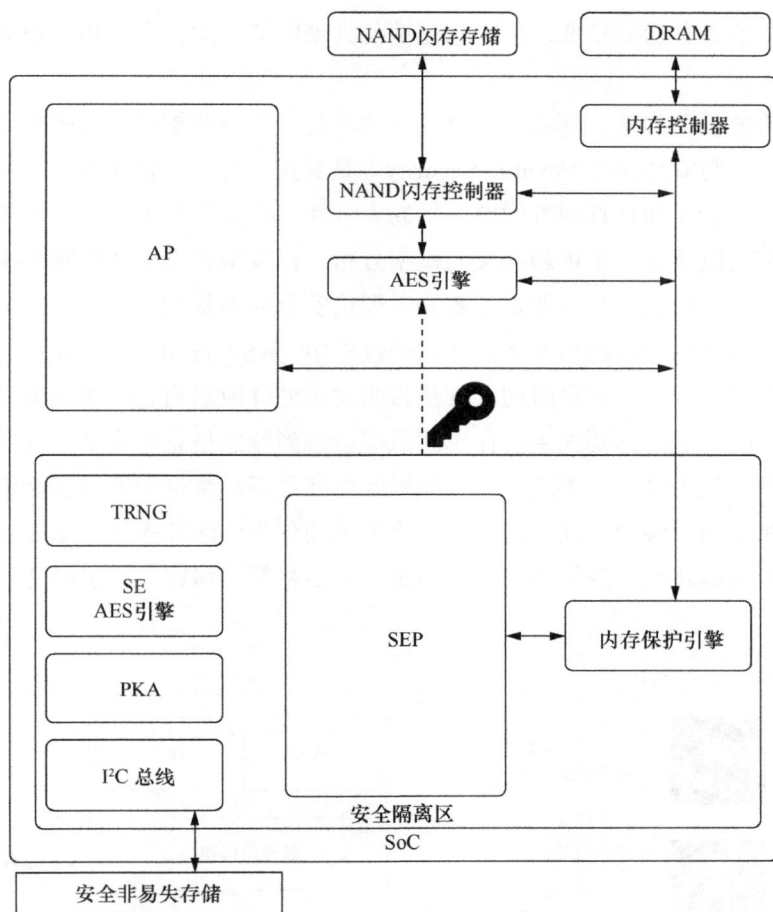

图 2-7 苹果的 SEP 与 AP 的物理隔离

4. 基于密码学的隔离："红黑"隔离

前述隔离技术均依赖计算机体系结构实施，但由于隐蔽信道的存在，无法从数学上证明隔离机制的有效性。隐蔽信道是信息安全领域中的一个重要概念，指在计算机系统或网络中，未被设计用于数据传输的通道被利用来秘密传递信息。这种通信方式通常会绕过系统的安全机制，难以被常规的监控或防护手段检测到，因而对信息安全构成了潜在威胁。隐蔽信道的概念最早由 Lampson 于 1973 年提出，最初用于描述操作系统的安全漏洞。按照定义，隐蔽信道利用系统中的非显式通信路径（如共享资源的状态变化）来传递信息。根据其工作机制，隐蔽信道通常分为两类：存储隐蔽信道和时间隐蔽信道。存储隐蔽信道通过修改共享资源的状态（如文件锁、内存变量）传递信息；时间隐蔽信道则通过操作的时间特性（如响应时延、事件间隔）编码数据。例如，攻击者可能通过调整 CPU 使用率或网络数据包的发送间隔，将二进制信息隐秘传递给外部接收者。

隐蔽信道的存在往往源于系统设计的复杂性和资源共享的必要性。在多用户操作系统、高机密性网络或虚拟化环境中，隐蔽信道尤为常见。例如，在云计算中，不同租户共享硬件资源时，攻击者可能通过缓存命中率或电源消耗的变化推测其他用户的活动，甚至窃取加密密钥。

尽管隐蔽信道传输速率通常较低，但其隐秘性使其难以被察觉，常被用于窃取数据、恶意软件通信或越狱攻击等。

密码学是研究信息加密、解密及安全通信的学科，旨在保护数据的机密性、完整性和真实性。密码学的可证明安全性（Provable Security）是其重要特性，指通过严格的数学证明，展示加密方案在特定假设（如计算困难问题）下的安全性。在完美加密体系（如 Shannon 的完美机密性）中，密文的概率分布不依赖明文的概率分布，使攻击者无法通过观察密文的概率分布来获取有关明文的任何信息，从而奠定了密码学理论安全性的基础。

在考虑将移动终端应用在军方保密通信的过程中，NSA 提出了一种新的安全隔离机制：基于密码学的红黑隔离。红黑隔离机制，就是将明文态处理敏感信息的系统划分为红区，任何信息出红区（进黑区）之前都要加密，在黑区只能接触到敏感信息的密文。红区严格受控，黑区可以接入互联网，机密性要求不高，红区和黑区之间是不可绕过的硬件加密模块。

具体到红黑隔离的移动终端实现上，它将系统划分为红区和黑区，如图 2-8 所示。隔离实施后，访问控制问题转换为密钥访问控制问题，只要密钥不泄露，就能够达到基于密码学的理论安全的效果。

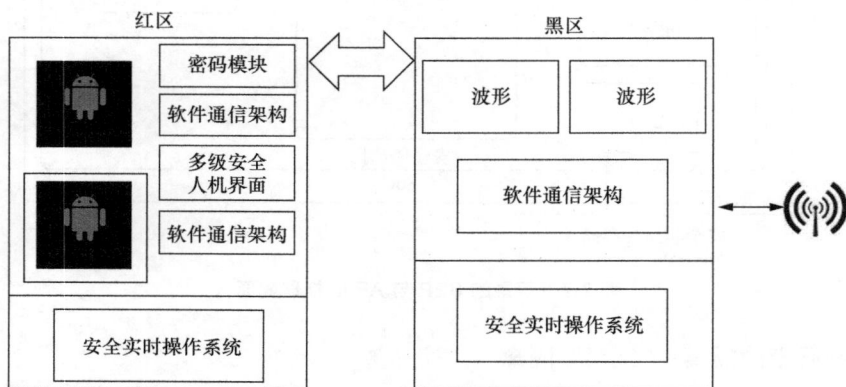

图 2-8　基于密码学的红黑隔离

2.2.3　访问控制

为了保证隔离域之间还能够协作，我们必须通过访问控制技术，如图 2-9 所示，保证在受控的前提下，来实施彼此之间的信息交互和共享。以移动支付场景为例，支付应用需要调用指纹识别模块的硬件资源，同时需要与系统安全芯片进行密钥协商。若完全禁止跨域访问，系统将失去功能性；若放任用户自由访问，则可能引发敏感数据泄露或关键服务被劫持。访问控制技术通过"最小权限原则"实现最小化授权，既满足了业务需求又控制了攻击面。

访问控制机制和隔离机制一样关键，如果没有访问控制技术，若想突破隔离，就只能"翻墙"了。但这无法满足业务需求，访问控制技术类似墙上的门和锁，门和锁就是桔皮书提到的机制，而钥匙和对钥匙的管理就是策略。根据隔离安全域间的空间关系，访问控制大致可分为以下两大类型。

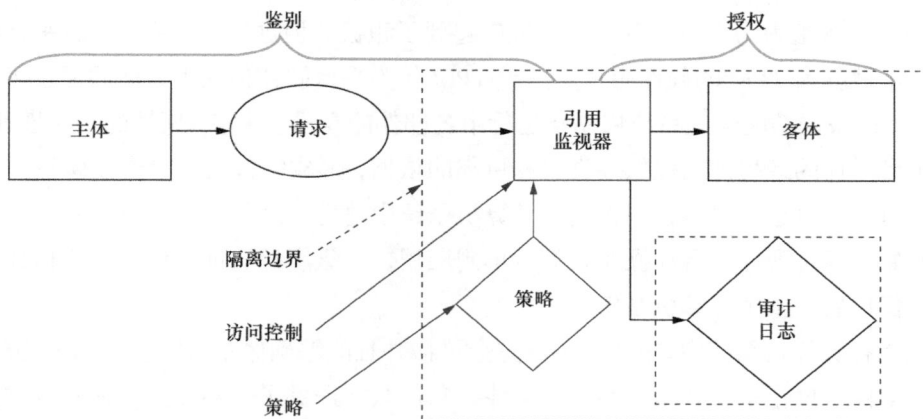

图 2-9　访问控制示意

1．横向访问控制

横向访问控制（Horizontal Access Control）又称为东西向访问控制，在同一安全层级的不同隔离域间实施访问控制。典型场景包括：应用间通信，通过 Binder 机制控制跨应用 API 调用；内核进程间隔离，基于 SELinux 的 MAC 进程的访问权限。

以 OpenHarmony 系统为例，它通过 Access Token 机制实现应用级横向访问控制。

2．纵向访问控制

纵向访问控制（Vertical Access Control）又称为南北向访问控制，在不同安全层级之间实施权限管理，常见于 Hypervisor 与操作系统内核间的交互，或者普通世界应用对 TrustZone 安全世界的调用。

纵向访问控制的典型实现是 ARM TrustZone 的安全监视器调用（Secure Monitor Call，SMC）指令，该指令在普通世界与安全世界之间建立受控通道，所有跨域访问必须经过严格的身份认证和权限校验。

2.2.4　可信计算

可信计算是保障系统安全大厦完整性的基石。广义上来说，可信计算技术是一种通过硬件手段保证平台安全性的技术，它的发展最早可以追溯到对安全协处理器和密码加速器的研究。安全协处理器将部分的安全运算转移到协处理器中进行，从而提高了整个平台的安全性。安全协处理器可以为应用建立安全的计算环境。由于通用的计算机平台执行密码计算的效率并不高，为了适应某些安全应用（如电子商务和电子银行等）的需要，出现了专门进行密码学操作的硬件密码加速器。这些密码加速器一般存储有密钥，并且有一定物理安全保护能力。

但是由于安全协处理器和密码加速器的硬件成本过高，只适用于一些非常特殊的安全应用，不适合大规模部署。随着对客户端安全性要求的不断提高，传统的基于软件的安全已经不能满足大规模应用的要求，因此迫切需要一种生产成本相对比较低，并且能够提供一定安全功能的硬件模块来增强客户端的安全性。在这种需求背景下，IBM、HP、英特尔等公司于 1999 年发起并组建了可信计算平台联盟（Trusted Computing Platform Alliance，TCPA），并于 2003

年改组为 TCG。该组织为可信计算平台的推广起到了积极的促进作用。可信计算平台的基础和核心都是一个被称为 TPM 的硬件芯片。基于 TPM 作为平台硬件信任根，然后通过可信度量、可信存储、可信报告功能保证系统启动及运行中各部件的身份、状态、属性的真实性和可信性，并为基于平台信任的远程证明提供最真实和可靠的依据，形成完备的平台信任体系。TCG 很清晰地阐述了可信计算这一思想，即首先在计算机系统中建立一个信任根，再建立一个信任链，从信任根开始，经过硬件平台和操作系统，再到应用，一级度量认证一级，一级信任一级，从而把这种信任扩展到整个计算机系统。

TCB 是指在计算机系统中，被认为可以完全可信并且能够确保系统安全性的核心部分。TCB 包括硬件、固件、操作系统和相关的安全组件，它们共同提供了一种保障，使系统能按照预期的安全策略进行操作。TCB 的主要任务是确保系统的完整性，保护敏感数据，防止未授权的访问，并对所有操作进行监督和验证。

TCB 的核心功能包括认证、访问控制、数据加密和完整性检查。通过确保这些功能的安全，TCB 能够实现高可信度的计算环境。TCB 的安全性直接影响整个系统的安全性。一旦 TCB 的任何部分受到威胁或被篡改，整个系统的安全性就会受到影响。因此，TCB 的设计和实现必须尽可能简单且受控，以减少潜在的安全漏洞。

TCB 的可信度通常通过硬件和软件的结合来提高。在硬件层面上（见图 2-10），安全处理器（如 TPM）可以用于存储密钥和执行加密操作；而在软件层面上，操作系统和安全管理工具则负责执行访问控制和安全策略。TCB 还需要具备强大的隔离机制，以防止恶意软件或不受信任的程序对其进行干扰或篡改。所有非 TCB 系统的隔离与访问控制机制均需要由 TCB 直接或间接背书。

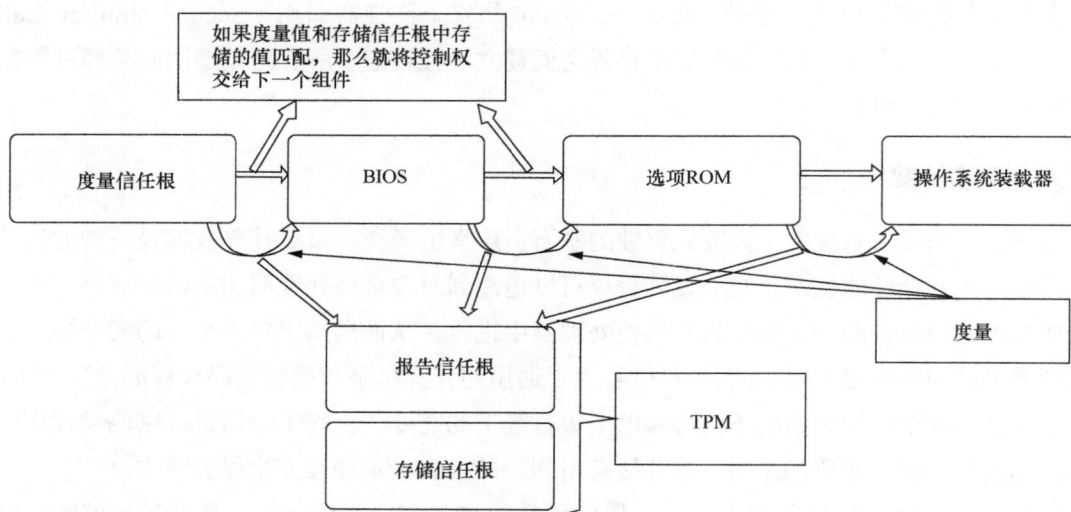

图 2-10 TPM 示意图

2.2.5 漏洞防御与根治：内存访问控制

前述这些安全机制，都是从宏观架构层面来解决安全问题，基于分层隔离的机制，实现了严格的信息主体和客体的访问控制。然而，冯·诺依曼体系结构的计算机在内存的堆、栈等微观层面，并没有很好地实现信息的隔离，内存的访问控制完全取决于程序自身，系统并没有提供太多的帮助。随着堆栈溢出、使用后释放、返回导向编程（Return Oriented Programming，ROP）、跳转导向编程（Jump Oriented Programming，JOP）、Rowhammer 等一系列典型的漏洞利用与攻击手段越来越普及，原来通过系统安全架构构建的安全机制被渗透得千疮百孔。安全隔离和访问控制这堵保护墙，在漏洞攻击面前的保护效果大打折扣。

漏洞产生的根源主要在于内存访问控制的缺失。现代操作系统中的很多漏洞，特别是 70% 以上的安全问题都源自内存管理不当。例如，程序可以通过指针任意访问内存中的数据，这样的操作缺乏足够的控制和隔离。只要拥有一个指针并知道内存地址，程序就可以随意读取或写入该位置的数据。这种无控制的访问使恶意代码有机会篡改程序的正常运行逻辑，导致系统崩溃或数据泄露。

一个典型的例子是缓冲区溢出漏洞。攻击者通过构造恶意输入数据，溢出预定的内存区域，进而篡改程序的执行路径。例如，程序原本存储的数据被恶意代码替换，导致程序执行错误或泄露敏感信息。诸如 Melissa Virus 等病毒就是通过发送带有恶意代码的报文，诱发内存问题，进而使系统崩溃或感染的。

那么，如何有效防御这些内存漏洞呢？内存隔离与分区管理成为现代操作系统的一种重要防御手段。操作系统采用内存分段的方式，将代码与数据分离，堆栈与动态内存各自独立，确保程序和数据互不干扰。通过这种"井水不犯河水"的方式，操作系统可以防止恶意代码通过访问外设或其他内存区域对系统造成损害。

此外，"分而治之"的策略也体现在内存管理上。例如，现代操作系统引入了虚拟内存与页表机制。每个程序拥有独立的内存页表，系统通过页表管理内存块，防止程序之间的相互访问。这样即使外部的数据包携带恶意代码，内存的分区隔离也可以有效防止恶意代码影响系统的其他部分。

近年来，硬件层面的内存保护技术也得到了广泛应用。以 ARM 平台为例，指针认证码（Pointer Authentication Code，PAC）技术通过为指针增加认证码来防止内存被非法访问。这种技术通过不同的密钥，确保指针只能访问合法的内存区域，从而提升内存访问的安全性。PAC 技术可以为指针添加加密签名，防止攻击者通过内存操作篡改指针地址，实现了更高的安全性。

然而，这些技术也有一定的局限。例如，内存地址空间有限，尤其是在物联网轻量级设备中，内存地址只有 32 位，只能管理约 4 GB 的内存。如果大量地址空间被用于存储密钥信息，将极大降低可用内存，从而影响设备性能。这就要求使用者在安全与性能之间做出权衡，合理设计密钥存储机制。

如图 2-11 所示，内存页密钥（Memory Page Key，MPK）技术是一种旨在加强内存安全的机制，广泛应用于关键领域，尤其是金融行业的高性能计算系统中。MPK 设计的核心在于通过密钥访问控制来确保内存页面的安全。每个内存页面都被分配一个独立的密钥，只有持有正确密钥的进程才能访问相应的内存区域。这一机制确保了在未经授权的情况下，任何程序或进程都无法访问或篡改内存中的数据，极大地减少了潜在的安全隐患。

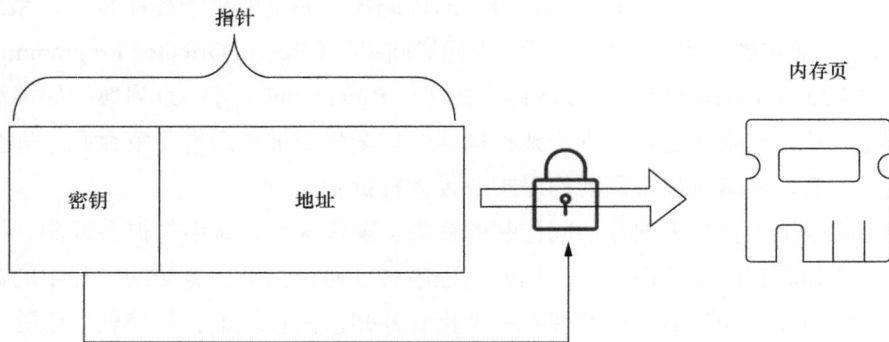

图 2-11　MPK 示意图

MPK 技术最初由 IBM 推出，主要用于大型金融处理系统，如银行的主机系统。IBM 的主机系统之所以能够维持极高的安全性，除了硬件的复杂设计，还得益于 MPK 这样的软硬件结合的内存保护机制。相比之下，现代移动设备所使用的 PAC 可以看作 MPK 的简化版，其安全保护机制的密钥长度较短，通常只有 4 位。因此，PAC 的安全性比 MPK 更有限，但在手机等资源受限的设备中，这种简化机制仍然提供了基本的内存保护。

MPK 系统中，典型的密钥长度为 24 位，远远超过 PAC 的 4 位。这使得 MPK 能够提供更高的内存隔离和保护能力。24 位的密钥空间大约可以提供 2^{24}（即约 1677 万）个独立的指针隔离空间，每个内存块在如此精细的粒度下被有效隔离。这种高度的内存分区确保了即使某个程序出现漏洞或错误，也无法影响其他程序的运行或数据的安全性。

金融系统中的操作系统依赖 MPK 等技术实现高安全性，而非完全依赖操作系统本身的设计。这种技术通过软硬结合的内存管理机制，确保了只有通过正确密钥验证的指针才能访问特定内存区域，从而大大增强了系统的防御能力，防止外部攻击和病毒入侵。这也解释了为什么金融行业的操作系统通常极难攻陷。假设一个系统中包含大量程序（如一个拥有 2 亿行代码的操作系统），通过这种密钥隔离机制，每个区域内运行的代码量非常少，这样即便某个区域出现问题，其他程序的正常运行也不会受到影响。这种"分而治之"的设计理念不仅增强了系统的稳定性和安全性，也大幅降低了跨程序影响的可能性。

因此，尽管 MPK 系统的成本较高，它仍是一种非常精细的内存管理和安全保护机制，通常应用于大型企业或金融系统中。然而，它的设计思想也影响了现代计算设备中的简化版本，如 PAC 技术，尽管后者的密钥长度和保护能力有所降低，但仍然为资源受限的设备提供了基础的安全保障。

剑桥大学的研究团队采取了更为激进的设计策略，设计出权能硬件增强 RISC 指令集（Capability Hardware Enhanced RISC Instructions，CHERI），该指令集支持基于权能的内存访问控制，以应对传统内存保护机制的不足。他们提出了更高强度的内存访问控制方案，相比于 IBM 的 MPK 技术，进一步扩展了指针和密钥的长度。他们设计的指针长度达到了 256 位，并将密钥长度延伸至 128 位。这一设计目标旨在显著提高内存安全性，使得任何未经授权的访问都几乎无法实现。理论上，这样的设计可以让计算机系统变得几乎无法攻陷。

然而，尽管这一设计理念非常具有前瞻性，但现实中其实现代价极为高昂。最主要的挑战在于处理器的硬件设计限制。当前大多数处理器的寄存器长度仅为 64 位，而要处理 256 位的指针和密钥，意味着所有处理器架构都需要大幅扩容。这样，硬件的设计复杂度也将成倍增加。而设计一个 256 位的逻辑电路相较于设计一个 64 位的逻辑电路，难度和成本都呈指数级增长。为了实现这种设计，可能需要重新定义和扩展所有的硬件模块，从处理器到寄存器，再到内存控制器，均面临巨大的技术挑战。

2.2.6　系统安全等级与高等级安全操作系统

1985 年，TCSEC 将系统安全从低到高划分为 7 个等级：D1、C1、C2、B1、B2、B3 及 A1。TCSEC 成为计算机安全等级标准中流传最广泛的划分方法，被多个国家吸纳为安全标准。随着安全测评技术的发展，CC 建立了一套国际通行的系统性安全测评标准和技术方法。通常认为，CC 的评估保障级别划分与 TCSEC 的安全等级之间同样建立了映射关系。CC 将评估保障级别划分为 EAL1～EAL7 共 7 级，与 TCSEC 的 7 个等级一一对应，如表 2-1 所示。下面主要介绍 A1 级（EAL7 级）的 GEMSOS，B2 级（EAL5 级）的 OpenHarmony 将在 2.3 节详细介绍。值得注意的是，GEMSOS 是一个小尺寸的嵌入式实时操作系统，而 OpenHarmony 是一个大规模的智能终端操作系统。

表 2-1　　　　　　　　　　　　　系统安全等级对照表

TCSEC	等级描述	CC	等级描述
A1	可验证的设计，必须采用严格的形式化方法证明系统的安全性	EAL7	形式化验证的设计和测试
B3	要求用户工作站或终端通过可信任途径访问网络，必须采用硬件来保护安全系统的存储区	EAL6	半形式化验证的设计和测试
B2	结构化保护，要求计算机系统中所有对象加标签，并且为设备（如家庭中枢、控制设备和 IoT 设备）分配安全等级	EAL5	半形式化设计和测试
B1	支持 MLS 模型	EAL4	系统性设计、测试和复查
C2	引入受控访问环境（用户权限级别）的增强特性，如 RBAC	EAL3	系统性测试和检查
C1	要求硬件有一定的安全机制，具有完全访问控制的能力，不足之处是没有进行权限等级划分	EAL2	结构性测试
D1	无安全机制，任何人都可以使用计算机系统	EAL1	功能性测试

GEMSOS 是历史上第一个达到 A1 级安全标准的操作系统架构，基于严格的分层架构模型设计。A1 级别是 TCSEC 中的最高安全级别，代表着操作系统在安全性方面达到了极高的要求。

从图 2-12 中可以看出，GEMSOS 的设计分为多个层级，每个层级都有明确的职责和安全控制机制。最底层是 GEMSOS A1 级安全内核，它是整个操作系统的安全基础，负责实现 MAC 和 MLS。该层确保了内存、存储和计算资源的完全隔离，并且为上层提供了一个 TCB，保障了上层任务的安全执行。

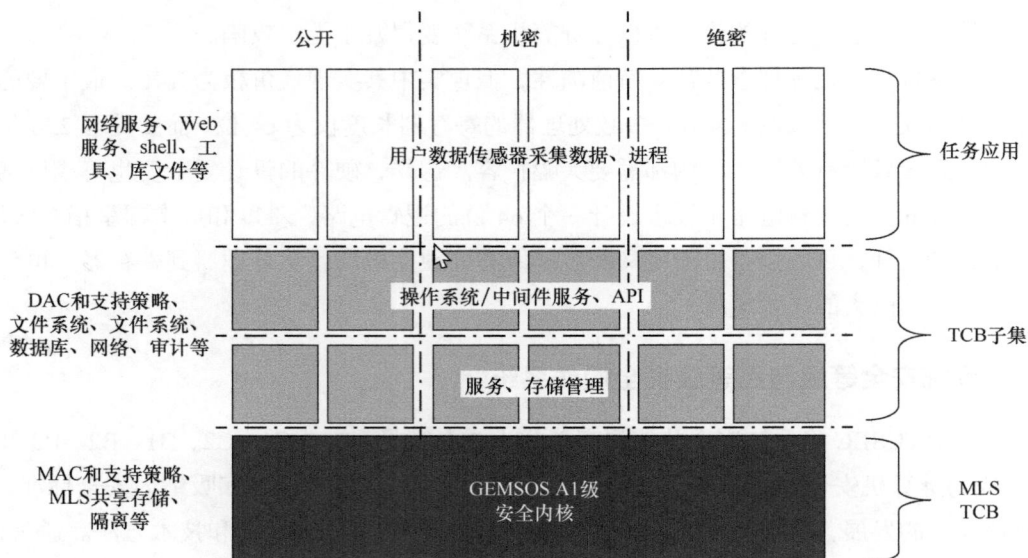

图 2-12　GEMSOS 隔离与访问控制模型

在内核之上，系统的各个功能模块根据敏感性和安全性需求进一步分层。例如，操作系统和中间件服务层负责提供 API 和系统服务，确保通过策略控制访问权限。这一层通过 DAC 策略支持文件系统、数据库、网络服务和审计功能，并结合存储管理，实现对数据访问和操作的严格管控。

图 2-12 中还展示了不同安全级别的信息处理流程，区分为公开、机密和绝密等多个安全等级。这种分层架构允许在同一系统中同时处理不同级别的信息，但通过严格的隔离与控制措施确保安全等级较低的任务无法访问高等级的任务或数据。GEMSOS 的这一特性使其特别适用于政府和军事系统中需要处理不同安全级别的数据场景。

最上层的应用层负责收集和处理用户及传感器的数据，任务应用运行在此层。这一层的设计也充分利用了底层的安全内核提供的保护机制，确保即使面向用户的应用中出现漏洞，系统整体的安全性也不会受到威胁。

2.2.7　系统安全的演进与发展

通过前面的论述，我们能够理解处理器架构决定操作系统安全架构，操作系统安全架构决定计算机系统安全架构。总结一下，以隔离、访问控制和可信计算为关键要素的系统安全的演进与发展，可以形象化地划分为石器时代、铁器时代、蒸汽时代、电气时代，以及未来的巴别塔阶段。

1. 石器时代（无隔离架构）

在石器时代，系统的内存与资源管理是极其原始和粗糙的。操作系统不进行内存隔离，所有进程共享同一片内存区域。没有用户态和内核态的区分，所有程序都运行在相同的权限级别下。这种架构虽然简单，但极其不安全，任何一个程序的错误都可能影响整个系统，安全问题非常突出。

在最简单的处理器如 8051 单片机上，运行的嵌入式操作系统 uC/OS- Ⅱ没有进行进程隔离，如图 2-13 所示，所有任务均依赖一个死循环程序进行管理，地址不需要映射，任何程序都可以访问任何地址空间的代码、数据。

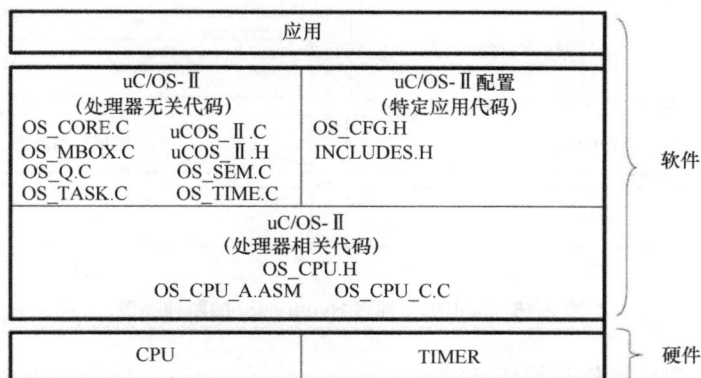

图 2-13　uC/OS- Ⅱ架构

2. 铁器时代（引入 MMU 与初步隔离）

到了铁器时代，操作系统的发展迎来了关键的技术——内存管理单元（Memory Management Unit，MMU）。如图 2-14 所示，MMU 的引入使得内存页面隔离成为可能，操作系统可以为每个进程分配独立的内存空间。在 MMU 的加持下，实现了内存物理地址和虚拟地址间的隔离，程序获得了完全独占的地址空间，但是实际上是由多级页表结构和页表权限控制实现了内存的访问控制，保证某个程序被隔离在一个指定的物理地址空间。此时，用户态与内核态的概念逐渐形成，操作系统开始对系统资源和内存的访问进行初步的限制和控制。这一阶段显著提高了系统的稳定性和安全性，但仍然没有复杂的虚拟化和多任务管理机制。

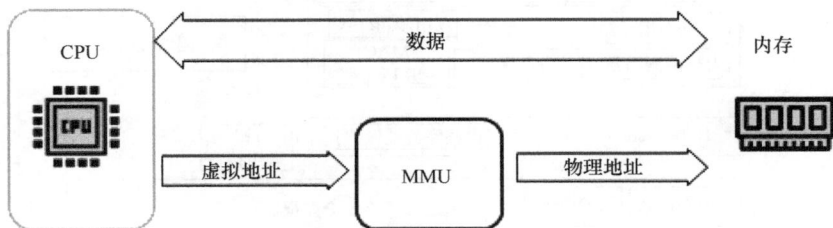

图 2-14　MMU 的内存地址翻译

3. 蒸汽时代（虚拟化与多任务安全）

虚拟化技术的引入标志着蒸汽时代的到来。虚拟机技术允许多台虚拟系统在同一物理硬件上运行，并且每个虚拟机之间的资源和内存完全隔离。如图 2-15 所示，Hypervisor 成为这一阶段的核心组件，为每台虚拟机分配独立的内存、CPU 和 I/O 资源，使系统能够高效运行多任务并有效防范安全问题。这一阶段的操作系统在资源管理上比铁器时代更加精细，隔离和控制机制得到了显著加强。

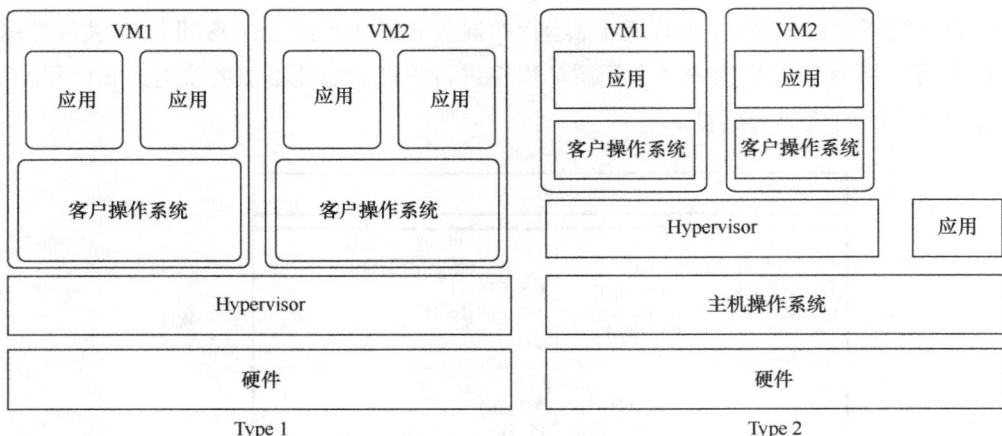

图 2-15　虚拟机监视器 Hypervisor 的两种类型

4．电气时代（现代操作系统优化）

到了电气时代，诸如 OpenHarmony 这样的现代操作系统进一步优化了隔离与访问控制模型。OpenHarmony 不仅继承了虚拟化和进程隔离技术，还引入了更多针对 IoT 和多设备场景的优化。OpenHarmony 的安全机制全景图如图 2-16 所示，这种系统通过硬件与软件相结合的方式，不仅能够管理复杂的多任务和多进程环境，还能够实现更高的安全性和性能。然而，即便如此，现代操作系统的安全性依然面临挑战，各种攻击仍然可能绕过现有的隔离和防护机制。

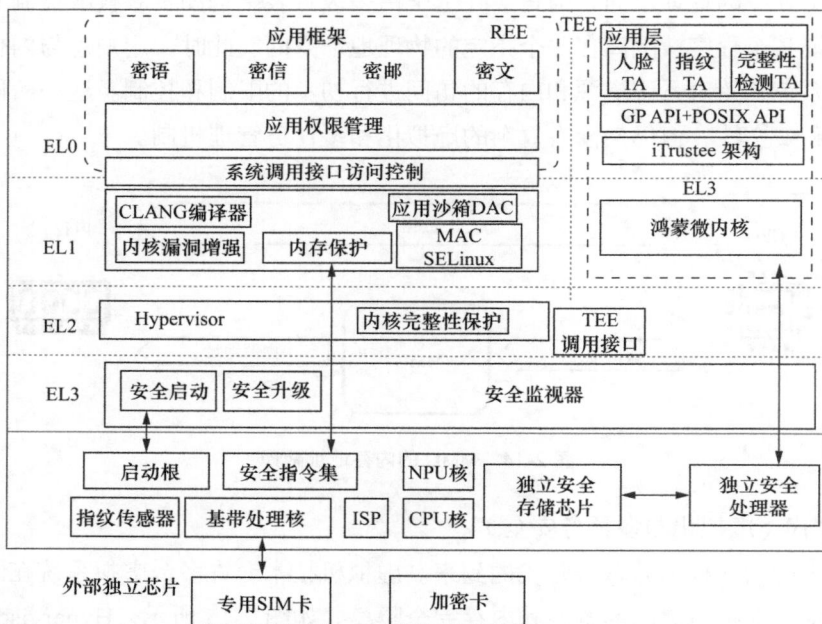

注：REE 即 Rich Execution Environment，富执行环境；TA 即 Trusted Application，可信应用；GP 即 Global Platform，一个专注于制定跨行业安全技术标准的国际组织；ISP 即 Identity Security Policy，身份安全策略。

图 2-16　OpenHarmony 的安全机制全景图

5. 巴别塔阶段（未来）

随着内存安全问题越来越严重，很难通过软件的方法来实现权能模型，同时，PAC、内存标记扩展（Memory Tagging Extension，MTE）等技术在指针中的空闲比特位长度受限的情况下，仍然无法从根本上解决安全攻击的问题，PAC 的密钥熵空间和 MTE 的颜色空间都极其有限，攻击者如果使用暴力破解的方法，也不难实施内存的滥用。在这种背景下，剑桥大学提出了一种新的基于权能的内存访问控制架构 CHERI，如图 2-17 所示，这是一套以芯片指令集 ISA 和微架构加持的精简指令集架构，其核心设计如下。

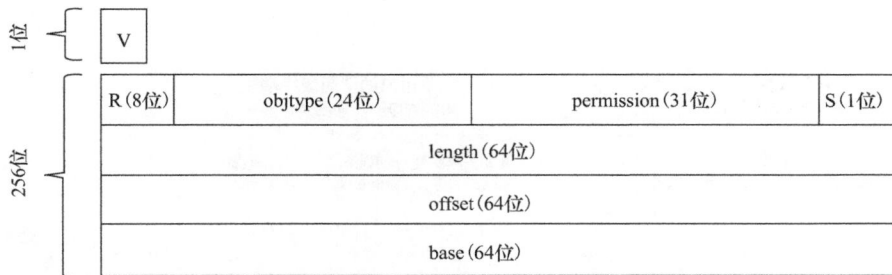

注：V 代表 Validity Tag，有效性标签；R 代表 Reserved，保留位；S 代表 Sealed Bit，表示能力是否被密封。

图 2-17　CHERI 指针结构

① 设计的内存指针，革命性地将内存指针的比特数扩展为 128 位（在内存受限场景）或者 256 位。

② 指针使用 Objtype 作为解引用的凭据，类似 PAC 的 Key，它是指针的 Secret，只有共享相同 Secret 的应用之间才能互相访问。

③ 在指针里面定义了访问控制策略 Permission，Permission 定义了内存的读写执行权限和更多细粒度的访问控制策略。

④ 指针定义了指向内存的基地址，同时也把内存块的大小上限和下限的偏移地址进行了限制，这样一旦发生内存越界，系统立即就能发现并抛出异常。

CHERI 将内存隔离和访问控制向前推进了一大步，由于密钥长度为 24 位，加大了攻击者的猜测难度，而 Permission 严格定义了内存的访问控制策略，偏移地址杜绝了越界访问，从理论上来说，它基本上杜绝了内存滥用问题，从硬件层面彻底解决了软件漏洞攻防对抗的问题，接近安全的极限。

2.3　OpenHarmony 安全架构

2.3.1　OpenHarmony 安全设计理念

相较于之前移动终端安全架构，OpenHarmony 旨在重新定义人与设备和场景之间的关系，强调操作系统不再仅局限于单一设备，而是通过分布式系统架构打破设备间的界限，实现"以人为中心"的全场景智能体验。通过软硬件的深度融合，OpenHarmony 可在多台设备之间灵活适应不同的使用场景，并通过软件定义硬件、设备间的系统级融合等特性，以满足用户在不同环境中的需求。

OpenHarmony 通过分布式任务调度管理、分布式数据管理和分布式通信平台，实现多台设备的协同工作，使用户能够在多个终端设备上获得如同使用一个"超级"设备的流畅体验。该架构支持跨设备按需流转，提升了设备之间的数据共享和任务处理的效率，满足用户在多设备、多场景下的智能交互需求，如图 2-18 所示。同时，图中还强调了数据安全和隐私保护，特别是在分布式架构下，如何通过统一的安全体系确保各终端设备间的数据传输安全和隐私保护。

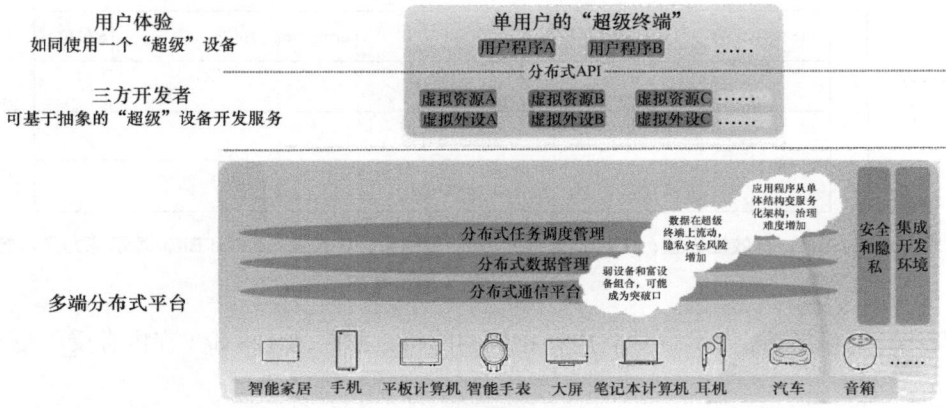

图 2-18 "超级终端"给安全与隐私带来全新体验和挑战

OpenHarmony 安全架构的理论基础是信息安全领域的两个多级安全模型，一个是防范数据泄密的 BLP 模型；另一个是防止系统完整性遭到破坏的 Biba 模型，其中控制流指令不可信造成失控也是一种对系统功能完整性的破坏。这两大模型是经典的多级安全理论模型，两者分别通过不同的方式确保系统的机密性和完整性。接下来简要介绍一下这两种模型。

1. BLP 模型

1973 年，Bell 和 Lapadula 将军事领域的访问控制规则形式化为 Bell-Lapadula 模型，简称 BLP 模型。BLP 模型架构如图 2-19 所示。

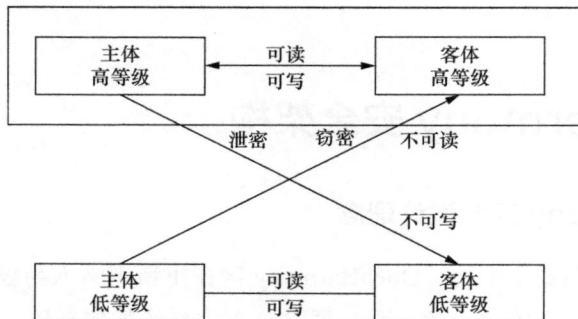

图 2-19 BLP 模型架构

BLP 模型的机密性访问控制原则包括不上读，即主体不可读取安全级别高于它的客体的数据；不下写，即主体不可向安全级别低于它的客体写入数据。

OpenHarmony 严格实施 BLP 模型的机密性访问控制原则，以确保用户数据和隐私不泄露，确保高安全数据不会在用户无感的场景下从高安全等级设备泄露到低安全等级设备，也确保低安全等级设备不能获取高安全等级设备的数据。

2. Biba 模型

BLP 模型从数学角度证明了可以保证信息机密性，但是没有解决数据完整性的问题。因此，Ken Biba 于 1977 年提出了 Biba 模型，如图 2-20 所示。

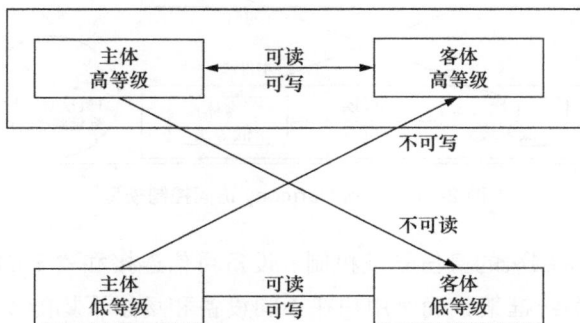

图 2-20 Biba 模型架构

Biba 模型核心规则包括不下读，即主体不能读取安全级别低于它的客体的数据；不上写，即主体不能向安全级别高于它的客体写入数据。

OpenHarmony 严格履行 Biba 模型定义的访问控制逻辑，确保高安全等级设备不会安装来自不可信来源的应用、补丁等，只有通过 OpenHarmony 官方认证并签名的软件才能被引入 OpenHarmony。同时，OpenHarmony 也禁止低安全等级设备向高安全等级设备发起控制指令，例如通过运动手表控制手机进行大额支付。

如图 2-21 所示，OpenHarmony 的安全目标是确保"正确的人用正确的设备正确使用数据"。这意味着操作系统可以通过使用分布式技术协同身份认证，在用户身份验证、设备安全及数据使用之间建立起牢固的信任链。

在身份验证方面，系统通过密码信息、可信持有物（如智能手表、智能手机等）、生物特征（如人脸识别、指纹认证等）、行为特征（如键盘输入模式等）等方式进行用户的多重验证，确保使用系统的人是经过认证的合法用户。这种分布式协同的身份认证技术不仅提升了系统的便捷性，也进一步强化了系统的安全性。

此外，设备之间的可信连接也是安全设计的重要组成部分。OpenHarmony 确保了用户的不同设备（如手机、平板计算机、智能手表、汽车等）之间的安全连接与协同工作，使得这些设备在不同场景下能够进行安全的数据共享与传输。这种跨设备的安全保障体系确保设备之间的操作始终处于可信任的环境中，防止未经授权的设备接入系统，进一步增强了对潜在安全威胁的抵抗能力。

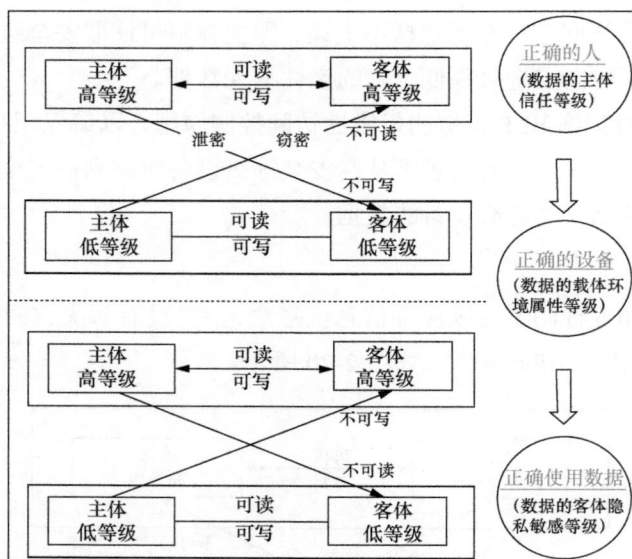

图 2-21　OpenHarmony 访问控制模型

OpenHarmony 通过多层次的身份验证机制、设备可信连接和安全的数据传输，构建了一个分布式全场景下的安全系统框架，确保用户在不同设备和场景下均能安全、便捷地使用系统，保障了用户隐私和数据的安全。

2.3.2　OpenHarmony 分级安全架构

OpenHarmony 采用分级安全架构设计来解决两个最核心的问题：一是数据防泄露，必须从加密、隔离、身份认证及访问控制上加强对机密数据访问主体的控制；二是控制流可信，必须解决控制流的仿冒、劫持、篡改等问题，确保低安全等级的设备无法向高安全等级设备发出高危指令，从而避免系统失控。OpenHarmony 分布式分级安全架构如图 2-22 所示。

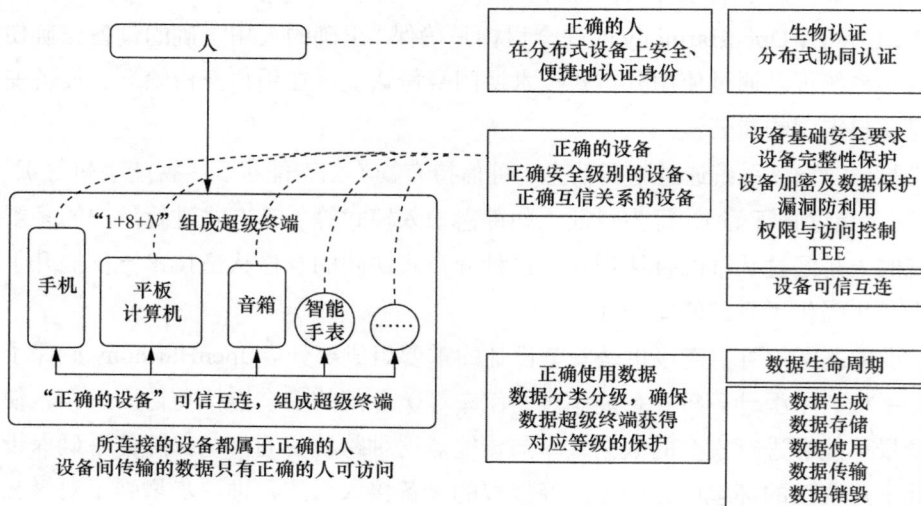

图 2-22　OpenHarmony 分布式分级安全架构

主体访问客体的访问控制模型，用通俗的语言可以理解为正确的人（主体，包括自然人、应用、发起控制的设备等），在正确的设备（执行访问控制的环境）上，正确使用数据（客体，包括文件、数据、资源、被控系统等）。

OpenHarmony 的安全架构选择以 TCSEC B2 级为目标的结构化保护，对 OpenHarmony 中的主体（开发者、应用、自然人、设备等）、环境（运行 OpenHarmony 的设备、网络环境）、客体（数据、文件、外围设备等）进行严格的安全等级标记和分级保护。

1. 正确的人（主体）：主体正确模型

在 OpenHarmony 安全架构中，确保结构化保护有效的前提是所有主体、环境、客体必须经过可信认证。在严格的安全等级标记的基础上，OpenHarmony 需要保证这些主体身份、应用环境和客体标签真实、完整、不可篡改，也就是 OpenHarmony 要实现"正确的人，通过正确的设备，正确使用数据"。

为保证当前使用者是正确的人，OpenHarmony 提供用户作为主体的保护措施。

对用户身份正确地鉴别：由 OpenHarmony 通过多种认证手段（如密码、指纹、人脸、协同认证等）确保对自然人用户的认证，使仿冒的攻击者无法访问用户数据。同时，由于应用是正确的人操作访问的入口，OpenHarmony 提供以应用为主体的保护措施。

对应用正确地鉴别：由应用市场对运行的应用进行认证，以确保仿冒、伪造的应用无法运行。

对原子化服务正确地鉴别：通过 OpenHarmony 对每个原子化服务进行严格的身份权限定义，确保只调用正确的服务。

（1）身份认证架构

如图 2-23 所示，OpenHarmony 身份认证架构构建了统一用户身份认证能力，对端侧不同用户、不同类型的身份认证凭据进行统一管理，并支持多种用户身份认证方式，包含 PIN 认证、人脸认证、指纹认证等。

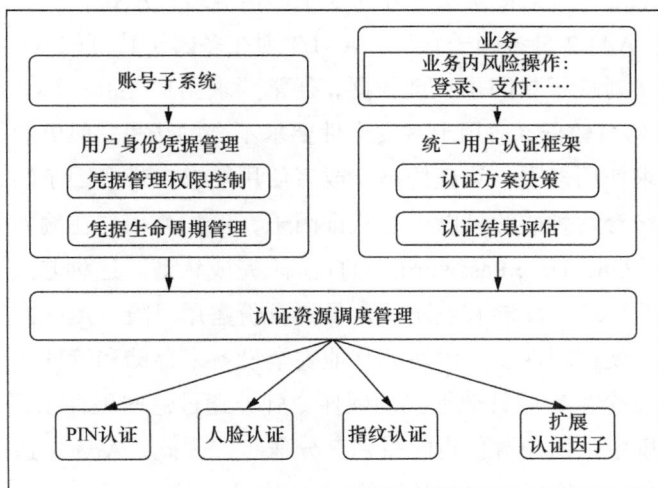

图 2-23　OpenHarmony 身份认证架构

OpenHarmony 身份认证架构提供以下关键能力。

用户身份凭据管理：提供端侧统一的用户身份凭据管理功能，维护 UID 与用户身份凭据 ID 的对应关系，是统一用户认证框架完成认证方案生成和认证结果评估的依据。在整体管理过程中，用户身份凭据管理提供以下安全性。

① 用户仅可以管理自己的身份凭据。设置锁屏 PIN 后，用户录入、修改或删除任何身份凭据前，都需要先通过锁屏 PIN 认证是用户本人，避免他人在机主无感的情况下修改其身份凭据。

② 用户身份凭据的安全保护。用户身份凭据相关信息基于系统安全存储能力进行保护，避免攻击者窃取用户身份凭据。

统一用户认证框架：支持多种认证方式，向业务提供统一的用户身份认证接口，使业务无须分别对接不同的认证方式。同时，其内部实现用户身份认证方案生成和认证结果评估，使用户身份认证达到目标安全等级要求。

认证资源调度管理：提供本地认证资源统一管理和调度能力，并可以扩展支持可信设备范围内的分布式认证资源统一管理和协同调度。

（2）身份认证等级

那么如何提供对于人、程序以及设备等的差异化认证并区分不同可信度呢？这需要建立一套完备的分类分级机制。基于分级的理论，对于单因子、多因子及多种不同的认证形式，分级认证后的可信等级越高，信任度越高。对客体授权时就可以让客体有权做更多更敏感的操作。

从身份认证理论来说，单因子的安全性弱于多因子的安全性，同一个因子在不同等级的安全环境认证与安全等级也不同，OpenHarmony 制定了一套严格的多因子分级认证信任等级评估规范，来决策对主体的身份认证等级。

美国国家标准与技术研究院关于认证器保证级别（Authenticator Assurance Level，AAL）的标准 NIST SP 800-63B，将认证模块划分为 3 个可信等级：AAL1、AAL2 和 AAL3。其中，AAL1 是单因子认证，AAL2 是多因子认证，AAL3 则在多因子认证的基础上增加了硬件保护，如图 2-24 所示。AAL1 对应于单因子认证凭据，通常要求用户提供一种认证因子，例如密码或 PIN。AAL1 的安全性相对较低，适用于对安全性要求不高的场景，但仍然能够提供基本的身份验证功能。AAL2 要求使用多因子认证凭据，或者使用能够自带多因子的认证凭据进行组合认证。多因子认证通常结合两种或两种以上的认证因子，例如，用户在输入密码后，还需要通过手机接收一次性口令（One-Time Password，OTP）来完成认证。这种方式显著提高了安全性，适用于中等安全需求的环境，能够有效防止常见的身份盗用风险。AAL3 在 AAL2 基础上增加了硬件保护措施，要求使用硬件安全模块或其他安全设备来存储和管理认证凭据。这种方法通常涉及智能卡、USB 安全密钥或其他形式的硬件令牌，通过这些硬件增强认证过程的安全性，确保即使在高风险环境中，用户身份也能得到充分保护。因此，AAL3 适用于对安全性要求极高的场景，如金融交易、政府机密数据访问等。

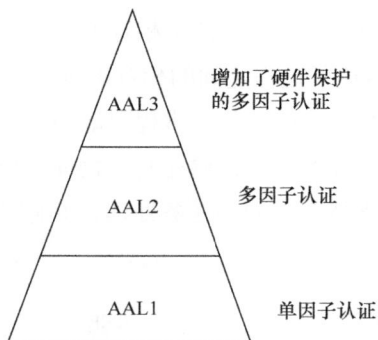

图 2-24 认证器保证级别

越难复制和伪造的认证因子可信度越高。通过这种方式，系统可以有效提高安全性。举例来说，为什么计算机系统通常会要求用户设置复杂密码并进行复杂度检查？原因在于简单的密码很容易被猜测或破解，而复杂的密码由于组合方式多样且难以预测，显著降低了被破解的可能性。因此，密码的复杂性直接影响可信度。正因为如此，操作系统或网络环境中往往会对身份验证进行分类和分级，以确保不同级别的安全要求能根据威胁程度和重要性进行应对。这种分类分级机制确保了在面对复杂的攻击场景时，能够使用更高安全级别的验证方式，提升整体的系统安全性。

（3）分布式协同身份认证

在多设备互联的场景下，除了设备认证，用户的身份认证同样至关重要。一方面，OpenHarmony 通过协同认证机制，使用户可以便捷地以近端设备为入口完成用户身份认证；另一方面，多种身份认证方式结合形成多层次的验证机制能够提高系统安全性。例如，用户通过智能手表进行身份认证时，不仅使用蓝牙连接，还结合了用户的心率等生物信息来确认身份。这种多因子认证进一步提升了系统的安全性，确保用户在不同设备上能够无缝、安全地切换账户。

在设备间的协同认证中，设备之间通过可信连接进行数据共享。例如，用户在一台设备上采集人脸信息，另一台设备可以利用这些信息进行认证。

在 OpenHarmony 中，分布式协同身份认证通过多因子认证，包括密码信息、可信持有物（如设备）和生物特征（如指纹、人脸）等，来确保用户身份的正确性。该架构基于分布式协同的用户身份认证系统，使多台设备之间的身份认证更加安全和便捷，尤其在多设备交互的环境中，通过使用分布式技术确保了用户身份的正确性和设备间的可信连接。

2. 正确的设备：访问环境正确模型

（1）多层次隔离与访问控制模型

OpenHarmony 在其设计中采用了一种复杂的多层次架构，通过系统的不同层级实现了严格的隔离和资源访问控制。这种模型不仅可以保护系统中的各个进程和任务不被未授权访问或篡改，还能够有效应对来自外部的安全威胁。

OpenHarmony 操作系统的隔离模型主要分为 REE 和 TEE 两个部分。图 2-25 中展示了在 REE

实现机制的标准化，以达到安全透明的目标。

（2）设备安全逻辑架构

OpenHarmony 设备安全能力根植于硬件实现的 3 个可信根，即启动、存储和计算，以基础安全工程能力为依托，重点围绕设备完整性保护、数据机密性保护、漏洞攻防对抗构建相关的安全技术和能力。

OpenHarmony 设备的安全逻辑架构如图 2-27 所示。

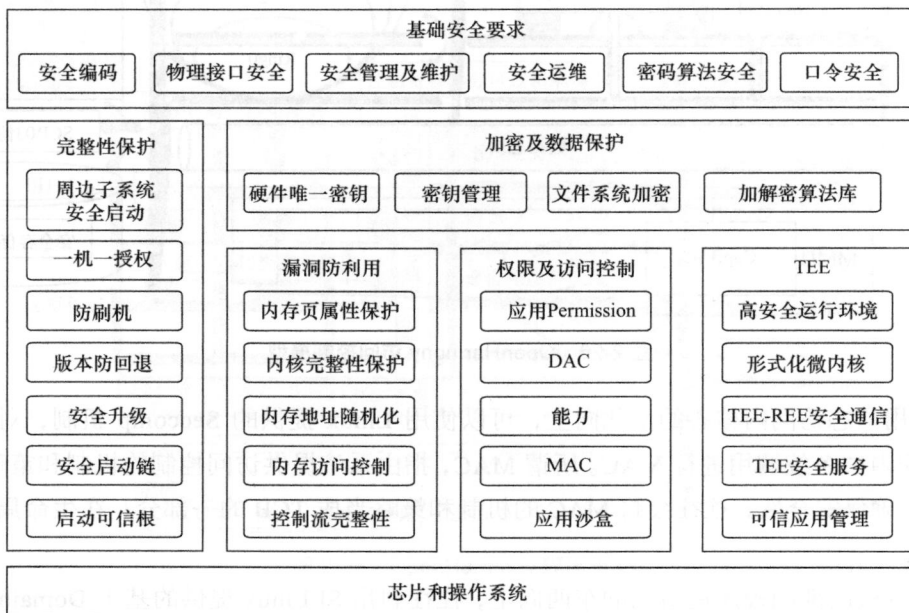

图 2-27　OpenHarmony 设备的安全逻辑架构

OpenHarmony 操作系统安全能力的构建根植于芯片和操作系统，主要由完整性保护、权限及访问控制、漏洞防利用、加密及数据保护、TEE 五大模块构成。系统的构建和实现遵循基础安全要求（如安全编码、密码算法安全等）。其中，**完整性保护**是指确保平台运行的固件和软件是来源合法的、未被篡改的，这是构建全系统安全能力的底座。**权限及访问控制**则提供系统上运行的软件访问软硬件资源的合法性管理框架和机制，系统需要参考"权限最小化"的原则配置资源访问策略，正确的权限管理策略可在极大程度上保证设备中数据的机密性和完整性。漏洞利用犹如"穿墙术"，攻击者通过对漏洞的利用可绕过系统中已有的安全防护机制，从而达成攻击目的。漏洞的治理大致可分为开发过程中漏洞的消减、运行过程中防止漏洞被利用及缓解漏洞被利用带来的危害等环，**漏洞防利用**主要专注于后面两个环节。**加密及数据保护**主要服务于系统中数据全生命周期的安全，提供诸如密钥管理、加解密计算服务和落盘存储数据加密等能力。当前述操作系统中常规系统安全机制失效，攻击者获得操作系统特权时，**TEE** 提供最后一道安全隔离防线，确保系统最核心最敏感的数据依然无法直接被攻击者获取。

（3）设备安全分级

分布式是 OpenHarmony 的重要特征，跨设备协同、控制是 OpenHarmony 设备之间的常用场景。分布式的特点给 OpenHarmony 设备带来了体验上的巨大便利，但不同的 OpenHarmony 设备由于设备资源、能力、业务场景的差异，在软硬件设计上存在较大的差别，体现在安全能力上存在显著的区别。为防止 OpenHarmony 分布式业务中弱安全能力设备成为攻击入口或跳板攻击其他设备，OpenHarmony 设计了一套基于设备安全分级及数据分级的跨设备访问控制逻辑。在这个逻辑中，区分不同设备的安全能力，为不同设备明确赋予不同的安全能力标签。

OpenHarmony 参考 TCSEC、CC 安全认证、（美国）联邦信息处理标准（Federal Information Processing Standards，FIPS）密码模块安全分级、IoT 安全基金会（Internet of Things Security Foundation，IoTSF）标准等计算设备的安全分级标准，提供了一套系统安全参考架构，并基于该参考架构，构建了 OpenHarmony 设备安全分级规范。

前文描述的系统安全逻辑架构和关键技术，在不同安全等级的 OpenHarmony 设备上，设备安全分级规范中均明确定义了相关的设计和实现要求。OpenHarmony 在参考业界权威安全分级模型的基础上，结合 OpenHarmony 实际的业务场景和设备分类，将 OpenHarmony 设备的安全能力划分为 5 个安全等级：SL1～SL5。在 OpenHarmony 生态体系中，要求高一级的设备安全能力，默认包含低一级的设备安全能力。OpenHarmony 设备安全等级定义如图 2-28 所示。

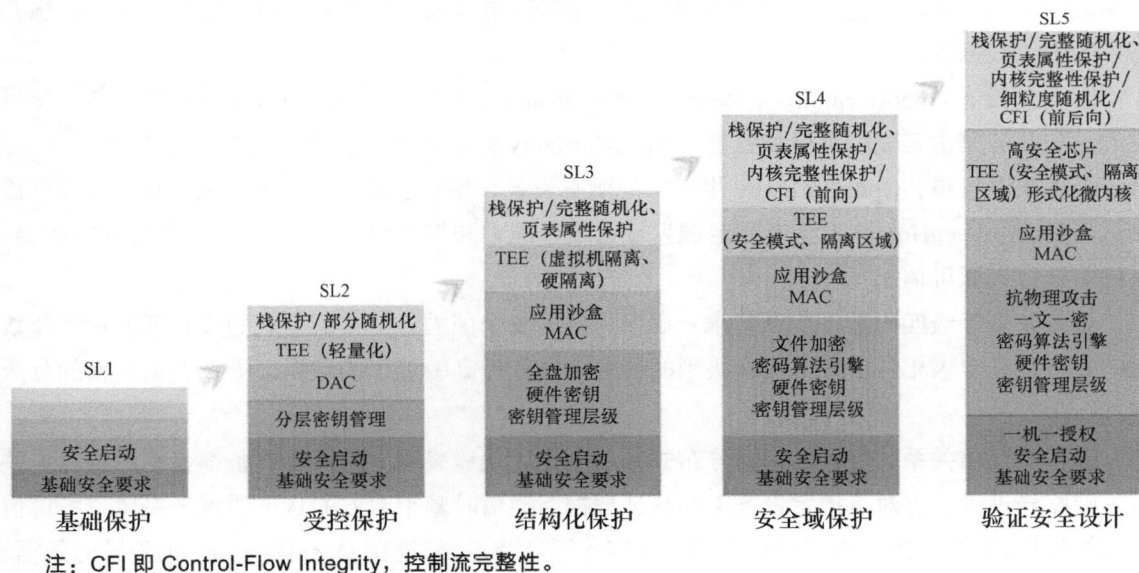

注：CFI 即 Control-Flow Integrity，控制流完整性。

图 2-28　OpenHarmony 设备安全等级定义

SL1 为 OpenHarmony 设备中最低的安全等级，该级别的设备通常使用轻量级操作系统和低端微处理器，业务形态较为单一，不涉及对敏感数据的处理。该安全等级要求消除常见的软件错误，支持软件的完整性保护。若无法满足 SL1 安全等级的要求，则设备只能作为配件受 OpenHarmony 设备操控，无法反向操控 OpenHarmony 设备并进行更复杂的业务协同。

SL2 安全等级的 OpenHarmony 设备可对其数据进行标记并定义访问控制规则，实现 DAC；要求具备基础的抗渗透能力；可支持轻量化的安全隔离环境，以部署少量、必要的安全业务。

SL3 安全等级的 OpenHarmony 设备具备较为完善的安全保护能力。它们的操作系统具有较为完善的安全语义，可支持 MAC；系统可结构化为关键保护元素和非关键保护元素，其中关键保护元素被明确定义的安全策略模型保护；SL3 安全等级的 OpenHarmony 设备应具备一定的抗渗透能力，可对抗常见的漏洞利用方法。

SL4 安全等级的 OpenHarmony 设备的 TCB 应足够精简，具备防篡改能力，可对关键保护元素的访问控制进行充分的鉴定和仲裁；具备良好的抗渗透能力，可防御绝大多数软件攻击。

SL5 安全等级的 OpenHarmony 设备是 OpenHarmony 设备中具备最高等级安全防护能力的设备，对系统核心模块进行形式化验证，关键模块（如可信根、密码计算引擎等）应具备防物理攻击能力，可应对实验室级别的攻击。这些设备硬件具备高安全等级的单元，如专用的安全芯片，用于强化设备的启动可信根、存储可信根、运行可信根。

OpenHarmony 通过分级的方式来管理超级终端、分布式设备协同的安全。高安全等级的设备不仅通过了严格的认证，还具备更强的安全保护机制，例如对代码运行进行签名验证，并确保所有软件都经过签名才能运行，同时具有单独的安全芯片等。相对应地，低安全等级的设备则只能执行有限的任务，无法访问关键的系统资源。当一台设备完成了身份认证和安全等级认证后，就可以在协作系统里承担相应的职责，操作系统也可以根据每一台设备的身份认证和安全等级，来拒绝其承担超越能力范围的操作，例如限制其发布某敏感程度的指令、获取超出其级别的敏感数据等。

因此在保证 OpenHarmony 主体身份正确的基础上，需要保证 OpenHarmony 运行在一个可信的、与业务需求匹配的硬件设备上。OpenHarmony 针对设备的安全，提供了以下能力。

设备来源可信：OpenHarmony 生态中的所有设备，均应遵循统一的安全能力定义，经过检测认证后，由 OpenHarmony 运营平台颁发设备安全能力和等级证书，证书由运营平台官方签名，以确保设备来源可信。

设备安全等级匹配数据隐私要求：确保设备的安全能力，与其所承载的或处理的业务及数据的安全隐私要求相匹配。低安全级别的设备不能处理高敏感度的数据，需要遵循严格的分级规范。

设备的互信关系认证：为保证分布式可信互连，超级终端上的所有设备都会有对应互信关系（同账号设备、点对点绑定设备）的认证凭据，通信时基于双方的认证凭据来完成设备可信关系的认证，可防止攻击者在分布式组网内植入恶意节点，保证在 OpenHarmony 上流转的数据、程序、指令的机密性、完整性和不可抵赖性。

设备系统可信：OpenHarmony 要求全系列产品具备安全启动、可信运行的能力，在生命周期内实施完整性保护，确保设备数据不被篡改。

3. 正确使用数据（客体）：访问控制模型

OpenHarmony 为消费者和开发者的数据提供全生命周期的安全防护措施，确保在生命周期的每一个阶段，数据都能获得与用户个人数据敏感程度、系统数据重要程度和应用数据资产价值相匹配的保护措施。

基于分级安全模型的数据访问控制的核心策略参考了 BLP 模型的机密性防护策略和 Biba 模型的完整性保护策略。简言之，在创建数据时就应该严格指定数据的分级标签，并且基于标签关联数据全生命周期的访问控制权限和策略。在存储数据时，基于不同的数据分级，采取不同的加密措施。在传输数据时，高敏感等级的数据禁止向低安全能力的设备传递；高敏感等级的设备禁止执行低安全能力的设备发出的指令。围绕数据全生命周期，"正确使用数据"将会基于 BLP 模型和 Biba 模型贯穿整个数据的使用。

数据分级规范根据数据遭到泄露或遭到破坏所带来的风险对个人、组织或公众的影响进行分级，进而针对不同等级的数据提出不同的防护要求。

根据 FIPS 199 标准，基于数据的机密性、完整性、可用性三大安全目标进行风险评估，主要需要考虑对个人、组织、公众的影响，从而确定数据的风险等级。数据对个人、组织或公众的影响越大，则其风险等级越高。

OpenHarmony 的数据风险分级如下。

严重：法律法规中定义的特殊数据类型，涉及个人最私密领域的信息或一旦泄露可能会给个人或组织造成重大不利影响的数据。

高：数据泄露可能会给个人或组织造成严峻不利影响的数据。

中：数据泄露可能会给个人或组织造成严重不利影响的数据。

低：数据泄露可能会给个人或组织造成有限不利影响的数据。

OpenHarmony 参照数据的风险等级，提供基于全生命周期的数据保护能力。根据数据在智能终端上的处理过程，数据生命周期包括生成（Create）、存储（At Rest）、使用（In Use）、传输（Transmit）、销毁（Destroy）5 个阶段。

生成：智能终端及其上的应用软件通过采集、直接生成、从其他终端接收或其他方式转入等方式产生数据的过程。

存储：数据在智能终端设备上存留的过程。

使用：数据在智能终端设备上被访问、处理等过程。

传输：数据离开源设备、转移到目的设备的过程。

销毁：数据在智能终端设备上被销毁，保证其不可被检索、访问的过程。

在以上每个阶段，OpenHarmony 都提供了相应的数据安全机制以实现数据的分级安全保护，如图 2-29 所示。

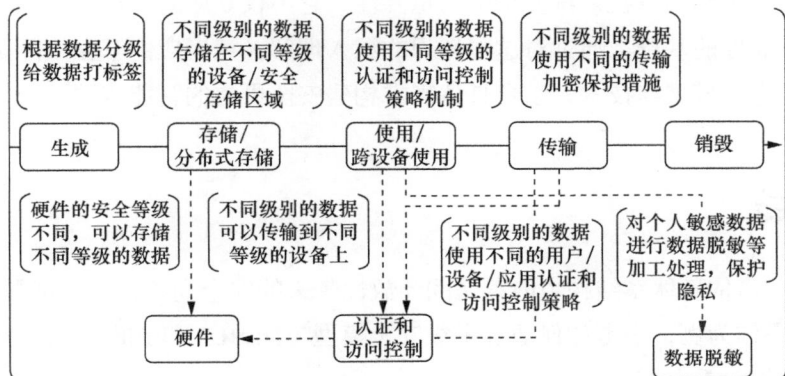

图 2-29　数据全生命周期分级安全管理

同时，OpenHarmony 结合用户分级、设备分级、业务分级和数据分级，完成分布式访问控制。

OpenHarmony 分布式访问控制模型如图 2-30 所示。

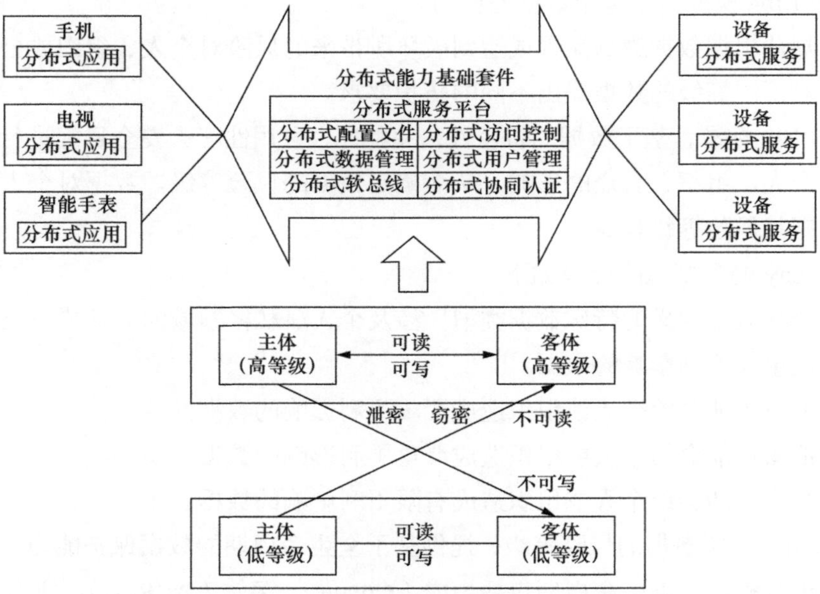

图 2-30　OpenHarmony 分布式访问控制模型

本章小结

本章首先介绍了计算机安全架构的发展历程，从冯·诺依曼体系结构在安全方面的缺陷到现代操作系统的安全设计演进。然后介绍了系统安全架构的 3 个关键要素：隔离机制、访问控制和可信计算。之后介绍了漏洞产生的根源及不断演进的内存访问控制技术，并阐述了安全等级划分及系统安全的演进过程。最后介绍了 OpenHarmony 的分级安全架构设计理念及体系，包括主体正确模型、访问环境正确模型及访问控制模型等内容。通过本章的学习，希望读者能够认识到安全架构在现代计算机系统安全中的重要性，它不仅是应对外部攻击的防线，更是支撑系统稳定性与可靠性的基础。通过对这些知识的深入理解，读者应能够在实际工作中灵活运用安全架构相关理念、模型与技术，结合具体需求构建安全可信的智能终端。

思考与实践

1. 思考冯·诺依曼体系结构中内存访问开放性带来的安全问题，并尝试提出改进措施。

2. 以文件操作为例，思考如何通过多级安全模型（如 BLP 和 Biba）在文件系统中实现对机密性和完整性的双重保护。

3. 以 OpenHarmony 安全架构为例，模拟一个分布式多设备协作场景，对设备间的身份认证和数据传输过程的安全性进行分析。

4. 模拟一个场景，将数据分为不同敏感等级，设计一种访问控制策略，确保高敏感数据无法被低权限设备访问。

5. 请阐述 PAC 技术的工作原理，并思考其在防御缓冲区溢出攻击中的应用价值。

参考文献

[1] KAHN D. The codebreakers: The comprehensive history of secret communication from ancient times to the Internet[M]. New York: Scribner, 1996.

[2] SINGH S. The code book: The science of secrecy from ancient Egypt to quantum cryptography[M]. New York: Anchor Books, 2000.

[3] COPELAND J. Colossus: The secrets of Bletchley Park's codebreaking computers[M]. Oxford: Oxford University Press, 2006.

[4] WINTERBOTHAM FW. The ultra secret[M]. London: Weidenfeld & Nicolson, 1974.

[5] BELL D, LAPADULA L. Secure computer systems: Mathematical foundations and model[R]. Bedford, MA: MITRE Corporation, 1973.

[6] BIBA K J. Integrity considerations for secure computer systems[R]. Bedford MA: MITRE Corporation, 1975.

[7] ANDERSON JP. Computer security technology planning study[R]. Bedford MA: Air Force Electronic Systems Division, 1972.

[8] Department of Defense. Trusted computer system evaluation criteria (orange book)[S].D.C.: DoD Standard, 1985.

[9] 徐震，李宏佳，汪丹. 移动终端安全架构及关键技术[M]. 北京：机械工业出版社，2023.

[10] 冯登国. 信息安全体系结构[M]. 北京：清华大学出版社，2008.

[11] 李毅，任革林. 鸿蒙操作系统设计原理与架构[M]. 北京：人民邮电出版社，2024.

[12] 杨春晖，孙伟. 系统架构设计师教程（十八）安全架构设计理论与实践[M]. 北京：清华大学出版社，2009.

[13] 吴秋新，徐震，汪丹. 可信计算标准导论[M]. 北京：电子工业出版社. 2020.

第 3 章
系统完整性保护

03

学习目标

① 掌握系统完整性的概念及其与可信的关系。

② 理解系统完整性保护技术 AIGES 和 IMA。

③ 了解系统完整性保护的 3 个维度。

④ 理解 OpenHarmony 的系统完整性保护方案。

3.1 系统完整性保护概述

完整性是指在信息生成、传输、存储和使用过程中,确保信息或数据不被未授权用户篡改(插入、修改、删除、重排序等)或在篡改后能够被迅速发现。系统完整性是指系统没有受到未经授权的操控而完好无损地执行预定功能的属性。系统完整性反映系统的可信度,系统由授权用户构造或发布,通过系统完整性能够判别出系统是否已被篡改,即系统没有被未授权的第三方修改。系统完整性描述的是系统运行过程中的行为,要求系统行为必须符合预期。作为前提条件,系统完整性要求系统不能受到未经授权的操控。如果受到未经授权的操控,导致系统行为与预期不符,则系统的完整性就被破坏了。

计算机系统的完整性保护,特指系统运行的固件、操作系统、配置文件、应用不被未授权地篡改。做好系统完整性保护,防止黑客在计算机设备生命周期的各个阶段通过各类软硬件攻击方法破坏系统的完整性,是安全机制起作用的必要前提。换句话说,计算机系统的完整性保护是实现正确的隔离与访问控制的前提,也可视为计算机系统安全架构的基石。

从实现层面而言,完整性保护的核心在于确保软件的正确、合法,未被非法篡改、降级。一旦计算机系统软件被非法篡改,或者被非法回退到具有某些特定已知漏洞的版本,计算机系统安全架构的基石将不复存在。

完整性反映可信,可信通常基于特定的完整性度量机制,完整性与可信在很多场景下被视为同义概念。对于"可信"这一概念目前有不同的理解,为明确可信的含义,ISO/IEC、IEEE 和 TCG 等组织都给出了可信的准确定义。结合已有定义,我们认为可信是指以安全芯片为基础建立可信的计算环境,确保系统实体按照预期的行为执行。

系统的安全机制主要由软件实现,尤其在目前的主流系统中更是如此,不管是访问控制机制，还是安全检查机制。但是，即使软件的实现完全可靠，纯软件方法实现的安全机制仍缺乏根基。

目前的软件安全机制包含程序和配置数据两方面的内容，它们都需要受到保护。程序和配置数据的完整性都会直接影响安全机制的正常工作。而问题是，单单依靠软件自身，很难掌握和保障程序及配置数据的完整性。

学术界和工业界为了弥补纯软件方法的不足进行过很多探索，由各大软硬件厂商和研究机构共同倡导的可信计算技术就属于其中之一。该技术的基本出发点是借助低成本的硬件芯片建立可信的计算环境，而这类硬件芯片恰好提供了基本的完整性度量功能和密钥管理功能。

早在 20 世纪 70 年代末，Nibaldi 就对可信计算的概念进行了探讨，建立了 TCB 的思想理念，这为 TCSEC 标准的制定奠定了重要的基础。TCB 思想的重要启示之一是通过硬件、固件和软件的协作来构筑系统平台的安全性和可信性。

1998 年，CIH 病毒在全球范围大面积传播，导致大量计算机瘫痪。该病毒是一种能够破坏计算机系统硬件的恶性病毒，可以篡改 BIOS。CIH 病毒的出现促使人们开始考虑芯片级别的完整性保护，其中的重点就是要保证操作系统固件来自官方渠道，且未被篡改。

1999 年，TCPA 的创立成为可信计算技术发展的重要推动因素。起初，TCPA 由微软、英特尔、IBM 等多家公司组成，致力于数据安全的可信计算，包括研制密码芯片、特殊的 CPU、主板或操作系统安全内核。

2003 年 4 月，TCPA 演变为 TCG。该组织用实体行为的预期性来定义可信：如果一个实体的行为总是以预期的方式朝着预期的目标前进，则该实体是可信的。TCG 在 TCPA 强调安全硬件平台构建的宗旨基础之上，进一步融入了软件安全性的要素，旨在从跨平台和操作环境的硬件组件与软件接口两个方面促进不依赖特定厂商的可信平台规范的制定。

可信计算要研究的根本问题是信任问题。信任问题的本质是实体行为的可预测性和可控性，即实体的完整性。因此，如何度量和维护实体的完整性自然是可信计算的关键使命。软件与硬件相结合是解决完整性度量与保护问题的正确方向，以 TPM 为基础的可信计算技术是沿着该方向开拓的一种解决完整性度量与保护问题的途径。

3.2　系统完整性保护技术

本节主要介绍两个系统完整性保护机制：系统启动的基本保护机制和基于 TPM 硬件芯片的度量机制。这两个机制有各自不同的侧重点，本节可帮助读者全面理解系统完整性保护。

3.2.1　系统启动的基本保护机制

要想真正了解一个运行中的系统是否可信、完整，很有必要从打开计算机电源的那一刻开始，也就是从系统的启动（Boot 或 Bootstrap）过程开始检查。系统启动指的是从计算机上电到操作系统进入正常工作状态的过程（见图 3-1）。系统安全启动指能顺利地引导操作系统，并确保引导进来的操作系统是可信的。本节介绍的度量机制由美国宾夕法尼亚大学的 Arbaugh、Farber 和 Smith 于 1997 年提出，命名为 AEGIS 机制。

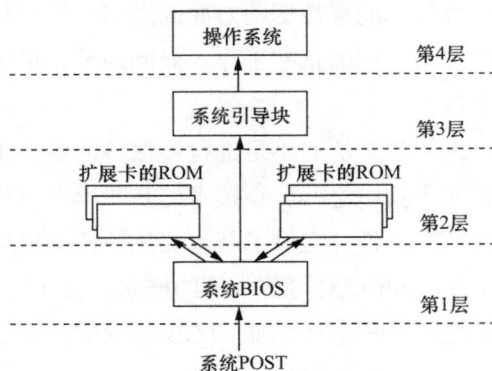

图 3-1 系统启动的一般过程

1. 传统的系统启动过程

给计算机通电是启动计算机引导过程最直接的方法。从断电状态进入通电状态时，计算机的硬件结构将自动启动系统的上电自检（Power On Self Test，POST）过程，促使 CPU 执行由处理器复位向量指示的入口点处的指令。POST 过程的启动就是系统引导过程的开端。 POST 操作检测硬件组件的基本状态，包括 CPU 的状态。除了初始的 CPU 自检，POST 操作的检测工作在系统 BIOS 的控制下进行。

执行完 POST 操作后，系统 BIOS 寻找系统中可能存在的扩展卡，如音频卡、视频卡等。如果找到有效的扩展卡，系统 BIOS 就把控制权交给相应扩展卡的 ROM，开始执行扩展卡的 ROM 中的代码。执行完毕，控制权交回系统 BIOS。

系统 BIOS 调用初始引导代码。该初始引导代码属于系统 BIOS 的一部分，根据 CMOS 中的定义查找可引导的设备（如光盘、硬盘、U 盘等），找到可引导的设备后，即从可引导的设备中把系统引导块装入内存，并把控制权交给内存中的系统引导块。

系统引导块负责把操作系统内核装入内存。如果系统引导块由多个部分组成，则初始引导代码装入的是主引导程序，主引导程序再装入次引导程序，次引导程序再装入次次引导程序，如此依次进行下去，直到装入所有的引导程序。

最后装入的引导程序把操作系统内核装入内存，并把控制权交给内核。操作系统进入正常工作状态后，系统引导过程结束。

2. 系统安全启动安全过程

系统安全启动的目标是要确保引导过程中获得控制权的所有组件的完整性都没有受到破坏，进而确保引导的操作系统的完整性是有保障的。为了实现系统安全启动的目标，需要对组件的完整性进行验证。组件的哈希值可以作为组件的指纹，用于组件的完整性验证。验证的方法是对比组件的原始指纹和即时指纹，若两者相同，则表明组件的完整性良好；否则，表明组件的完整性受损。

AEGIS 机制在系统中增设了一个专用的 ROM，称为 AEGIS ROM，用于存储组件的原始指纹。同时，该机制把系统 BIOS 划分为两部分，分别称为主 BIOS 和辅 BIOS，主 BIOS 中包含执行完整性验证任务的代码，辅 BIOS 包含 BIOS 的其他成分及 CMOS。

AEGIS 机制假设 AEGIS ROM 和主 BIOS 是可信的，即它们的完整性由机制以外的其他措施提供保障，它们包含可信软件，是值得信赖的完整性验证的可信根。

在以上设计思想的指导下，图 3-1 可以扩展为图 3-2 的形式，用于支持系统安全启动。其中，作为可信根，AEGIS ROM 和主 BIOS 位于系统安全启动过程的第 0 层，这一层组件的完整性默认是良好的。

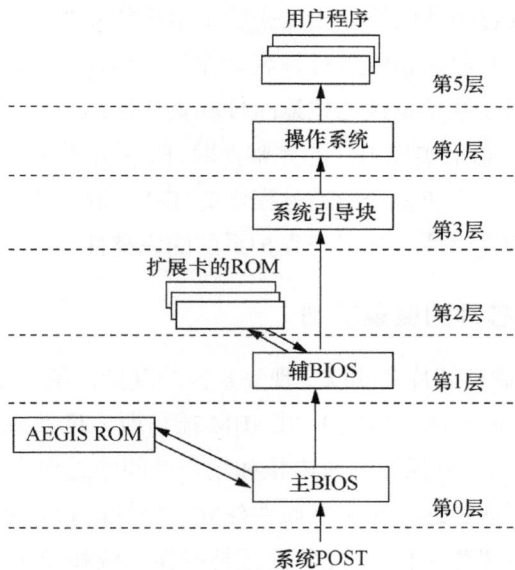

图 3-2　系统安全启动过程

图 3-2 中的辅 BIOS 代替图 3-1 中的系统 BIOS，位于系统安全启动过程的第 1 层。图 3-1 中系统引导的一般过程到第 4 层的操作系统结束，图 3-2 中增加了由用户程序构成的第 5 层，表示系统安全启动确保的完整性可以潜在地拓展到应用中。

图 3-2 中，系统安全启动从第 0 层逐级向第 4 层推进。AEGIS 机制假设第 0 层的组件是可信的，无须进行完整性验证，只是为了避免出现 ROM 失效，主 BIOS 将验证其自身的地址空间的校验和。

在把控制权交给辅 BIOS 之前，第 0 层的主 BIOS 计算第 1 层辅 BIOS 的即时指纹，并与辅 BIOS 的原始指纹进行对比，从而验证辅 BIOS 的完整性。如果完整性良好，则把控制权交给辅 BIOS，第 1 层的辅 BIOS 开始执行。第 1 层的辅 BIOS 验证第 2 层扩展卡的 ROM 的完整性，如果完整性良好，则把控制权交给扩展卡的 ROM，开始执行第 2 层扩展卡的 ROM 中的代码。

类似地，第 1 层辅 BIOS 中的初始引导代码验证第 3 层系统引导块的主引导程序的完整性。如果完整性良好，则把控制权交给系统的主引导程序，开始执行主引导程序。

如果系统有次引导程序，则主引导程序将验证次引导程序的完整性。如果次引导程序的完整性良好，则把控制权交给次引导程序。第 3 层的最后一个引导程序验证第 4 层操作系统内核的完整性。如果完整性良好，则把控制权交给操作系统内核，第 4 层的操作系统内核开始运行。

在以上各步的完整性验证过程中，一旦发现完整性受损，即可中止系统的引导过程。相对应地，当操作系统能够进入正常的工作状态时，就可以断定其完整性是良好的。因此，系统的安全启动能够确保投入工作的操作系统的完整性。

3. 组件完整性验证

之前介绍的方法通过保存组件的原始指纹来验证组件的完整性。接下来将介绍采用公开密钥密码体系的数字签名技术对原始指纹进行签名。在系统中保存原始指纹的数字签名，而不是直接保存原始指纹，可以增强原始指纹的抗篡改性和真实性。

AEGIS 机制采用数字签名来实现组件的完整性验证，其中公钥证书和组件原始指纹的数字签名存储在 AEGIS ROM 中。系统安全启动过程中的完整性验证操作的集合构成了一个完整性验证链，系统安全启动借助完整性验证链来维护系统的完整性。

3.2.2　基于 TPM 硬件芯片的度量机制

本小节介绍利用 TPM 硬件芯片功能以实现完整性的度量机制。该机制称为完整性度量架构（Integrity Measurement Architecture，IMA），由 IBM 托马斯·J. 沃森研究中心的 Sailer、Zhang 和 Jaeger 等人于 2004 年提出，以操作系统内核和用户空间的进程为对象进行完整性度量。

保护系统完整性的重要途径之一是借助硬件建立完整性的根，并构建从根到应用的完整性链。3.2.1 小节已介绍了这种思想。不过，完整性链把操作系统和应用软件都当作单一组件看待，而实际上，它们都有复杂的结构，它们的完整性往往很难以单一组件的方式进行度量。IMA 机制旨在突破这种单一组件方式的局限。

1. 度量对象的构成

IMA 是一种基于 Linux 操作系统的度量机制。在 Linux 操作系统框架下，系统空间被划分为内核空间和用户空间两个部分，操作系统内核在内核空间运行，其他程序以进程的形式在用户空间运行。

操作系统内核和用户空间的进程是 IMA 机制完整性度量的主要对象，其中，用户空间的进程包括操作系统的服务进程和应用软件的进程。普通 Linux 操作系统中的内核和进程都不是单一的实体，无法把它们作为单一整体进行完整性度量。

内核可以划分为基本内核和可装载内核模块。进程可以划分为基本程序和可扩展程序，可扩展程序可以以动态库和动态模块等形式出现。基本内核和基本程序都可以作为单一整体进行完整性度量，它们的完整性度量分别是内核和进程完整性度量的基础。

程序的内容可以分为代码和数据，数据又可以分为结构化的静态数据和非结构化的动态数据。要度量程序的完整性，必须同时度量代码的完整性和代码所处理的数据的完整性。

操作系统的基本内核由操作系统引导装载程序装入内存并启动运行，装入前，引导装载程序可以度量自己的完整性。

在 Linux 操作系统中，启动一个基本可执行程序的方法如下：根据该可执行程序的文件格式装载一个合适的程序解释器（即动态装载器，如 ld.so 等）；由已装入内存运行的动态装载器装载该可执行程序的代码和相应的支持库。

动态装载器在装载基本可执行程序的过程中，运用可执行标记将相关文件映射为内存中的可执行代码，因此内核可以监控基本可执行程序的装载情况。

可装载内核模块的情况与此不同，它们由 modprobe 或 insmod 等应用装载，并在装载到内存之后，才被映射为内存中的可执行代码。因此，当应用把它们从文件系统装载到内存时，内核并不知道。

可执行脚本是应用的另一种常见的典型构成，内核很难知道它们何时被装载，它们是以普通文件的形式被装载到脚本解释器（如 bash 等）中，并由脚本解释器解释执行的。

完整性度量对象在装载方面不容易被确定的特点，给完整性度量带来了一定的困难；动态数据，则进一步增加了完整性度量的难度。结合前面的讨论，一个系统中需要进行完整性度量的对象可以归纳为可执行内容、结构化数据和非结构化数据等类型，IMA 机制主要考虑在操作系统中为程序代码和结构化数据的完整性度量提供支持的基本方法。

2. 基本度量策略

IMA 机制以 TPM 硬件芯片为基础，构造系统完整性的度量方法。IMA 机制以 TPM 硬件芯片作为完整性度量的根，按照以下基本思路来确定操作系统基本内核的完整性：TPM 硬件芯片→系统 BIOS→引导装载程序→基本内核。

作为完整性度量的根，在默认情况下，TPM 硬件芯片的完整性是良好的。TPM 硬件芯片用于度量系统 BIOS 的完整性，BIOS 用于度量系统引导装载程序的完整性，系统引导装载程序用于度量基本内核的完整性。

IMA 机制完整性度量的基本引擎从两个方面进行完整性度量，一方面度量基本可执行程序的完整性，另一方面度量其他可执行内容的完整性和敏感数据文件的完整性。IMA 机制完整性度量的基本思想如下。

① 度量操作系统基本内核的完整性。

② 基本内核度量演变后的内核的完整性（演变源自可装载内核模块的装载）。

③ 内核创建用户空间的进程。

④ 内核度量装载到进程中的可执行程序的完整性。

⑤ 以上可执行程序度量后续装载的安全敏感输入的完整性。

IMA 机制利用 TPM 硬件芯片进行完整性度量的基本方法如下：通过 SHA1 运算对待度量的文件内容进行哈希计算，之后得到一个 160 位的哈希值，作为待度量文件的指纹。

在完整性度量过程中，IMA 机制通过 TPM 硬件芯片的 TPM_extend 功能把每次度量得到的文件指纹合成到 TPM 硬件芯片的某个平台配置寄存器（Platform Configuration Register，PCR）

中，具体方法是把 PCR 中原来的值与文件指纹连接起来，再进行 SHA1 运算，运算结果作为该 PCR 的新值。

由每次度量产生的指纹而得到的 PCR 值是完整性度量全过程的指纹，唯一地标识了到某个时刻为止完整性度量过程的最终结果。不同的度量过程，对应不同的指纹。

除了利用 PCR 标识完整性度量过程的最终结果，IMA 机制在操作系统中设立了一张完整性度量表，用于记录每次度量时产生的文件指纹，如图 3-3 所示。

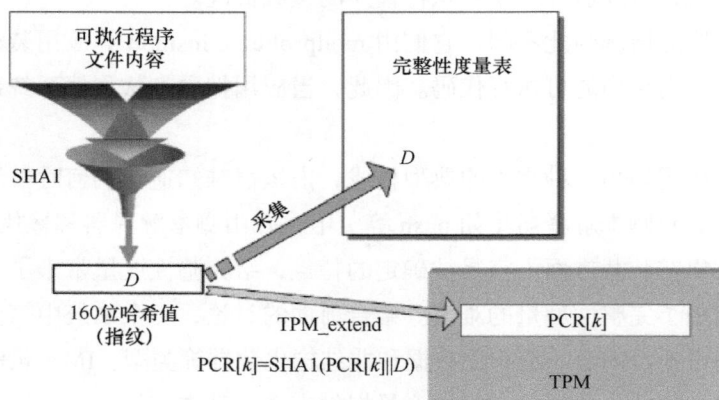

图 3-3　文件内容的完整性度量

利用完整性度量表中的指纹，很容易计算出度量过程的最终指纹。PCR 的安全性受到硬件的保护，它的值是可信的。通过对比计算得到的最终指纹与相应 PCR 值，可以验证完整性度量表的完整性，如果两值相等，则表明完整性度量表是完整的；否则，表明完整性度量表已遭篡改。

操作系统中的完整性度量表 M_{list} 在 T_i 时刻具有良好的完整性，说明该表能够反映从 POST 时刻到 T_i 时刻系统完整性度量的真实情况。也就是说，表中的度量结果是可信的，能够反映系统的真实状态。

那么，依据完整性度量表 M_{list} 是否可以判断系统是可信的呢？显然不可能。IMA 机制还需要另外一张完整性度量表 $M_{trusted}$，该表是在已知系统可信的情况下生成的，并且其完整性是良好的，因而，它能够反映可信系统的真实状态。

M_{list} 是实际系统的完整性度量表，$M_{trusted}$ 是可信系统的完整性度量表。通过检查 M_{list} 与 $M_{trusted}$ 是否一致，可以判断实际系统在 T_i 时刻的完整性是否良好，即实际系统是否可信。IMA 完整性度量框架如图 3-4 所示。IMA 机制依靠系统以外的其他手段来保护 $M_{trusted}$ 的完整性。

完整性度量机制在系统运行过程中对系统进行完整性度量，产生的结果包括实际系统的完整性度量表 M_{list} 和相应的 PCR 值。当系统接收到完整性验证请求时，完整性验证机制向验证的请求方提供系统完整性验证。根据应答方提供的验证信息和可信系统的完整性度量表 $M_{trusted}$，完整性验证的请求方验证实际系统的完整性。

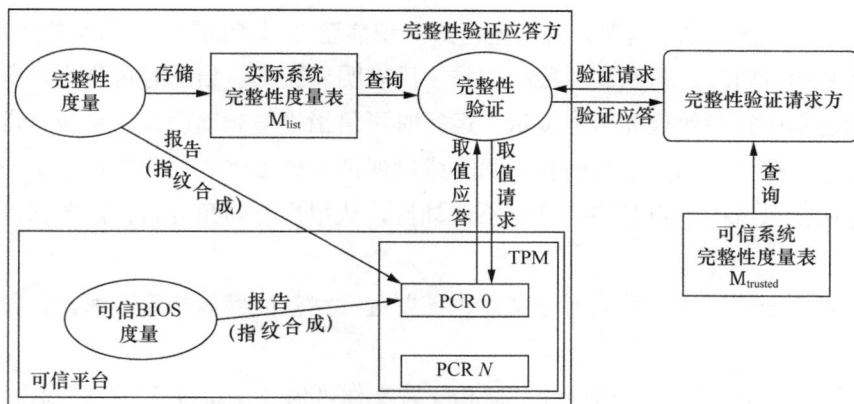

图 3-4　IMA 完整性度量框架

3.3　OpenHarmony 系统完整性保护

3.3.1　安全威胁与保护维度

构建足够健壮、可靠、完善的系统完整性保护，是确保"正确的设备"的前提和基础，也是 OpenHarmony 构建系统安全的核心目标之一。

由于移动智能终端所承载的数据价值巨大、使用场景广泛，移动智能终端一直处在黑灰产对抗的最前沿，面临着巨大的安全威胁。黑灰产的核心目标就是在破坏系统完整性后操控系统牟利，其技术对抗的手段主要分为两个层面：非法刷机和破坏应用完整性。

1. 非法刷机

非法刷机就是非法更换手机系统版本，通过回退到存在已知漏洞的历史版本，实现手机洗白、手机改制和保资料解锁等目标。

手机洗白：典型场景是将盗抢机洗白后，作为新手机继续使用或作为二手机售卖。作为一种最广泛的黑产行为，它不仅可以导致用户财产损失，还会使手机企业声誉受损。

手机改制：典型场景是将门店演示机冒充"正品"售卖，或者将特定运营商的合约机改成全网通手机再次销售，这些手段都严重危害用户和相关方的利益。

保资料解锁：典型场景是对盗抢机锁屏密码进行破解，窃取用户隐私数据。这种黑产手段可以直接导致用户核心隐私数据（图片、聊天记录）泄露，对用户的隐私构成直接威胁。

2. 破坏应用完整性

破坏应用完整性的典型场景包括篡改应用、重打包应用等。被篡改的应用中潜藏恶意代码，导致自动弹窗、霸屏、静默安装等，这些恶意行为背后的目的是获取非法收益。这些恶意应用的危害巨大，可以通过抢夺用户手机控制权，进而严重影响终端用户使用体验，损害终端品牌的商业利益。此外，还有应用通过应用商店审核后进行热更新导致应用变脸，例如上架时为手电筒，热更新后变成赌博软件。

为了防御上述安全威胁，需要系统性地考虑系统完整性保护问题。从系统的生命周期来看，分为启动阶段和运行阶段，这两个阶段的防护手段有明显区别。**启动时可信**指设备通电后，在系统链式启动过程中进行镜像完整性度量。**运行时可信**指设备启动后，在系统日常运行过程中进行完整性度量，需要从用户态和内核态两个维度保证系统可信。具体来说，从内核态的角度看，需要保证操作系统内核自身的控制流不被劫持；从用户态的角度看，需要保证应用在运行时不被篡改。

另外，上述两个阶段所依赖的配置文件也需要进行完整性度量并重点保护，做到**配置文件可信**。

图 3-5 反映了启动时可信、运行时可信和配置文件可信 3 个维度之间的关系。

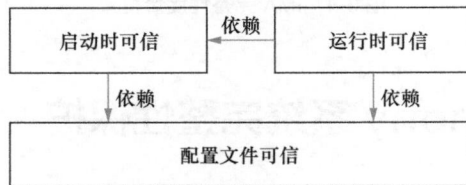

图 3-5　3 个维度之间的关系

3.3.2　启动时完整性保护

1. 安全启动

安全启动和可信启动是计算机系统启动阶段常用的系统完整性保护技术，前者采用逐级校验的方式，在系统镜像的逐级加载过程中同步校验软件的合法性及完整性；后者则基于"度量+证明"的方式保护系统完整性，启动过程中不校验正确与否。OpenHarmony 设备当前主要采用安全启动的方式保护系统完整性。

安全启动主要由两个要素构成：启动可信根和启动链安全。前者指系统启动需要一个无法被篡改的信任锚点，并由该信任锚点对后续待加载的对象进行安全校验。实现启动可信根的核心要求是无法被篡改，至少应包含两部分：设备上电时用于执行安全校验的逻辑和用于支撑安全校验所需的设备根公钥。OpenHarmony 设备启动时最初执行的是固化在芯片当中的一段代码，通常称为片内引导程序。这段代码在芯片制造时被写入芯片内部 ROM，出厂后无法修改，片内引导程序执行基本的系统初始化操作，从闪存中加载二级引导程序。OpenHarmony 设备软件通过 PKI 体系进行签名，数字签名的私钥一般存储在签名服务器的硬件安全模块（Hardware Security Module，HSM）中，而公钥则需要写入设备，并确保不被篡改（防止伪造签名）。根公钥一般存储在芯片内部熔丝空间（Fuse 工艺，一旦熔断不可更改），而为了节省熔丝的存储空间，熔丝中一般只存储根公钥的哈希值，在系统启动阶段依据熔丝中公钥的哈希值对签名证书中的公钥进行合法性验证后，片内引导程序再利用公钥对二级引导程序镜像的数字签名进行校验，成功后运行二级引导程序。二级引导程序再加载、验证和执行下一个镜像文件。

启动流程中的每一步都会对启动对象的数字签名进行校验，以确保设备在启动过程中加载并运行合法授权的软件，直到整个系统启动完成，从而保证启动过程的信任链传递，防止未授权程序被加载运行。图 3-6 为典型的 **OpenHarmony** 设备安全启动流程，其中包括启动引导程序、内核、基带、**WiFi** 和蓝牙等镜像文件。在启动过程的任何阶段，如果签名校验失败，则启动流程终止。具体启动流程说明如下。

① 系统上电，运行 **BootROM** 中的引导程序。

② **BootROM** 完成必要的系统初始化后将 Fastboot_1 镜像从闪存加载到 DRAM 中，并完成安全校验。

③ 系统开始运行 Fastboot_1，此时 Fastboot_1 运行在系统安全模式。

④ Fastboot_1 在进行必要的初始化后，加载其他镜像（依次加载）。将可信固件镜像从闪存加载到安全 DRAM 中，将 Fastboot_2 镜像从闪存加载到 DRAM 中，将 TEE 操作系统镜像从闪存加载到安全 DRAM 中。

⑤ AP 核从 Fastboot_1 跳转到可信固件运行。

⑥ 可信固件运行完后，AP 核跳转到 TEE 操作系统，初始化并运行 TEE。

⑦ AP 核从 TEE 操作系统跳转回可信固件。

⑧ AP 核从可信固件跳转到 Fastboot_2，执行 Fastboot_2（如果系统需要运行 Hypervisor，则此处运行 Hypervisor）。

⑨ 由 Fastboot_2 将内核及根文件系统从闪存加载到 DRAM 中，并执行安全校验。

⑩ 内核启动其他单元，包括但不限于调制解调器、WiFi/蓝牙等单元。

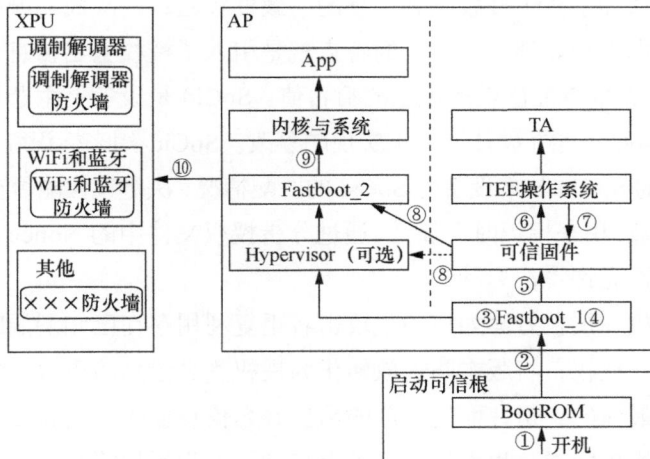

图 3-6　OpenHarmony 设备安全启动流程

上述启动过程中的镜像校验均基于公钥算法和 PKI 体系的签名，数字签名格式在 X.509 的基础上进行适当扩充。

值得注意的是，上述只是常规的启动可信根、启动链，为确保启动阶段的完整性，还需要考虑对版本进行合理的管控；即使是合法签名的软件，也需要防止版本被非法回退。此外，启动链和启动可信根的实现，需要从工程实现角度严格控制安全基础的质量，避免启动部件存在漏洞而被攻击者非法绕过启动校验逻辑，从而导致启动过程的完整性保护被破坏。

不过，安全启动也存在一定的局限性，这种局限性的本质在于任何人的认知都存在局限性，今天认为正确的事情，明天可能就会发现是错误的。如果历史版本的某个组件被识别出存在问题，那么如何防止攻击者回退到旧版本，进而利用已知漏洞呢？这正是安全领域的一个大命题，即防重放。针对这个问题，需要赋予安全加固单向性，保证攻击者不能利用已被官方修复的漏洞。但是安全启动无法保证这种单向性，因为它无法理解为什么曾经允许启动的合法镜像，如今又变成不允许启动的非法镜像。安全启动要想实现这种单向性，只能采取代价极大的软件断代方案，即停止支持、更新或维护某个软件版本，从而导致用户无法获取该版本的技术支持和安全更新，但这样做不具备实操性。

面对防重放这一命题，OpenHarmony 的解题思路是在安全启动的基础上新增校验逻辑，让设备厂商能够可持续地参与一台设备的安全启动过程。例如，设备厂商可以"反悔"自己曾经做过的版本授权。这时，我们就需要考虑"管控灵活度"和"授权细粒度"的问题，对于安全启动，授权粒度较粗，只对镜像的完整性背书（来源合法、未被篡改），但授权没有时间属性和空间属性的概念，导致管控灵活度差。而 OpenHarmony 支持精细化授权，对授权额外赋予时间属性和空间属性，即允许在 X 时间段内、Y 设备上加载启动，以提升管控的灵活度。

接下来介绍基于上述思路的**一机一授权方案**。该方案中设备使用的任何版本均需要通过云端获取授权信息；系统通过校验授权信息确定是否允许启动。

该方案的启动过程同样是链式启动，上一级固件校验下一级，最终完成逐级启动校验；相比安全启动，该方案增加了基于授权签名信息的一致性校验；一次成功刷机后，授权签名信息长期保存直至下次版本更新。该方案最大的特点就是引入了授权签名信息，其中包括版本特征值、SoCid 和 Nonce。版本特征值就是镜像的哈希值。SoCid 是设备上主芯片熔丝所表示的唯一随机数，也就是说，SoCid 能在硬件层面上实现防篡改。SoCid 用来标识版本的空间属性，通过分析授权签名信息中的 SoCid 与本设备的 SoCid 的匹配情况，决定镜像能否在该设备启动。Nonce 本质上就是一个随机数，用来标识时间属性，通过分析授权文件中的 Nonce 与端侧保存的 Nonce 的匹配情况，决定是否允许镜像启动。

下面具体阐述一机一授权方案如何防止攻击者重复利用存在已知漏洞的历史软件版本。首先，该方案通过一机一授权，将版本防重放转化为授权签名信息防重放。针对授权签名信息，端侧永远只保留当前最新的一份，而把之前的历史签名信息擦除，这就使攻击者即使把软件镜像修改为存在问题的历史版本，也无法在设备上启动，因为授权签名信息不匹配。基于所使用密码学算法的安全性，攻击者无法伪造授权签名信息。同时，攻击者如果向云端申请存在漏洞的版本信息，云端也会直接拒绝非法请求，从而做到防重放。

2. 安全升级

无线通信的快速发展促进了智能终端的空中升级（Over-The-Air，OTA）技术的诞生。OTA 是一种通过无线通信技术远程更新设备固件的方法。它被广泛应用于物联网设备、智能手机、智能汽车等设备的更新，提供了一种不需要物理连接的便捷升级方式。

OTA 固件升级技术的核心在于使设备能够自动、可靠、安全地从远程服务器获取和应用更新。整个过程通常包括固件准备和打包、设备检查更新、下载更新包、验证和安装，以及重启和应用更新等步骤。在固件准备阶段，开发者将最新的固件或软件版本进行打包，并上传到 OTA 服务器。设备则通过无线网络定期或在特定触发条件下向 OTA 服务器查询是否存在新的固件版本，并在存在新版本时从服务器下载固件包。固件包下载完成后，设备进行数据校验以确保数据完整性和安全性，然后开始安装新的固件。为了保证系统稳定性，许多设备还会采用双分区（A/B 分区）更新机制，在后台进行更新，同时保证系统能够回滚到先前的稳定版本。

OTA 技术的优点包括节省时间、提高效率、降低成本，以及能够及时修复安全漏洞和增加新功能，是一种高效且经济的维护和管理分布广泛的设备的技术，正在成为智能终端固件更新的主流方式。

因此，除了保证启动阶段系统软件的完整性及合法性，对于 OTA 也需要保证其完整性及合法性，以免非法用户利用 OTA 过程植入非法系统版本，这就是安全升级的目标。

OpenHarmony 系统软件更新时，会对升级包的签名进行校验，以确保来源的可信和升级包未被篡改，只有通过校验的升级包才被认为是合法的，才能进行安装。

此外，OpenHarmony 支持对系统软件更新的管控，当完成 OTA 并开始升级时，需向服务器申请升级授权，将由设备标识、升级包版本号、升级包哈希值及设备升级令牌组成的摘要信息发给 OTA 服务器，OTA 服务器验证摘要信息以确认软件升级包是否可以提供授权。若可以提供授权，则对摘要信息进行签名并返回给设备，设备鉴权通过后才允许升级，否则提示升级失败，防止对系统软件的非法更新，尤其是防止可能带有漏洞的版本升级，以免给设备带来风险。

3. 文件系统完整性验证

文件系统完整性验证的目标是当受保护文件发生改变时可以及时发现异常。当启用文件系统完整性验证功能时，重要的或被监控的文件的任何改变可以被及时发现，因而可以立刻采取适当的控制措施来防止对系统造成进一步破坏。

OpenHarmony 设备启动时加载系统镜像（system.img）到 system 分区，该分区存储操作系统的核心组件和应用，包括系统服务、库文件、框架层代码等，通常作为只读文件系统挂载，而且读取时需要验证其内容的完整性。接下来介绍针对文件系统、分区进行完整性验证的技术——dm-verity。该技术可以对块存储设备、分区进行完整性检查，有助于阻止在启动时就获取了 root 权限的恶意程序（rootkit）对镜像的修改，也有助于用户在启动设备时确认设备状态与上次使用时是否相同。在系统镜像启动时和运行时可以实时监测当前镜像是否被篡改。终端的启动分区包含一个公钥，该公钥由设备制造商在外部进行验证保证可信。该公钥用于验证相应哈希值的签名，并用于确认设备的系统分区是否受到保护且未被更改。dm-verity 保护机制位于内核中。如果 rootkit 在内核启动之前入侵系统，它将会一直拥有 root 权限。为了降低 rootkit 篡改内核镜像的风险，大多数制造商都会使用烧录到设备中的密钥来验证内核镜像。该密钥在设备出厂后就无法更改，因此 rootkit 的篡改无法通过签名验证。

dm-verity 是 device-mapper 架构下的一个目标设备类型，可以通过它来保障设备或者设备分区的完整性。dm-verity 类型的目标设备有两个底层设备，一个是数据设备，用来存储实际数据；另一个是哈希设备，用来存储哈希值，用于校验数据设备数据的完整性。

dm-verity 架构如图 3-7 所示。

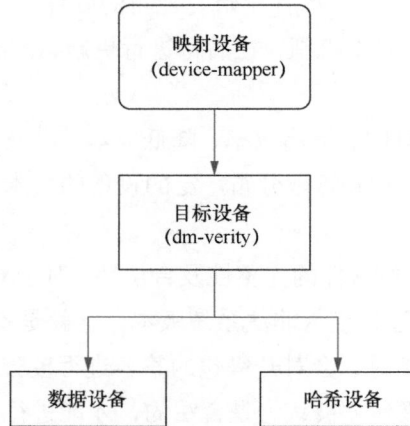

图 3-7 dm-verity 架构

在图 3-7 中，映射设备和目标设备是一对一关系，对映射设备的读操作被映射为对目标设备的读操作，在目标设备中，dm-verity 又将读操作映射为对数据设备的读操作。但是在读操作的结束处，dm-verity 增加了一个额外的校验操作，对读到的数据计算哈希值，并与存储在哈希设备中的哈希值进行比对。

通过 dm-verity 技术，用户可以查看块存储设备的内容，并确定它是否与预期一致。该功能是利用哈希树实现的。每个块（通常为 4 KB）都有一个 SHA256 哈希值。哈希值存储在哈希树中，因此顶级根哈希必须可信才能验证树的其余部分。能够修改任何块相当于能够破解哈希算法。图 3-8 描绘了 dm-verity 哈希树的结构。

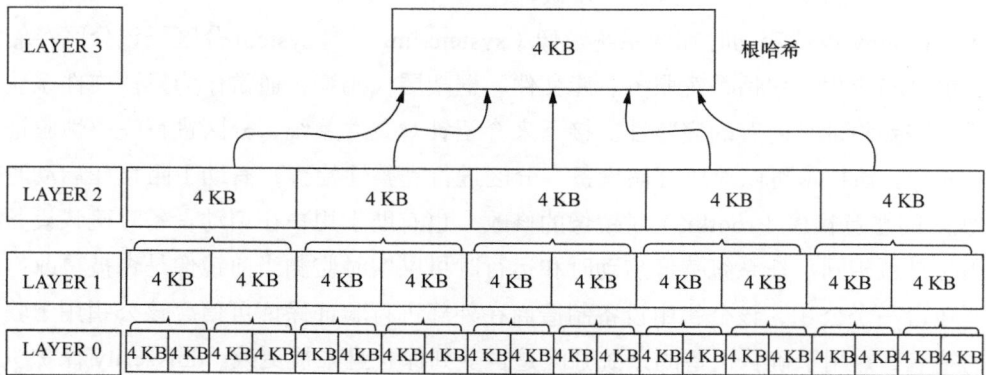

图 3-8 dm-verity 哈希树的结构

在编译阶段，首先会对系统镜像（例如 system.img、vendor.img）按照每 4 KB 大小计算对应哈希值，将这些哈希值存储起来，形成图 3-8 中的 LAYER 0；紧接着会对 LAYER 0 同样按照每 4 KB 大小计算哈希值，并将这层的哈希值存储起来，形成 LAYER 1；以此类推，直至最后的哈希值存放在一个 4 KB 大小的块中（若未填满，则使用 0 填充），这里存储的哈希值被称为根哈希。哈希树是 dm-verity 不可或缺的一部分。cryptsetup 工具可以自动生成哈希树。为了形成哈希树，该工具会将系统映像在 LAYER 0 中，并拆分为 4 KB 大小的块，为每个块分配一个 SHA256 哈希值。然后，通过仅将这些 SHA256 哈希值组合为 4 KB 大小的块来形成 LAYER 1，从而产生一个小得多的映像。接下来再使用 LAYER 1 的 SHA256 哈希值以相同的方式形成 LAYER 2。直到前一层的 SHA256 哈希值可以放到一个块中，该过程结束。获得该块的 SHA256 哈希值后，就相当于获得了树的根哈希。

哈希树的大小（以及相应的磁盘空间使用量）会因已验证分区的大小有所差异。在实际中，哈希树一般都比较小，通常不超过 30 MB。

如果某个层中的某个块无法由前一层的哈希值正好填满，应在其中填充 0 以获得所需的 4 KB 大小。这样一来，我们就知道哈希树没有被移除，而是被填入了空白数据。

为了生成哈希树，需要将 LAYER 0 的哈希值组合到 LAYER 1 上，将 LAYER 1 的哈希值组合到 LAYER 2 上，以此类推。然后将所有这些数据写入磁盘。请注意，这种方式不会引用根哈希的 LAYER 3。

总而言之，构建哈希树的一般算法如下。

① 选择一个随机盐（十六进制编码）。

② 将系统映像拆分为 4 KB 大小的块。

③ 获取每个块的加盐 SHA256 哈希值。

④ 组合这些哈希值以形成层。

⑤ 在层中填充 0，直至达到 4 KB 块的边界。

⑥ 将层组合到哈希树中。

⑦ 重复步骤②～⑥（使用前一层作为下一层的来源），直到最后只有一个哈希值。

该过程的结果是一个哈希值，也就是根哈希。在构建 dm-verity 映射表时会用到该哈希值与用户选择的盐。

在运行阶段，对镜像中的文件进行访问时，操作对应所在块设备的存储区域时，会计算当前存储块（按 4 KB 大小）的哈希值，并与存储在哈希树上对应块的哈希值进行比较，如果无法正确匹配，则认为当前文件在底层存储被篡改或是损坏了。

验证块存储设备的一种方法是直接对其内容进行哈希处理，然后将得到的哈希值与存储的值进行比较。不过，尝试验证整个块存储设备可能需要较长的时间，并消耗设备的大量电量。而 dm-verity 只在各个块被访问时才会对其进行单独验证。将块读入内存时，会以并行方式对其进行哈希处理。然后，从 LAYER 0 开始，围绕该块逐层级验证整个哈希树的哈希值（对于 4 GB 的原始数据，构造的哈希树层级为 3）。由于读取块是一项耗时又耗电的操作，这种块级验证（3 次哈希运算）带来的时延相对而言微不足道。如果验证失败，设备会生成 I/O 错误，指明无法读取相应块。

实例 3-1　dm-verity 机制实操

在本实例中，我们将体验 dm-verity 完整性校验流程。首先创建镜像并使用 dm-verity 生成校验文件，得到校验文件后修改原镜像内容，再使用 dm-verity 验证修改后的镜像是否能通过完整性校验。具体步骤如下。

① 下载并编译镜像文件。访问网址 https://github.com/mbroz/cryptsetup.git，下载镜像文件，使用以下命令进行编译。

```
$ ./autogen.sh && ./configure && make
```

② 制作 ext4 镜像，并生成之后用于修改的测试文件。

```
# 创建一个 4 MB 的镜像
$ dd if=/dev/zero of=./data.img bs=4k count=1000
# 格式化为 ext4 文件系统
$ mkfs.ext4 data.img
# 向 ext4 镜像文件中生成一个测试文件 test.txt
$ mkdir /tmp/mnt
$ sudo mount -o loop data.img /tmp/mnt
$ sudo dd if=/dev/random of=/tmp/mnt/test.txt bs=4k count=500
$ sudo umount /tmp/mnt
```

③ 生成校验文件。

```
$ ./veritysetup format ./data.img ./hash.img
VERITY header information for ./hash.img
UUID:                 bc59fe44-7159-4bbe-a309-b408edc0b25c
Hash type:            1
Data blocks:          1000
Data block size:      4096
Hash block size:      4096
Hash algorithm:       sha256
Salt:                 444d5b0aa85701c0c80feddfa6ae589eb357378356ddfcff2c89ea31fcdaa969
Root hash:            21164b5894bf3c3417179756f722b724c064ec74bb8f1af1861952d1db6f003c
```

④ 制作 dm-verity 镜像，合并 data.img 和 hash.img。

```
cat data.img hash.img > verity.img
```

⑤ 挂载 dm-verity 镜像。将 verity.img 关联到/dev/loop0 块设备。

```
$ sudo losetup -f ./verity.img
$ losetup -a
/dev/loop0:[]:(/s/oh/tools/cryptsetup/verity.img)
```

⑥ 创建名为 veritytest 的设备。

```
# 创建设备
$ sudo ./veritysetup create veritytest\
        /dev/loop0 /dev/loop0\
        --data-blocks=1000 --hash-offset=4096000\
        21164b5894bf3c3417179756f722b724c064ec74bb8f1af1861952d1db6f003c

# 查看创建的 dm-verity 设备
$ sudo dmsetup 1s
veritytest (253:0)
```

⑦ 挂载设备。

```
$ mkdir /tmp/verity
$ sudo mount -r /dev/dm-0 /tmp/verity
$ ls -al /tmp/verity
total 2336
```

⑧ 修改原镜像内容。修改 data.img 镜像中 test.txt 文件的内容，形成新镜像文件 data2.img，与原校验镜像文件 hash.img 合并成 verity2.img 并挂载。读取 test.txt 的内容，观察是否能够读取成功。

```
#挂载镜像
$ sudo mount -o loop data.img /tmp/mnt
#将 "modified content" 写入 test.txt
$ echo "modified content" | sudo tee /tmp/mnt/test.txt
$ sudo umount /tmp/mnt
$ cp data.img data2.img
#合并镜像
$ cat data2.img hash.img > verity2.img
#与设备关联
$ sudo losetup -f ./verity2.img
$ ./veritysetup create veritytest2 /dev/loop0 /dev/loop0 --data-blocks=1000
$ sudo mount -r /dev/dm-0 /tmp/verity
$ ls -al /tmp/verity
```

⑨ 体验 OpenHarmony 系统镜像保护。OpenHarmony 系统中集成了 dm-verity，位于系统源代码 kernel_linux/driver/md 目录下。dm-verity 的作用是保护 system.img 的完整性，读者刷机时可自行修改该镜像，然后观察刷机后是否能正常开机。

开发板烧录镜像列表如图 3-9 所示。

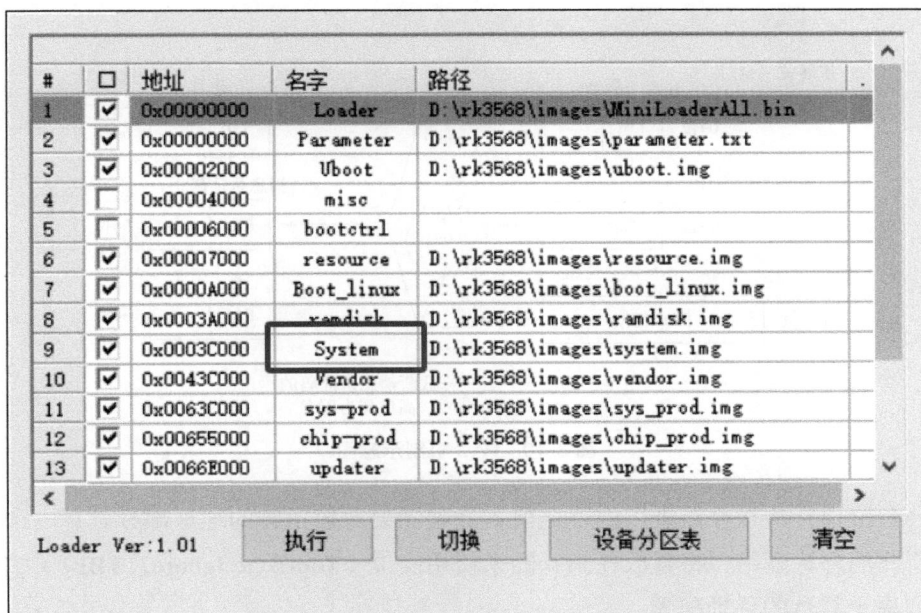

图 3-9　开发板烧录镜像列表

3.3.3　运行时完整性保护

系统启动之后运行时的完整性保护包含两方面内容，一是系统自身的控制流完整性保护，二是系统之上承载的应用的完整性保护。

1. 控制流完整性保护

不管是启动时可信还是运行时可信，核心都是保证代码不被篡改，但在实际应用中，仅保证代码的完整性，无法解决所有的安全问题。因为数据加载到内存之后仍可能因为漏洞被篡改执行。

目前，约 59%的系统安全漏洞为内存安全漏洞，主要可以分为两类：控制流劫持和数据流劫持，它们分别通过破坏程序的跳转逻辑和关键数据的完整性，达到攻击的目的。其中，控制流劫持主要利用缓冲区溢出等实现跳转导向编程（Jump-Oriented Programming，JOP）/返回导向编程（Return-Oriented Programming，ROP）攻击，攻击思想就是重用，将已有的以 ret 结尾的 Gadget（小代码段）拼凑成一个 Payload。基本的攻击模式主要分为 3 个步骤：第一步，寻找 Gadget；第二步，利用内存漏洞构造攻击栈，此处涉及恶意篡改栈中的返回地址；第三步，触发攻击，Gadget 依次执行，最终达成执行 Payload 的效果。

数据流劫持主要是修改指向关键数据的数据指针等，进而实现数据导向编程（Data-Oriented Programming，DOP）攻击。

基于上述两种劫持类型，我们可以抽象出一个攻击者模型。在该模型中，攻击者可以任意地读写系统内存，特别地，假设攻击者可以任意地修改内存中的指针和其他数据。

接下来，介绍控制流完整性保护机制——PAC。控制流完整性就是要保证按照系统预定的代码逻辑执行。PAC 本质上是一种用于保护指针完整性的硬件机制。该机制的基本原理如图 3-10 所示。

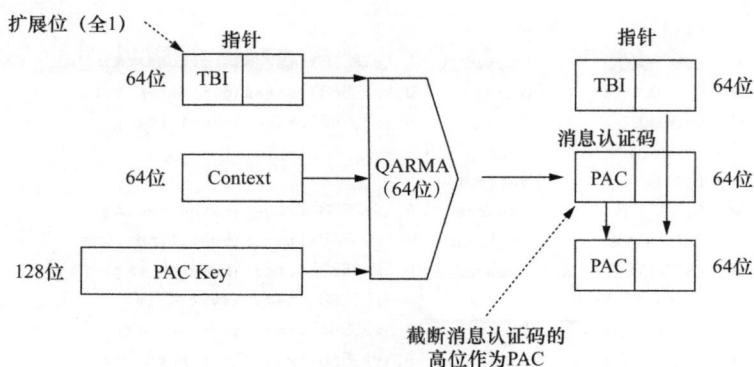

图 3-10　PAC 机制示意图

某个 64 位指针从寄存器进入内存之前，处理器会对该指针的地址部分计算一个消息认证码，并截断此消息认证码，将其放在指针的未使用高位（Top-Byte Ignore，TBI）中作为 PAC，PAC 长度取决于具体的寻址配置。

对于从内存读取到寄存器的某个 64 位指针，处理器在使用它之前，首先会校验此指针高位存储的 PAC 的合法性（针对此指针地址部分），若校验不通过，则令此指针失效。

　　PAC 机制可以保证即便攻击者有篡改指针或数据的能力，也无法为篡改后的指针或数据计算一个合法的 PAC。该机制的安全性主要建立在底层密码算法（例如 QARMA 和 Tweakable 消息认证码等）的安全性和密钥的机密性基础之上。

　　2. 应用完整性保护

　　应用完整性保护的关键手段是包安装校验，即在安装时校验安装包的完整性，以保证安装包的来源合法和内容未被篡改。为了实现有效的应用包安装校验，需要在应用开发、应用部署和应用安装全流程上进行管控，如图 3-11 所示。

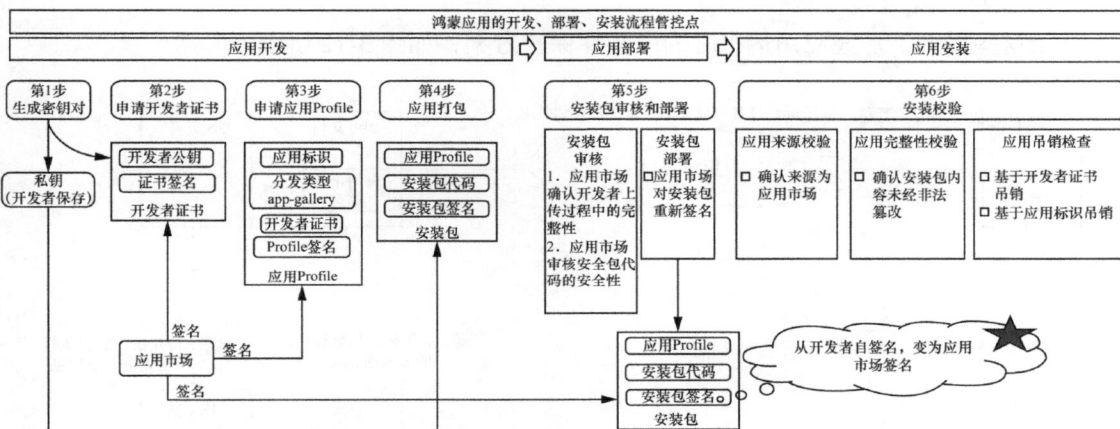

图 3-11　应用的开发、部署和安装流程管控点

　　（1）应用开发

　　在该阶段，首先，由应用开发者生成密钥对，其中私钥由开发者保存；其次，开发者申请证书，其中包含了开发者生成的公钥和应用市场对证书的签名；再次，开发者申请应用的 Profile，其中包含了应用标识、分发类型、开发者证书和应用市场对 Profile 的签名；最后，将应用的 Profile、安装包代码和安装包签名打包，其中安装包由开发者用其私钥进行签名。

　　（2）应用部署

　　在该阶段，首先进行安装包审核，由应用市场确认开发者上传过程的完整性，并审核安装包代码的安全性；然后由应用市场对安装包重新签名，也就是将安装包从开发者自签名变为应用市场签名，并完成安装包在应用市场的部署和上架。

　　（3）应用安装

　　在该阶段，主要由 OpenHarmony 进行安装校验，首先确认应用来源为应用市场，然后对应用进行完整性校验，确认安装包内容未经非法篡改，最后进行应用吊销检查，主要基于开发者证书和应用标识吊销。

　　研究发现应用如果只能做到安装时安全，是无法保证运行时安全的，例如利用热更新机制实现应用"变脸"，上架时为手电筒，热更新后变成其他恶意性质的软件。除此之外，已安装应用的代码也可能被其他恶意应用篡改，例如游戏外挂等。

面对如何保证运行时安全这一命题，OpenHarmony 的核心思想是保证在它上面运行的任何一行代码都是经过审核的，具体措施如下。

唯一应用市场：应用市场只对审核过的代码做签名。

代码执行权限管控：文件映射到内存之前，先检查签名的合法性。

方舟运行时：只解释执行验签通过的 abc 文件。

JSVM：解释执行前先做安全扫描。

JIT 内存管控：只允许 OpenHarmony 预置的引擎（方舟或 JSVM）使用 JIT（Just-In-Time 编译器）内存。JIT 内存是运行时环境的一个组件，它通过在运行时将字节码编译为本机机器代码来提高 Java 应用的性能。

基于这些措施，形成应用运行时的完整性保护方案，如图 3-12 所示。

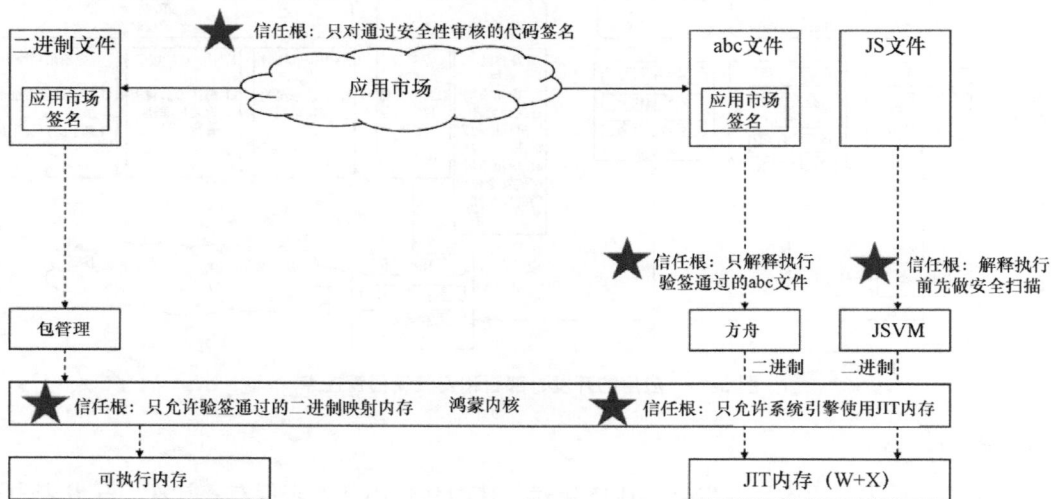

图 3-12　应用运行时完整性保护方案

3.3.4　配置文件完整性保护

针对配置文件的完整性保护机制有很多，这些保护机制的核心是对数据完整性的保护，旨在确保终端设备上的文件未被非法修改或篡改。随着云计算和分布式存储的普及，结合云端的智能终端文件保护方案能够提供更高效、实时的安全保障。在这个背景下，基于数字签名的文件完整性保护机制逐渐成为主流。

数字签名是一种利用公钥加密技术验证数据完整性和来源的方法。具体来说，当创建或修改文件时，系统会生成该文件内容的哈希值，并用私钥对该哈希值进行加密，生成数字签名。数字签名一旦生成，它就与文件内容紧密绑定，任何对文件内容的修改都会导致签名无效。因此，数字签名不仅能验证文件内容的完整性，还能验证文件的来源。

对于一个系统，最重要的文件往往就是配置文件，因此保护配置文件的完整性成为重中之重。数字签名也可用于保护智能终端上的配置文件（如用户数据、密码、证书等）。在文件存储或云端同步时，文件的数字签名能够确保数据在传输过程中未被篡改。如果文件被修改，数字签名将失效，系统即可检测到并采取相应的防护措施。

当前配置文件完整性保护的典型场景是防洗白。防洗白的业务目标是让黑产机器无法被重新利用。具体的防洗白措施分为开机向导拦截和关键业务拦截，这里所涉及的关键业务包括应用安装和创建子用户等，在进行这些操作时要求用户完成身份认证。

传统的防洗白架构是由手机查找端进行身份认证，然后通知手机查找云进行解锁，这种架构存在的问题是端不够可靠，可能直接跳过身份认证环节。因此，更合理的架构设计，是由手机查找端向云提出解锁请求，然后由云进行身份认证，通过后才可解锁。两种防洗白架构的对比如图 3-13 所示。

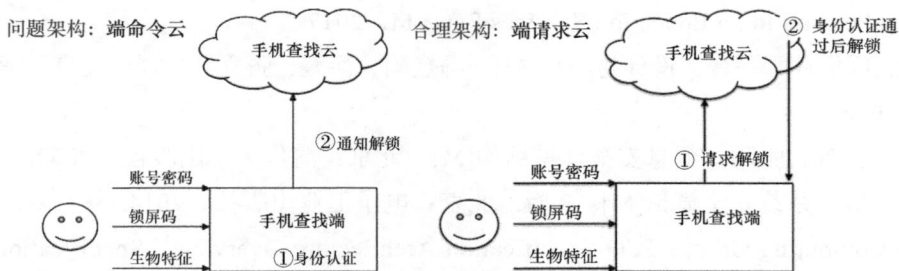

图 3-13　防洗白架构设计

本章小结

本章首先介绍了系统完整性的基本概念及其与可信的关系，然后着重介绍了系统完整性保护机制，包括 AEGIS 机制和 IMA 机制。这两个机制有各自不同的侧重点，对它们的分析有助于从多种视角理解系统完整性保护。最后针对现实中存在的黑灰产威胁，从启动时、运行时和配置文件 3 个维度对 OpenHarmony 的系统完整性保护方案进行了详细介绍。通过本章的学习，希望读者能够认识到系统完整性保护的重要性，掌握相关技术原理，并理解 OpenHarmony 在系统完整性保护上的体系化思想。

思考与实践

1. 系统完整性和可信的关系是什么？
2. 系统完整性保护的 3 个维度之间的关系是什么？
3. IMA 机制完整性度量的主要对象是什么？
4. 控制流劫持的基本攻击模式主要分为哪几个步骤？
5. 请简述安全启动的流程。

参考文献

[1] 冯登国. 可信计算——理论与实践[M]. 北京：清华大学出版社，2013.

[2] 塔嫩鲍姆，博斯. 现代操作系统（原书第 4 版）[M]. 陈向群，马洪兵，等译. 北京：机械工业出版社，2017.

[3] 石文昌. 网络空间系统安全概论[M]. 3 版. 北京：电子工业出版社，2021.

[4] STALLINGS W. Network Security Essentials: Applications and Standards, Sixth Edition[M]. Chennai: Pearson India Education Services Pvt. Ltd，2017.

[5] SMITH. 可信计算平台：设计与应用[M]. 冯登国，徐震，张立武，译. 北京：清华大学出版社，2006.

[6] 冯登国，孙锐，张阳. 信息安全体系结构[M]. 北京：清华大学出版社，2008.

[7] 石文昌. 信息系统安全概论[M]. 2 版. 北京：电子工业出版社，2014.

[8] Trusted Computing Group. TCG Specification Architecture Overview，Specification Revision 1.4.2ed[EB/OL].(2007-01-01)[2025-02-01].

[9] Trusted Computing Group. Trusted Platform Module Library，Part 1：Architecture，Family "2.0"，Level 00 Revision 00.96[EB/OL].(2013-01-01)[2025-02-01].

[10] IBM. 实现 dm-verity[EB/OL].(2025-03-10)[2025-03-12].

[11] 李毅，任革林. 鸿蒙操作系统设计原理与架构[M]. 北京：人民邮电出版社，2024.

第4章
用户身份认证

学习目标

① 理解用户身份认证概念与分类。
② 掌握典型身份认证技术与协议。

③ 深入理解 OpenHarmony 身份认证技术体系。

4.1　用户身份认证概述

4.1.1　用户身份认证概念

用户身份认证指计算机系统通过验证或鉴别用户的身份，确保只有授权用户才能访问系统特定资源或执行特定操作。身份认证的主要目的是确认主体（通常是用户或系统）所声称的身份是否真实，从而防止未经授权的访问和潜在的数据非法泄露等安全威胁。身份认证过程中，主体通过"身份标识符+认证凭据+认证器"的组合来证明其身份。

其中，身份标识符是指用来唯一标识主体（人、设备、应用等）身份的一种信息。多数情况下，身份标识符是一个字面上的信息串或代号，能够让系统辨别并追踪不同的实体。对应于真实物理场景，身份标识符可以表现为以下形式。

用户名：最常见的身份标识符之一，通常是一个唯一的字符序列，用于区分不同用户。

电子邮件地址：通常用于在在线系统中唯一标识用户，具有全球唯一性。

手机号码：手机号码在移动设备和通信领域具有唯一性且易于访问。

金融账户号：用于银行系统、支付平台等领域，通常与用户的个人账户信息绑定，起到唯一标识作用。

UID：在大型系统或分布式系统中，通常使用统一的 UID 作为身份标识符。

认证凭据主要用来辅助验证用户身份，通常包括口令（密码）、PIN、生物识别信息（如指纹、面部）等信息或智能卡、令牌等物理设备。

认证器是指用于认证用户或实体身份的设备、软件、密码验证器等。认证器使用认证凭据判断用户身份的真实性和合法性。NIST 将认证器分为 9 类，表 4-1 介绍了从传统的密码认证到现代的加密认证、OTP、快速身份在线（Fast Identity Online，FIDO）认证等多种认证方式相关的认证器。

表 4-1
NIST 认证器类型

编号	NIST 认证器类型	具体描述
1	记忆秘密 （Memorized Secret）	用户通过记忆的静态密码（如字符串、PIN）进行身份认证，如密码或密保问题
2	查找秘密 （Look-up Secret）	一个物理记录或者电子记录，用来存储用户与账户分发机构之间共享的秘密信息，如购买 Windows 时给的注册码
3	带外认证（Out-of-band）	通过独立于主通信渠道的另一个物理设备或通道完成认证（如短信、推送通知），如 Windows 应用推送通知辅助认证
4	单因素 OTP 设备 （Single-factor OTP Device）	仅生成 OTP 的硬件或软件设备。如 Microsoft Authenticator 应用
5	单因素密码软件（Single-factor Cryptographic Software）	仅使用软件生成的加密密钥进行认证（如数字证书），不需要额外的物理设备，例如用户、设备或移动端的数字证书
6	单因素密码设备（Single-factor Cryptographic Device）	一个通过直接连接用户终端提供支持认证操作的设备，例如 USB Key
7	多因素 OTP 设备（Multi-factor OTP Device）	生成 OTP 的设备需要与其他认证因素（如密码）结合使用（多因子认证），例如 OATH/RADIUS OTP 设备，需要密码与 OTP 的硬件设备
8	多因素密码软件（Multi-factor Cryptographic Software）	软件生成的加密密钥需要与其他因素（如生物特征）结合使用，例如证书结合指纹认证
9	多因素密码学设备（Multi-factor Cryptographic Device）	需要物理设备存储加密密钥，并与其他认证因素结合，例如智能卡+PIN

4.1.2 用户身份认证分类

身份认证主要包括证明方和认证方，证明方通过向认证方证明其拥有与其身份对应的某个秘密，来证明其身份。本小节将介绍若干经典的身份认证方法，主要包括基于知识的认证、基于所有权的认证和基于生物/行为特征的认证等。

1. 基于知识的认证

基于知识的认证依赖用户已知的某些信息来认证身份。这种方式的核心是"用户知道某个信息"，所需要的认证凭据包括密码（静态口令）、预共享密钥（Pre-shared Key，PSK）等。

密码：用户输入预先设定的密码来证明其身份。密码认证方式简单易懂，广泛应用于个人和企业的各种信息系统中。每个证明方被分配一个唯一的密码，而认证方保存证明方的密码或者密码的变换值，其变换值一般是单向的，即使认证方受到攻击导致密码变换值泄露，攻击者也无法推断出密码，从而提高了系统的安全性。

PSK：通信双方事先共享一个密钥，主要用于加密或生成相关认证代码。PSK 广泛应用于 WiFi 网络、VPN 连接等场景，通常与加密协议（如 WPA2）结合使用。由于密钥的安全性直接依赖共享过程的安全性，一旦密钥泄露，认证系统的安全性就会受到威胁。

2. 基于所有权的认证

基于所有权的认证要求用户通过拥有某种物理设备来证明其身份。基于所有权的认证比基于知识的认证更安全，因为它需要实际物理设备来完成认证过程，而黑客很难通过远程攻击来窃取这些凭据。基于所有权的认证所需要的凭据主要是智能卡、动态令牌、USB Key 等。其中，智能卡是一种内嵌芯片的卡片，可以存储加密的认证信息，通常用于企业网络接入、金融交易等较高安全级别的场景；动态令牌可以生成 OTP，用户需要使用通过令牌获取的动态密码进行认证；USB Key 通过生成 OTP 或使用内置私钥对挑战值进行签名，与认证系统交互来认证用户身份。

尽管基于所有权的认证提供了更高的安全性，但如果用户遗失了智能卡或 USB Key，恶意用户可能利用这些设备来进行未授权的访问，因此认证系统会结合多个认证因子，以降低丢失设备带来的风险。

3. 基于生物/行为特征的认证

基于特征的认证指利用用户的生物或行为特征来进行身份认证。根据认证对象的特征不同，可以将其分为生物特征识别和行为特征识别两大类。

（1）生物特征识别

人脸识别：通过对人脸的特征进行分析（如眼睛、鼻子、嘴巴的位置与比例等）来认证用户身份。人脸识别广泛应用于智能手机解锁、安防监控等场景。

指纹识别：通过扫描指纹的独特性来认证用户身份。指纹识别被广泛应用于手机、门禁系统及金融交易等领域。

声音识别：基于声纹技术，通过用户的声音特征（如音高、节奏、语调等）进行身份认证。此技术常见于电话银行、语音助手等应用。

（2）行为特征识别

走路姿态识别：通过对人的身体体形和行走姿态进行分析来认证用户身份，这是一种新兴的生物特征识别技术。

触屏手势识别：通过分析用户滑动触摸屏幕的速度、压力、倾斜度等动态特征来确认身份。这类技术适用于配备触摸屏的智能终端。

基于生物特征的认证方式的安全性和准确性相对较高，难以伪造或复制。然而，这种方式的缺点也十分明显：一方面，生物识别设备和技术的成本较高，实施和维护费用大；另一方面，生物识别数据一旦泄露，用户的隐私泄露风险较大。此外，某些生物特征可能会受到外界环境的影响（如人脸识别可能受到光线变化的影响），需要进一步提升系统识别的精确性。

4.1.3　典型用户身份认证技术

1. Linux 系统口令认证

当用户首次登录 Linux 操作系统时，系统要求用户进行用户名与口令信息的注册。系统接收到用户名 username 与口令信息 password 后，会将用户名存储到/etc/passwd 文件中，用户名由字母、数字、下画线或句点组成，且不超过 8 个字符；口令信息则由系统通过哈希算法 SHA-512 进行加密，之后系统会存储记录 "username:\$6\$salt\$hash" 到/etc/shadow 文件中，其中，\$6 表示系统所使用的加密算法为 SHA-512，\$salt 表示加密口令时用到的盐值，\$hash 为口令哈希值，且该记录只能由 root 用户读取。

当用户再次登录 Linux 操作系统时，系统会要求用户输入用户名 username*与口令 password*。如图 4-1 所示，系统接收到用户输入的用户名与口令信息后，从/etc/passwd 文件中读取用户名，检查该用户名是否存在。如果用户名不存在，则拒绝用户的登录请求；如果用户名存在，则被认为是合法账户（即 username*=username），系统根据用户名 username，查询之前存储在/etc/shadow 文件中对应的盐值，计算 sha512(password*, salt)得到用户此时输入口令对应的哈希值 hash*。系统将得到的 hash*与事先在/etc/shadow 中存储的 hash 进行匹配。若两者匹配（hash*=hash），则系统认为用户身份认证成功，用户成功登录系统；反之，系统将拒绝用户的登录请求，以确保只有拥有正确口令的用户才能访问系统资源。

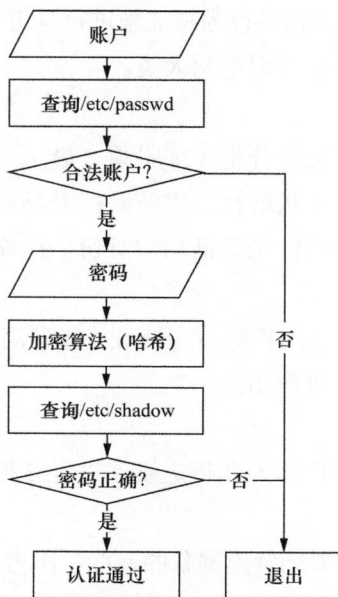

图 4-1　Linux 操作系统口令认证流程

2. FIDO 认证

研究表明，互联网在线服务中，约 80%的数据泄露事件都源自不安全的口令认证。更令人担忧的是，许多用户出于便捷考虑，一般在多个平台上使用相同的口令，这进一步增加了口令泄露风险。

FIDO 联盟于 2012 年成立，集结了多家行业领先的企业和组织，主要目标是制定无口令认证协议，以彻底避免口令泄露的风险。这一理念的核心思想是通过采用生物特征识别技术和加密技术，为用户提供基于设备和生物特征的认证方式，从而允许用户通过设备上的硬件密钥在服务器上进行认证，避免用户跨服务共用口令的问题，进而避免或降低口令泄露的风险。此外，这一方案还支持匿名安全身份，进一步保护了用户隐私。

2014 年，FIDO 发布了通用认证框架（Universal Authentication Framework，UAF）和通用第二因子（Universal Second Factor，U2F）认证框架，并逐步在多个平台上推广实施。这两种

认证框架的推出，标志着在线身份认证技术的重大进步。2016 年，万维网联盟（World Wide Web Consortium，W3C）与 FIDO 共同启动了 FIDO2.0 Web API，开启了网络身份认证标准化的新篇章，为各大平台和浏览器提供了一个强有力的技术框架。下面介绍 UAF 和 U2F 认证框架。

（1）UAF

UAF 为用户提供了一种无口令认证的便捷体验。UAF 先在设备端用基于生物特征的认证手段认证用户，之后再在服务端进行用户认证。典型的 UAF 设备包括智能手机、PC 等。例如，当用户需要进行转账时，只需要通过手机进行指纹或人脸识别即可完成认证。UAF 主要包含两个核心部分：首先是 FIDO 用户设备，作为 FIDO UAF 客户端，存储用户的生物特征数据和密钥；其次是依赖方，通常指 Web 服务器和 FIDO 服务器，后者主要负责存储公钥，并进行身份认证。

图 4-2 所示为 FIDO UAF，在该框架中，客户端实体包括认证器（Authenticator）、认证器专用模块（Authenticator Specific Module，ASM）、UAF 客户端和用户代理。各个模块具体描述如下。

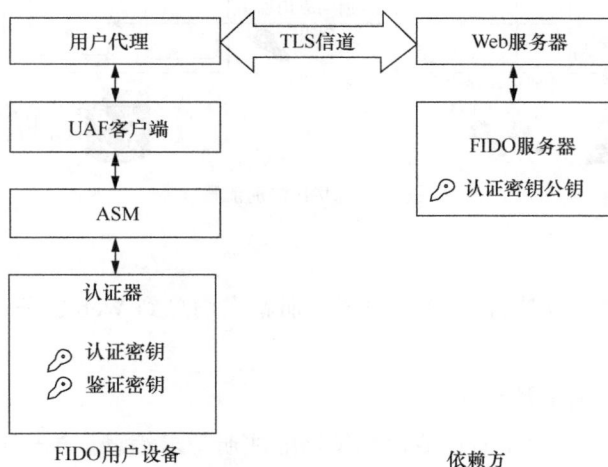

图 4-2　FIDO UAF

- **认证器**：可插拔或嵌入用户设备的功能性实体。例如，指纹识别模块。认证器包含一个鉴证密钥，该密钥用于证明认证器的合法性。在 UAF 中，认证器用于认证用户身份，生成与用户身份绑定的认证密钥，并通过该认证密钥对挑战值进行响应及对用户身份凭证进行签名，以确保其完整性。

- **ASM**：作为认证器与 UAF 客户端之间的软件接口，充当两者之间的桥梁。ASM 是 FIDO 协议中的一个关键组成部分，是 UAF 认证器的软件接口，位于 UAF 认证器之上。ASM 为 UAF 客户端提供了一种标准化的方式，用于检测和访问 UAF 认证器的功能，并将内部通信的复杂性隐藏在 UAF 客户端之外，以使 UAF 客户端能够检测和访问 UAF 认证器的功能，而无须关心内部通信的细节。

- **UAF 客户端**：作用是充当用户设备与 FIDO 服务器之间的中介，负责执行 FIDO UAF

的多个关键步骤。

- 用户代理：通常是应用或浏览器，负责与用户进行交互，启动整个 UAF 协议的流程。

服务端主要由 Web 服务器和 FIDO 服务器组成。Web 服务器负责与 FIDO 服务器交互，传输 FIDO UAF 认证相关消息，而 FIDO 服务器则通过与 Web 服务器进行交互，认证响应消息并更新用户的身份凭证。

FIDO UAF 采用两阶段身份认证模式，主要分为注册阶段和认证阶段。其中，注册过程是确保用户身份信息安全绑定的关键环节。整个过程涉及用户设备及 Web 服务两个通信实体。注册流程包括图 4-3 所示的 5 个主要步骤。

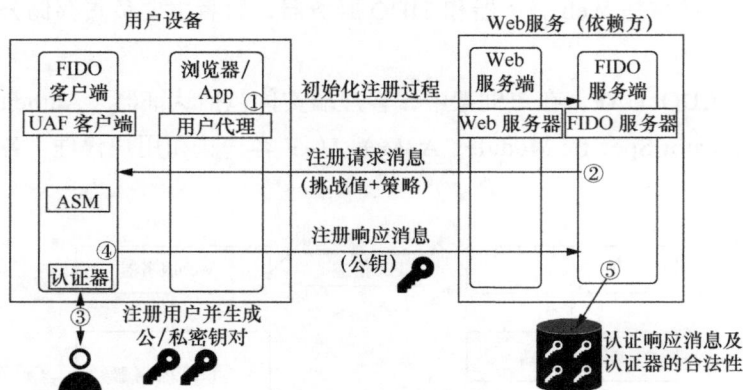

图 4-3　UAF 注册流程

① 初始化注册过程

用户设备作为 FIDO 客户端，生成并发送注册请求消息到 Web 服务，即依赖方，开始初始化注册过程。

② 依赖方发送注册请求消息

依赖方向客户端发送一个带有挑战值和策略的注册请求消息。挑战值是由依赖方生成的唯一随机数，用于确保每次认证请求的唯一性。策略是依赖方定义的与认证要求相关的规则，如所需的认证器类型（如 PIN、指纹、USB Key）和认证流程的安全要求。

③ 客户端注册用户并生成公/私密钥对

客户端收到注册请求消息，调用本地认证器进行身份认证。通常，客户端会生成一对公/私密钥，公钥用于后续的身份认证和响应认证，私钥保存在客户端设备的安全区域中，确保无法被泄露或滥用。私钥不可迁移或转移到其他设备，因此每台设备都需要独立进行注册。在生成密钥对时，认证器会依据注册请求中的挑战值和策略对密钥进行加密操作，确保生成密钥的安全性。

④ 客户端发送注册响应消息

生成密钥对后，客户端会将生成的公钥和其他相关信息（如注册时生成的认证器标识符）通过注册响应消息发送到 FIDO 服务器。此响应消息通常还包括认证器的鉴证信息（如认证器的合法性证明）及公钥本身。此时，私钥依旧保存在设备内部的安全环境中，不会被发送到服务器。

⑤ 依赖方认证响应消息

最后，依赖方在接收到客户端的注册响应后，会对公钥和其他信息进行认证。认证过程包括：验证公钥，确认公钥是否有效并且与客户端的请求一致；验证认证器的合法性，通过认证器提供的鉴证信息（如证书），确认该认证器是合法的，并且没有被篡改。若认证成功，依赖方会将公钥及认证器信息存储在其服务器上，完成用户注册过程。此时，用户的身份已与公钥绑定，并能够在后续身份认证过程中使用。

在认证阶段，由服务端生成随机挑战值，客户端触发用户使用基于生物特征的认证方式进行授权，通过后认证器使用存储的用户私钥对挑战值签名，回复服务端认证。UAF 的认证流程如图 4-4 所示。

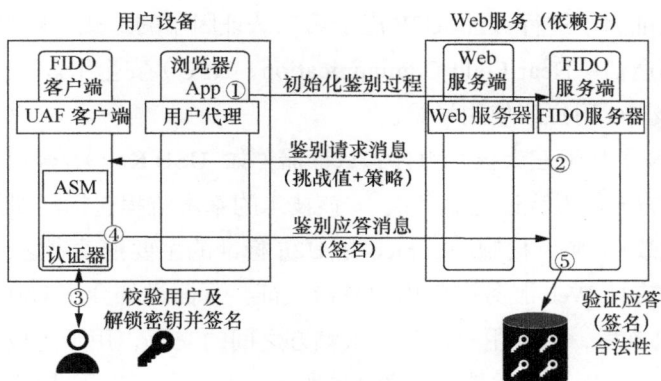

图 4-4　UAF 的认证流程

① 客户端初始化鉴别过程

认证过程开始时，用户设备作为客户端会初始化与依赖方的身份认证交互。用户通过设备触发 FIDO 认证操作，通常是在尝试登录某个应用或网站时，由客户端（例如浏览器或应用）向依赖方发出认证请求。

② 依赖方发送鉴别请求消息

依赖方（通常是 FIDO 服务器）生成一个随机的挑战值，并定义认证策略。依赖方将挑战值和认证策略通过用户代理传输到 UAF 客户端，通知 UAF 客户端需要执行的认证方式。

③ 客户端认证器校验用户及解锁密钥并签名

收到挑战值和策略后，UAF 客户端会与本地认证器进行交互。认证器通常是内嵌在用户设备中的生物特征识别模块，如指纹识别模块或虹膜扫描器。在该环节，客户端会要求用户通过基于生物特征的认证（如指纹识别、虹膜扫描或人脸识别）进行身份认证。如果用户通过了基于生物特征的认证，认证器会认证用户身份并解锁存储在设备中的私钥，解锁成功后，认证器会使用存储的私钥对挑战值进行签名。

④ 客户端发送认证应答消息

完成身份认证后，客户端将签名后的挑战值通过认证应答消息发送到服务端（依赖方）。此时，消息中包含挑战值的签名（由私钥生成），以及其他认证相关信息（如认证器标识符、用户身份凭证等）。

⑤ 服务端认证应答消息合法性

服务端收到客户端发送的认证应答消息后，首先，验证签名的合法性使用用户注册时绑定的公钥对签名进行认证，确保签名是由合法用户生成的；其次，验证挑战值的匹配，将客户端返回的挑战值与之前发送的挑战值进行比对，确保该认证请求是与当前会话相关的。若验证通过，服务端确认用户身份，并允许其访问受保护的资源；如果验证失败，则认证过程失败，用户无法登录。

（2）U2F 认证框架

U2F（Universal 2nd Factor）认证框架通过在已有的口令认证基础设施上增加第二认证因子来增强安全性。用户仍然使用传统的用户名和口令登录系统，然而，在认证过程中，服务端会提示用户使用第二认证因子进行认证。U2F 出示第二认证因子的形式一般是按一下 USB 设备上的按键或者靠近近场通信（Near Field Communication，NFC）安全卡。U2F 认证框架适用于典型的 B2B 业务场景及 PC 用户的使用场景。

FIDO U2F 认证技术基于三大核心组件：认证器（如 USB Key）、客户端（如浏览器、平台组件或应用）和依赖方（负责认证的服务端）。该技术的基本流程包括注册和认证两个阶段，每个阶段都采用了"挑战-响应"机制。Yubico 是 U2F 标准的主要推动者之一，为 U2F 框架提供了具体的实现方案，支持 Web 服务和应用的身份认证。下面详细介绍 U2F 认证流程。

首先是 U2F 注册流程，涉及用户设备与依赖方之间的交互，用于生成并注册公/私密钥对，确保后续认证过程的安全性和完整性。如图 4-5 所示，具体包括以下步骤。

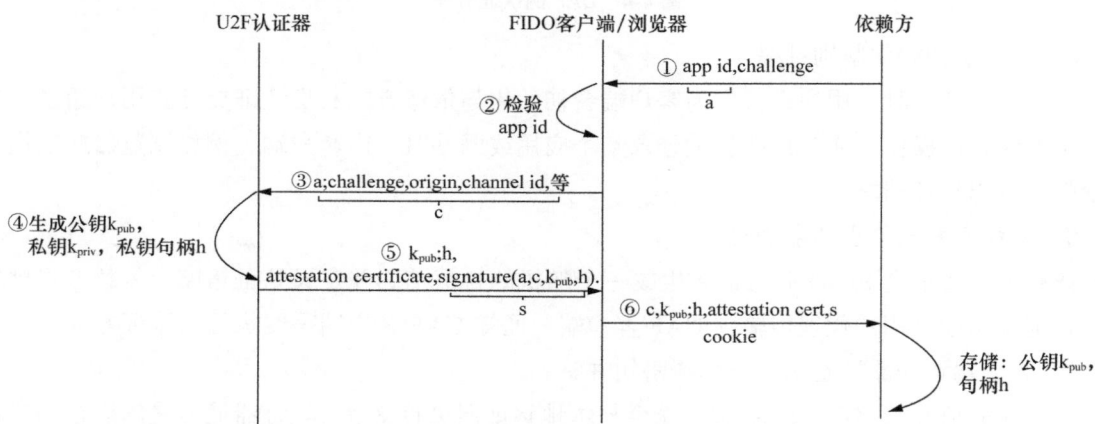

图 4-5　U2F 注册流程

① 依赖方发送挑战值（challenge）和应用标识符（app id）。

依赖方向客户端发送一个随机值，称为挑战值。同时，依赖方还会发送 app id，即应用标识符。app id 可以是单一的 URL，也可以是多个 URL 的集合。

② 客户端检查 app id。

客户端检查所连接的服务器 URL（称为 origin）是否与依赖方发送的 app id 中的 URL 一致。如果不一致，连接会被拒绝。

③ 客户端发送消息至认证器。

在 U2F 认证流程中，客户端会计算出两个哈希摘要：一个是 origin 的哈希摘要，另一个是挑战值的哈希摘要。origin 是客户端当前连接的服务器 URL（包含协议、主机名和端口）。挑战值包含依赖方给客户端的挑战信息，以及 origin 和 TLS 信息。客户端把计算出来的两个摘要组合成一条消息，发送给认证器。channel id 主要用于标识特定的认证会话，当多个应用或设备同时与认证器交互时，channel id 可以确保每个请求的响应与正确的发起方匹配。另外，结合 challeng 和 origin，channel id 增加了通信的随机性和唯一性，能够防止重放攻击，进一步增强了安全性。

④ 认证器生成椭圆曲线密码（Elliptic Curve Cryptography，ECC）密钥对。

认证器采用 FIDO U2F 规范中指定的 ECC 参数集为该客户端生成一对新的椭圆曲线密钥对。为了方便后续认证时能够找到相应的私钥，认证器创建了一个私钥句柄 h。例如，私钥句柄可能是一个数字，设备将所有私钥按顺序编号。当收到私钥句柄时，设备能够根据该句柄找出相应的私钥 k_{priv}。

⑤ 认证器发送消息至客户端。

认证器生成一条消息，包含公钥 k_{pub}、私钥句柄 h、设备认证证书（Attestation Certificate），并使用设备的认证私钥对消息进行签名 signature(a, c, k_{pub}, h)，之后将消息发送至客户端。

⑥ 客户端转发消息到依赖方。

客户端将消息 cookie 转发给依赖方。依赖方验证签名和认证证书，确认公钥与私钥相匹配且是由认证器生成的。依赖方将公钥、私钥句柄及初始的认证计数器（默认为 0）存储在用户的数据库条目中，为后续认证做准备。

在 U2F 认证流程中，U2F 认证的目标是确定认证器是否属于指定的用户，并确保认证器与信任方通信的 origin 数据一致。U2F 认证流程如图 4-6 所示。

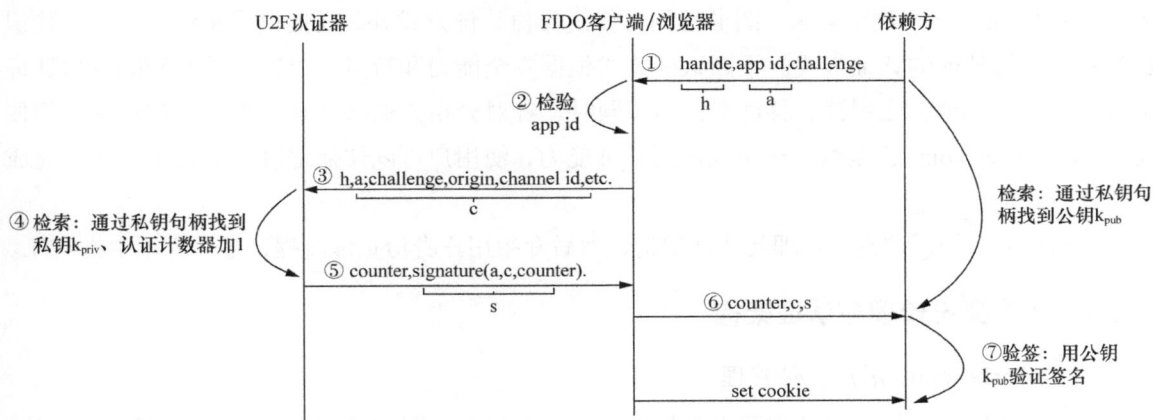

图 4-6　U2F 认证流程

① 依赖方向客户端发送一个挑战值和应用标识符和私钥句柄 h。此时，客户端的登录代码会调用 U2F JavaScript API 进行身份认证。

② 客户端检查其连接的服务器 URL（origin）是否与依赖方发送的 app id 中的 URL 一致。如果不一致，连接会被拒绝。

③ 客户端构建 origin 数据，并将该数据与挑战信息、私钥句柄一并发送到认证器。消息格式如下：

> 控制字节｜｜ 挑战参数　｜｜ 应用参数　｜｜ 私钥句柄

其中，控制字节由 FIDO 客户端决定，可设置为以下之一：0x07（仅检查）和 0x03（强制用户存在并签名）。在注册期间，FIDO 客户端可以向 U2F 令牌发送认证请求消息，以确认令牌是否已注册。此时，FIDO 客户端会使用 0x07。在其他情况下（即在认证期间），FIDO 客户端必须使用 0x03。挑战参数不同于注册时的挑战值，而是一个关于新挑战值的摘要，同时包含了与注册阶段类似的其他数据。应用参数（origin 数据）与注册阶段时的参数相同，表示客户端实际连接的 origin。私钥句柄与注册时相同，表示私钥的标识符。

④ 认证器使用客户端提供的 origin 数据与私钥句柄，查找并检索相应的私钥 k_{priv}。如果发现提供的 origin 数据与注册时的 origin 数据不匹配，或者无法找到与该私钥句柄及 origin 数据关联的密钥，认证器将返回错误。如果 origin 数据匹配，认证器计数器（counter）自增 1，并对挑战参数、应用参数、计数器及一个表示用户是否按下认证器按钮的字节进行签名。

⑤ 认证器将计数器和签名信息 s 发送至客户端。

⑥ 客户端将计数器 counter、挑战信息 c 和签名 s 发送给依赖方。

⑦ 依赖方使用公钥（通常存储在用户名/密码数据库中）认证签名。同时，依赖方还会确认计数器值是否大于上一次认证时的计数器值，以确保认证顺序的正确性。

4.2　OpenHarmony 身份认证技术体系

OpenHarmony 除数字密码、图形密码等传统身份认证方式外，还提供了指纹识别、人脸识别等基于生物特征的认证方式。不同认证方式根据安全能力和特点，可应用于相应的身份认证场景，如设备解锁、应用锁、移动支付等。同时，针对分布式业务场景，为提升用户认证的便捷性，OpenHarmony 还提供了分布式协同认证能力，使用户可以便捷地以近端设备为入口完成用户身份认证。

下面首先介绍用户身份管理与认证架构，然后介绍用户身份认证流程，最后介绍生物 ATL。

4.2.1　用户身份管理与认证架构

1. OpenHarmony 用户身份管理

系统中每次业务的发起都需要由身份牵引。没有身份（即使是匿名身份），容易导致监管、审计的混乱。以 OpenHarmony 终端用户的本地账户为例，账号子系统主要负责本地用户身份的全生命周期管理、用户身份认证凭据管理，并集中存储认证凭据，以及确保敏感数据在本地设备上的安全保护。具体而言，OpenHarmony 账号子系统为标识对象，生成用户标识 userid（或 OSaccountID）。

用户具有标识之后，账号子系统会调用用户身份和访问管理（Identity and Access Management，IAM）子系统基于口令认证、人脸认证、指纹认证来完成对用户标识的鉴别。另外，账号子系统调用文件子系统，创建文件目录等用户空间的数据，方便用户后续正常使用设备并进行相关操作。图 4-7 所示为用户身份管理架构。

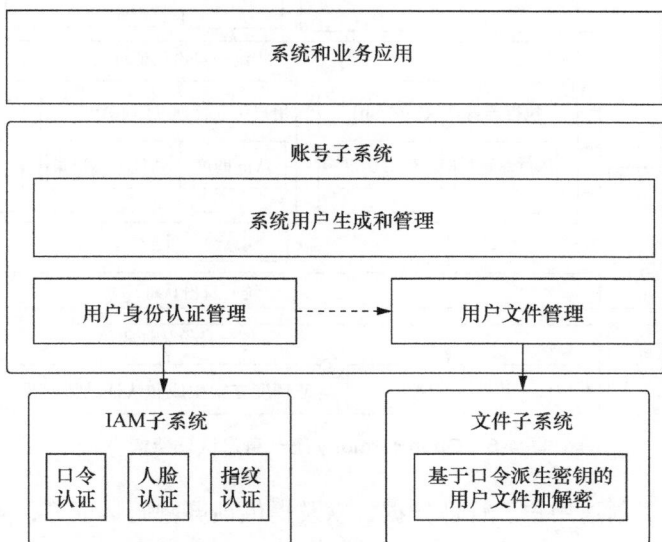

图 4-7　用户身份管理架构

需要注意的是，该标识及其相关的认证凭据（锁屏密码、指纹、人脸信息等）只能在生成该标识的设备上使用，即作用域为单设备，用户可访问的客体范围只能是本设备用户空间内的全部数据，包括应用、系统服务和系统资源。换到其他设备，原有标识及其凭据将不再有效。

2. OpenHarmony 用户身份认证架构

业界早先出现的是 Android 生物认证架构，但是从物联网场景智能终端差异化及分布式角度看，Android 生物认证架构存在认证入口不归一、不同认证能力的接口功能参差不齐的不足，尤其是缺乏具有实质意义的统一生物认证架构，不利于身份认证的扩展应用。为此，OpenHarmony 操作系统在设计用户身份认证架构之前，首先规划了架构需要具备的 4 项目标，具体介绍如下。

归一化的认证能力调度：在北向生态上，即面向上层应用，能够屏蔽各种身份认证能力（如锁屏密码、人脸认证）差异，由系统提供归一化的交互界面，实现认证调用接口的归一和用户体验的归一。

归一化的认证 API：在认证能力的管理上，需要支持对不同认证能力的统一调度，支持认证能力的弹性接入。

归一化的认证体验：在认证方案的决策上，需要认证资源集中管理，认证方案统一决策。

认证资源的统筹管理：在未来演进上，新的架构需要内生支持扩展分布式协同身份认证能力，并尽可能做到本地和分布式认证能力的调度归一和接口调用归一。

图 4-8 所示为 OpenHarmony 统一身份认证架构。下面阐述架构中的核心模块。

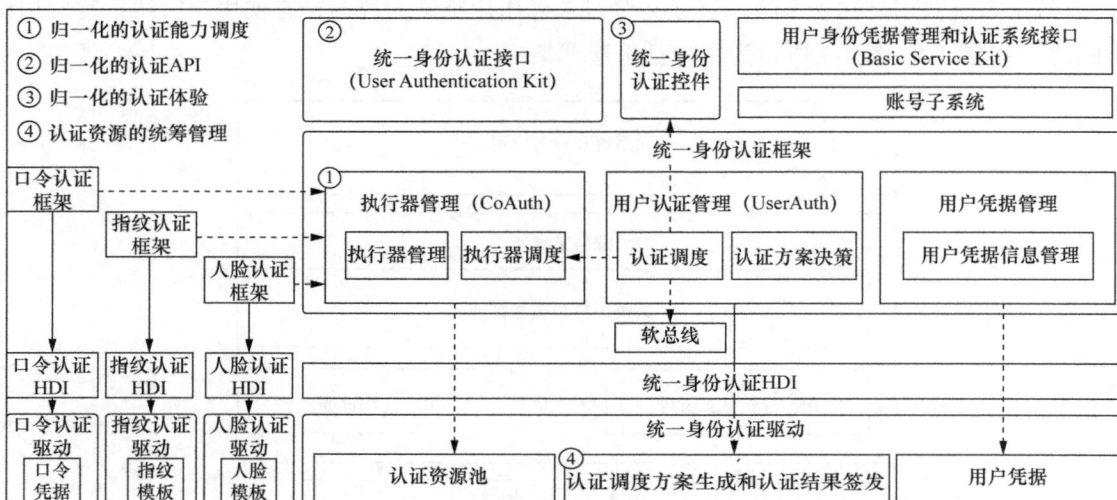

图 4-8　OpenHarmony 统一身份认证架构

账号子系统：负责创建用户、管理凭据，以及提供锁屏密码认证等，对外提供接口。

统一身份认证接口：面向北向应用，提供基于用户在设备本地注册的锁屏密码、人脸信息和指纹信息来认证用户身份的能力，这通过统一身份认证控件为统一身份认证接口提供支持。

统一身份认证控件：提供系统级的用户身份认证交互界面。该控件一方面提供用户密码输入界面，使调用者无法接触用户输入的密码，确保了用户个人数据安全性；另一方面确保了用户归一化的身份认证体验。

用户凭据管理：对接账号子系统，用于对用户凭据进行管理，负责用户凭据的查询、删除及变更。用户凭据由 TEE 安全侧的用户凭据信息模块进行管理。

用户认证管理：这是统一身份认证框架的核心，会根据调用者的认证诉求和用户凭据注册情况，基于执行器的类型、性能及当前负载等因素，从注册的执行器列表中选择合适的执行器、确定待比对凭据数据请求类型和优先级生成认证方案，确保用户认证请求能够得到及时响应。认证调度通过执行器管理模块调度认证执行器能力，通过调度统一身份认证控件，实现系统交互界面和认证能力的协同。此外，当需要进行跨设备认证时，认证调度会通过软总线建立与其他设备的统一身份认证框架的联系。

执行器管理：为了屏蔽不同认证因子的差异，实现对认证能力的统一调度，OpenHarmony引入了认证执行器概念。认证执行器主要分为 3 类。第一类是采集器，负责采集待认证特征数据，并传递给认证器进行处理。第二类是认证器，负责处理采集器采集的特征数据，进行特征比对，得出身份认证结果。第三类是全功能执行器，集采集器和认证器功能于一体，用于凭据的注册和本地身份认证。同时，各个执行器提供了对应的插件接口，如表 4-2 所示。

表 4-2　　　　　　　　　　　　执行器插件接口及功能

执行器插件接口（ExecutorRegisterCallback）	接口功能
OnMessengerReady()	执行器注册成功通知，返回执行器给框架发送信息的 Messenger
OnBeginExecute()	启动执行器
OnEndExecute()	关闭执行器
OnSetProperty()	设置执行器
OnGetProperty()	获取执行器设置信息及属性
OnSendData()	框架给执行器发送消息

执行器管理模块负责管理口令认证、指纹认证等执行器，允许执行器进行注册，注册信息包含 authType（Authentication Type，即认证类型）、executorRole（Executor Role，即执行器角色）、executorSensorHint（Executor Sensor Hint，即执行器对应的器件标识）、executorMatcher（Executor Matcher，即用于采集器与认证器匹配的标识）、esl（Executor Security Level，即执行器实现安全等级）、maxTemplateAcl（Maximum Template Access Control Level，该执行器认证算法可达到的最高能力等级）、publicKey（Public Key，即执行器公钥）、deviceUdid（Device Unique Device Identifier，即执行器所属设备 ID）、signedRemoteExecutorInfo（Signed Remote Executor Information，即分布式认证场景下远端设备签发的执行器信息）。执行器之后将注册信息、设备所支持的认证方式存储于 TEE 安全侧的认证资源池。TEE 安全侧参考认证资源池中存储的认证方式等数据及存储的用户凭据，生成认证调度方案，并签发认证结果。

执行器调度模块负责调度系统中的多种执行器，包括全功能执行器、采集器和认证器等，以满足不同身份认证场景的需求。当用户发起身份认证请求时，执行器调度模块能够高效地管理和调度由用户认证管理模块所选定的执行器资源，并能够根据实际需求进行灵活配置和扩展，支持多种身份认证场景。图 4-9 所示为执行器注册信息的相关定义。

```
/**
 * @brief Infomation used to describe an Executor.
 */
struct ExecutorInfo {
    /** Authentication type supported by executor. */
    AuthType authType {0};
    /** Executor role. */
    ExecutorRole executorRole {0};
    /** Unique index of executor within each authType. */
    uint32_t executorSensorHint {0};
    /** Sensor or algorithm type supported by executor. */
    uint32_t executorMatcher {0};
    /** Executor secure level. */
    ExecutorSecureLevel esl {0};
    /** Max template acl. */
    uint32_t maxTemplateAcl {0};
    /** Used to verify the result issued by the authenticator. */
    std::vector<uint8_t> publicKey {};
    /**< Device udid. */
    std::string deviceUdid;
    /**< signed remote executor info. */
    std::vector<uint8_t> signedRemoteExecutorInfo;
}; // end ExecutorInfo
```

图 4-9　执行器注册信息定义

② 请求从统一身份认证框架传达到统一身份认证驱动,之后统一身份认证驱动校验是否满足凭据变更条件,内容主要是检测 Auth_Token 是否为用户身份认证的一个有效凭证。

③ 校验通过后,统一身份认证驱动生成凭据变更的调度方案,并将调度方案返回给统一身份认证框架,之后统一身份认证框架调用对应执行器执行凭据变更。

④ 执行器框架根据统一身份认证框架调度方案,调用执行器驱动完成凭据变更。

⑤ 执行器驱动返回凭据变更结果给执行器框架。

⑥ 执行器框架将凭据变更结果返回给统一身份认证框架。

⑦ 统一身份认证框架调度统一身份认证驱动校验凭据变更结果,更新用户凭据。

⑧ 统一身份认证驱动向统一身份认证框架返回最终的凭据变更结果。

⑨ 在设置应用交互界面给用户呈现凭据变更结果。

（3）用户本地身份认证阶段

用户本地身份认证阶段（以锁屏解锁场景为例）的步骤如图 4-13 所示,具体描述如下。

① 业务应用（锁屏应用）发起身份认证请求。

② 请求透传到统一身份认证驱动,驱动根据存储的用户凭据,生成认证调度方案并返回给统一身份认证框架。

③ 统一身份认证框架根据认证调度方案调度相应执行器,执行认证功能。

④ 执行器框架根据统一身份认证框架调度方案,调用执行器驱动完成身份认证功能。

⑤ 执行器驱动返回凭据比对结果。

⑥ 执行器框架将凭据比对结果返回给统一身份认证框架。

⑦ 统一身份认证框架驱动校验凭据比对结果,若认证通过则签发 AuthToken。

⑧ 统一身份认证框架返回最终的用户身份认证结果。

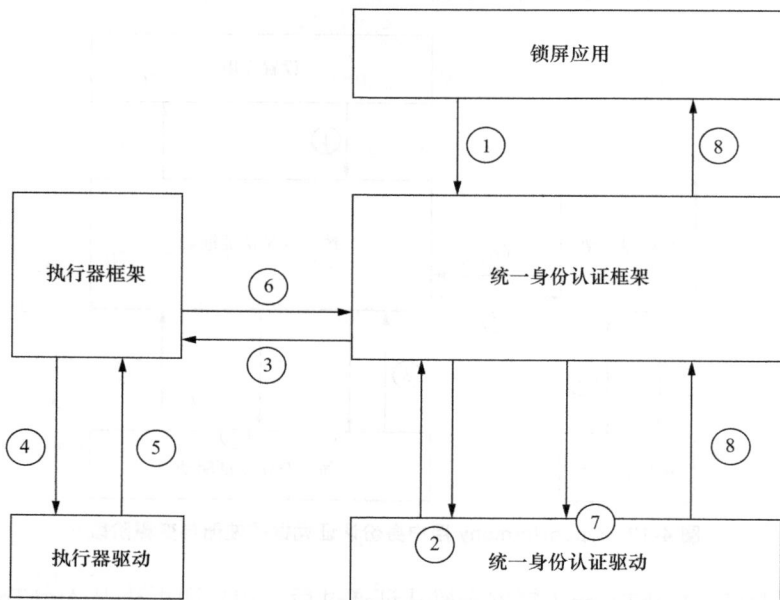

图 4-13　OpenHarmony 用户本地身份认证阶段

2. 分布式协同身份认证

针对分布式、多设备协同操作的业务场景（如通过 PC 端认证来解锁手机），为提升用户认证的便捷性，OpenHarmony 提供了分布式协同 OpenHarmony 身份认证能力，使用户可便捷地以近端设备为入口完成身份认证。

相比于本地身份认证架构，OpenHarmony 身份分布式协同身份认证架构（见图 4-14）增加了分布式认证调度模块（以口令认证为例），该模块负责将设备通过软总线连接，之后各设备交换各自的身份信息，如认证资源池中增加的口令采集器信息、口令认证器信息，并存储到各自的认证资源池。此外，分布式口令认证还需要在口令认证框架上注册口令采集器、口令认证器，以支撑执行分布式口令认证协议的功能。最后，在框架的底层，通过分布式 TEE 操作系统，各设备可使用共享消息完整性保护密钥来确保各设备之间交换信息的完整性。

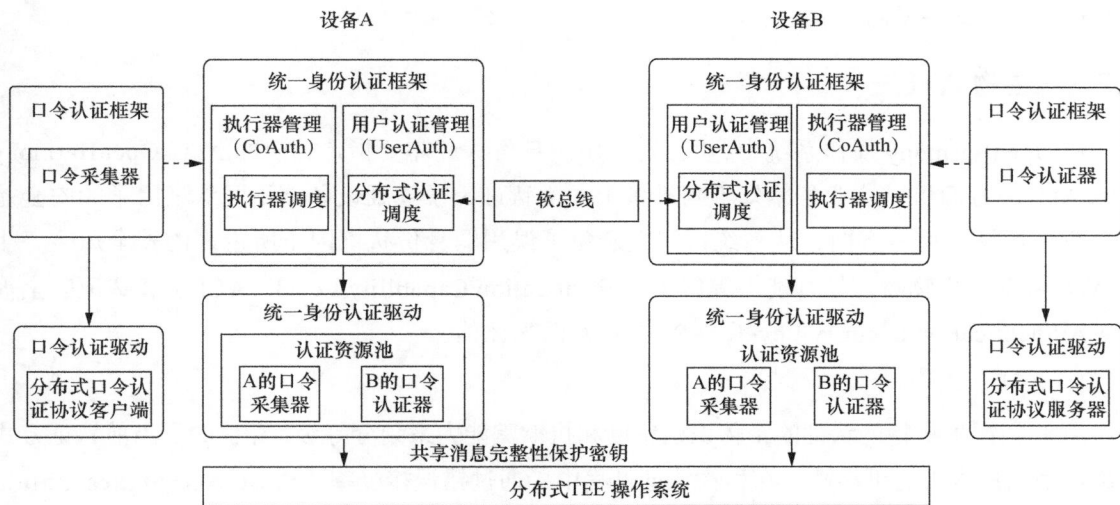

图 4-14　OpenHarmony 分布式协同身份认证架构

相比于 OpenHarmony 本地用户身份认证流程，分布式协同身份认证额外增加的是跨设备相关的流程。如图 4-15 所示，分布式协同身份认证共有 7 个步骤。

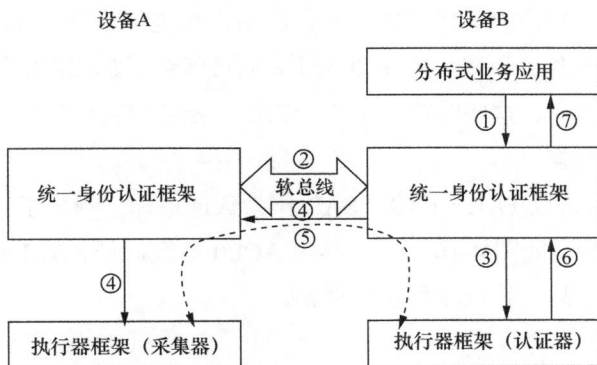

图 4-15　分布式协同身份认证流程

① 分布式业务应用发起分布式认证请求。

② 统一身份认证框架在收到分布式认证请求后，检查交互目标设备是否是可信设备，若是可信设备，则建立软总线通道。然后认证器端的统一身份认证框架生成认证调度方案。

③ 认证器侧的统一身份认证框架根据调度方案启动认证器。

④ 认证器侧的统一身份认证框架将调度方案发送给采集器所在的统一身份认证框架，并远程调度采集器。

⑤ 认证器和采集器都启动完毕后，两个执行器通过分布式统一身份认证框架交换认证报文，配合完成用户认证。

⑥ 认证器和采集器交互完成后，认证器返回凭据比对结果给本侧的统一身份认证框架。

⑦ 统一身份认证框架校验认证器返回的凭据比对结果。若认证通过，则签发 AuthToken，并将最终认证结果返回给调用者。

4.2.3　生物 ATL

在 OpenHarmony 操作系统中，业务发起用户身份认证需要指定相应的 ATL。OpenHarmony 生物 ATL 一方面可以让业务感知不同设备上同类认证因子或同设备上不同认证因子的安全差异，避免误用；另一方面，从系统机制上避免了误用弱身份认证因子所带来的安全风险。生物 ATL 可以从生物特征认证能力等级（Authentication Capability Level，ACL）和认证安全等级（Authentication Security Level，ASL）两方面来评估。

1. ACL

ACL 根据生物特征认证的个体识别精度和抗欺骗能力来划分等级，评价的是当前认证方式准确识别用户本人的可靠性。在生物认证过程中，通过**错误接受率（False Acceptance Rate，FAR）、错误拒绝率（False Rejection Rate，FRR）和欺骗接受率（Spoof Acceptance Rate，SAR）** 3 个重要的指标衡量 ACL。

FAR 指在认证过程中，非法用户被误判为合法用户的概率。FAR 反映了系统识别非法用户时的失败率。一个较高的 FAR 可能会导致未经授权的用户访问系统，从而带来安全隐患。FRR 指合法用户被误判为非法用户的概率，也就是合法用户在进行身份认证时被系统拒绝的概率。FRR 过高可能会导致用户体验下降，频繁的认证失败可能会引起用户的不满。SAR 指认证算法接受伪造的用户特征的概率，这些特征包括人脸特征、指纹特征、声纹特征等。SAR 越小，说明算法抵抗欺骗的能力越强。

OpenHarmoy 操作系统以 FAR、FRR、SAR 作为认证指标，划分了 ACL0、ACL1、ACL2、ACL3、ACL4 共 5 个等级，如图 4-16 所示，其中 ACL0 等级最低，ACL4 等级最高。等级越高，所适用的场景安全需求越高，认证流程也更严格。

根据生物特征认证的个体识别精度和抗欺骗能力来划分其ATL

ATL	生物特征		
	认证指标	举例	
ACL4	FAR≤0.000001% FRR≤10% SAR≤3%	暂无	
ACL3	FAR≤0.002% FRR≤10% 3%<SAR≤7%	3D人脸认证、指纹认证 （强认证因子）	
ACL2	FAR≤0.002% FRR≤10% 7%<SAR≤20%	2D人脸认证 （较强认证因子）	
ACL1	FAR≤1% FRR≤10% 7%<SAR≤20%	声纹认证 （较弱认证因子）	
ACL0	FAR≤5% FRR≤10% 7%<SAR≤20%	PPG认证、触屏行为认证 （能一定程度识别人体，不能独立用于用户 认证，可协同其他认证因子进行联合风险控制）	

注：PPG 即 Photoplethysmography，光学体积描记。

图 4-16　ACL 划分

2.　ASL

OpenHarmony 操作系统针对基于生物特征的认证方案，从生物特征的采集、提取、比对、存储及认证结果签发的安全保护能力几个方面,定义了生物特征认证方案所要实现的 ASL,ASL 评价的是当前认证方案的实现方式是否容易被攻破。生物认证方案的实现通常由数据采集单元、特征提取单元、特征存储单元、特征比对单元和认证结果签发单元组成，因此 ASL 的划分由这些单元的执行安全等级（Execute Security Level，ESL）共同决定。ESL 越高，系统 ASL 越高。表 4-3 所示为单元的 ESL 划分。

表 4-3　　　　　　　　　　　　　　　　单元的 ESL 划分

单元 ESL	说明
ESL3	操作在硬件隔离的可信环境中完成，如安全协处理器、硬件 TEE
ESL2	操作在软件隔离的可信执行环境中完成，如软件 TEE
ESL1	操作在有服务访问控制的执行环境中完成，如 Linux 等操作系统
ESL0	操作在无服务访问控制的运行环境中完成，如 LiteOS 等轻量操作系统

如表 4-4 所示，OpenHarmony 基于单元的 ESL 划分 ASL，并给出了若干相应安全等级对应的实例，如 ASL3 中的 5 个执行单元都要求为 ESL3 等级。

表 4-4　　　　　　　　　　　　　　　　ASL 划分与实例

ASL	数据采集单元	特征提取单元	特征存储单元	特征比对单元	认证结果签发单元	实例
ASL3	ESL3	ESL3	ESL3	ESL3	ESL3	N/A
ASL2	ESL2	ESL2	ESL2	ESL2	ESL2	安全相机人脸认证
ASL1	ESL1	ESL1	ESL1	ESL1	ESL1	触屏行为认证
ASL0	ESL0	ESL0	ESL0	ESL0	ESL0	N/A

3. 应用

表 4-5 展示了 OpenHarmony 基于 ACL 和 ASL 的 ATL 划分，并给出 ATL 所对应的若干应用实例。

表 4-5   ATL 划分及应用实例

ATL	ACL	ASL	实例
ATL4	≥ACL3	≥ASL2	指纹认证，使用安全摄像头的 3D 人脸认证
ATL3	ACL3	≥ASL1, <ASL2	使用普通摄像头的 3D 人脸认证
ATL2	ACL2	≥ASL1, <ASL2	使用安全摄像头的 2D 人脸认证
	ACL1	≥ASL2	骨声纹认证
ATL1	ACL1	≥ASL1	普通声纹认证、PPG 认证
ATL0	≥ACL0	<ASL1	系统无访问控制时，设备上的用户身份认证算法无论认证能力多强，都降级为辅助认证因子，仅用于识别用户，不得用于鉴权
	ACL0	≥ASL0	触屏行为识别，认证算法本身可靠性很低，没有必要采用很安全的实现手段

本章小结

本章主要介绍用户身份认证系统的相关内容。首先介绍了身份认证技术的基本概念，阐述了多种用户身份认证方式，包括 Linux 口令认证、FIDO 认证及其相关的 UAF 和 U2F 框架。接着详细介绍了 OpenHarmony 用户身份认证系统的架构与流程，并探讨了如何在分布式环境中实现安全的用户身份认证，之后介绍了生物 ATL、ACL 和 ASL 的概念，分析了上述等级在生物识别中的设计原则与实际应用。希望读者通过本章的学习，能够在实际应用中更加深入地理解和实践现代用户身份认证系统技术，为后续构建安全的智能终端用户交互入口打下基础。

思考与实践

1. 什么是多因子认证？它相比单一认证方式有哪些优势？有哪些劣势？

2. 有人认为 FIDO 的主要功能只是提供了一种具体的认证框架。请简要评述这种观点是否正确。

3. 请简述 OpenHarmony 统一身份认证架构的设计目标。

4. 请描述 OpenHarmony 分布式协同身份认证的流程。

5. 结合 OpenHarmony 所提的身份 ATL，思考如何构造一个既安全又便捷的认证方案？

参考文献

[1] DASGUPTA D, ROY A, NAG A. Advances in user authentication[M]. Cham, Switzerland: Springer International Publishing, 2017.

[2] GARRY A. NIST 800-63 B: Authentication and Lifecycle Management Guidelines [EB/OL]. (2019-07-16)[2024-12-07].

[3] 高海昌，王萍. 身份认证技术[M]. 西安：西安电子科技大学出版社，2024.

[4] 袁礼，黄玉钏，冀建平. 网络空间安全导论[M]. 北京：清华大学出版社，2019.

[5] Suline. RADIUS 详解[EB/OL].(2019-10-24)[2024-12-09].

[6] FIDO Alliance. 联盟概述 [EB/OL].(2024-12-07)[2025-04-23].

[7] Comake Online. FIDO 技术原理简介[EB/OL].(2020-11-26)[2024-12-07].

[8] Tencent Cloud. FIDO U2F 认证器简明原理[EB/OL] . (2019-08-13)[2024-12-07].

[9] 华为. OpenHarmony3 安全技术白皮书[R]. 华为技术有限公司，2024.

[10] WANG C, WANG Y, CHEN Y, et al. User authentication on mobile devices: Approaches, threats and trends[J]. Computer Networks, 2020, 170: 107118.

[11] SHEN C, CAI Z, GUAN X, et al. User authentication through mouse dynamics[J]. IEEE Transactions on Information Forensics and Security, 2012, 8(1): 16-30.

[12] 欧建深. 开源开放地构建 OpenHarmony[J]. 软件和集成电路，2021，(06):28-29.

[13] 孙冬梅，裘正定. 生物特征识别技术综述[J]. 电子学报，2001，(S1):1744-1748.

[14] 郭佳鑫，黄晓芳，徐蕾. 基于 FIDO 协议的双向动态口令认证方案[J]. 计算机工程与设计，2017，38(11):2919-2924.

[15] Sickworm. FIDO UAF 协议中文文档[EB/OL].(2014-12-08) [2024-12-19].

第 5 章
访问控制

05

学习目标

① 理解访问控制的基本概念。
② 了解主流访问控制机制。
③ 理解 OpenHarmony 访问控制模型。

④ 掌握 SELinux 策略的语法及编写方式。
⑤ 了解 OpenHarmony 应用分级访问控制。

5.1 访问控制概述

5.1.1 访问控制

访问控制是一种对资源的访问进行限制和管理的方法，通过某种途径显式地准许或限制用户的访问能力及访问范围。通过访问控制服务，可以限制对关键资源的访问，防止由于非法用户的侵入或合法用户的不慎操作所造成的破坏，访问控制是实现数据机密性和完整性的主要手段。

访问控制既能够控制进入系统后的用户能做什么，也能够控制代表用户的进程能做什么。用户访问的资源可以是信息资源、通信资源或处理器资源。访问方式可以是获取信息（读）、修改信息（写）、添加信息（添加）、删除信息（删除）或者执行某个程序的功能。有效的访问控制能够阻止未经允许的用户有意或无意地获取数据。在访问控制之前需要进行身份认证以确认真实的访问主体，之后要做日志记录以便审计。

访问控制主要是通过操作系统来实现的，除了保护智能终端安全的硬件，操作系统是确保智能终端软件安全的最基本部件。访问控制技术是操作系统安全的三大核心要素（隔离机制、访问控制与可信计算）之一。它确保主体对客体的访问只能是经过授权的，未经授权的访问都被阻止。

访问控制机制一般包括**主体**、**客体**和**策略** 3 个元素。

主体：能够访问客体的实体，包括人、进程或设备等。主体可以在系统中执行操作、在客体之间传递信息或者修改系统状态。

客体：系统中被主体访问的实体的集合，包括文件、记录、数据块等静态实体，以及进程等可执行指令的实体。

策略：主体对客体访问的规则集合，规定了主体对客体可以实施读、写和执行等操作的行为，以及客体对主体的条件约束。策略体现的是一种授权行为，授予主体对客体何种类型的访问权限，这种权限应该被限制在规则集合中。

主体、客体及策略的关系如图 5-1 所示。主体是权限的获取方，也是发出访问操作或者存储要求的主动方。具体来说，在系统中就是用户或者用户的某个进程。客体就是被访问的对象，在系统中就是被调用的程序或者用户需要读取的文件等。在主体与客体之间存在一个引用监视器，用于对主体进行鉴权，依据策略对主体的行为进行控制。

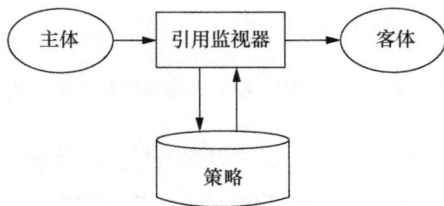

图 5-1　主体、客体及策略的关系

5.1.2　权限管理

权限管理一般是指根据系统设置的安全规则或者安全策略，主体可以访问而且只能访问被授权的资源。权限管理几乎存在于任何系统中，只要有用户和密码的系统，就有权限管理的身影。

在应用中，"权限管理"与"访问控制"这两个概念经常被混用，但实际上这两个概念既有联系也有区别。"权限管理"是一个相对静态的概念，即对"访问控制"的规则进行定义的一种管理。在系统中访问或调用发生之前，这些控制规则必须被定义好，等待"访问控制"取用。"访问控制"是一个动态的概念，"访问控制"发生在运行时，具体来说，就是访问主体（用户）访问客体（资源）时进行控制。

下面以一个办理酒店入住的例子来说明"访问控制"与"权限管理"之间的关系，如图 5-2 所示。假如一个顾客要住酒店，首先要在前台出示身份证或者其他能够验证身份的证件用以验证顾客身份的有效性。然后在验证身份真实有效之后，将顾客的权限信息写入房卡，对顾客进行授权。这个过程属于权限管理，即在用户对目标资源进行访问前将对应的权限分发给用户。最后在顾客使用房卡入住房间的时候，酒店的客房门锁会对房卡当中的信息进行一次验证。这个过程属于访问控制，当用户访问目标资源的时候，在此期间发生的鉴权及验证就是访问控制动态性的体现。

权限管理即授权，是指对用户使用系统资源的具体情况进行合理的分配，实现不同用户对系统不同部分资源的访问。简言之，就是确定用户受许可的操作。对于访问控制来说，授权是实现访问控制的前提，只有授权之后才能通过鉴权的方式进行对目标资源的访问控制。

一个严格的授权过程或者说授权行为，往往需要遵循以下 3 种授权原则。

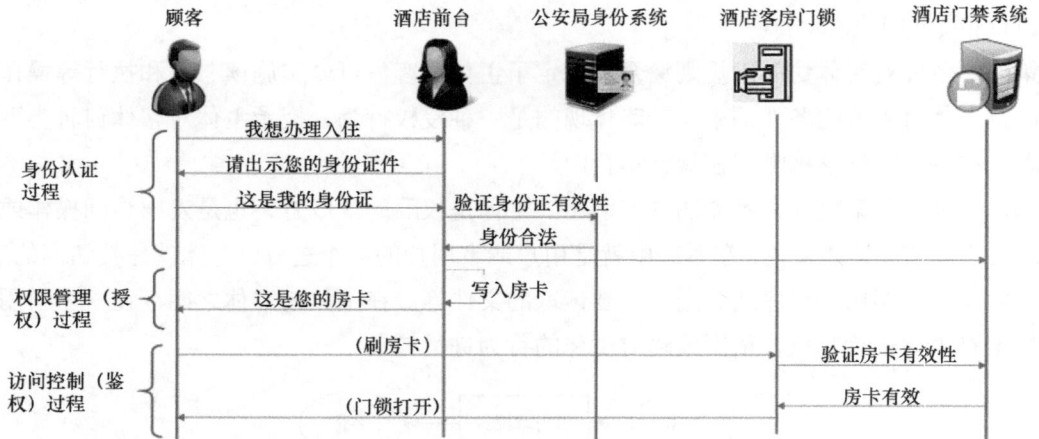

图 5-2　酒店入住过程的权限管理与访问控制

授权最小化原则：权限划分的粒度应尽可能细，账号权限应基于 "need-to-know" 和 "case-by-case" 原则，即尽可能使用低权限的账号来运行程序。

权限分离原则：不同用户承担不同的业务功能，不同用户间能相互监督和制约。根据系统运行时需要的操作系统权限和系统暴露给用户的访问权限的不同来划分组件。

默认安全原则：系统资源默认拒绝访问。系统在初始状态下，默认配置是安全的，通过使用最少的系统资源和服务来提供最大的安全性。

5.2　主流访问控制机制

5.2.1　黑/白名单

使用黑/白名单进行访问控制是最简单的一种访问控制手段，常应用于网络防火墙及一些需要过滤的网络应用中。黑名单会列举一系列访问主体，凡是列入黑名单的访问主体均不允许访问资源。而白名单与黑名单相反，只有列入白名单的访问主体才被允许访问资源。这两种机制的特点是需要能够事先确定合法访问主体或非法访问主体的范围。

黑/白名单的优点是实施起来非常简单。但是它们的缺点也相当明显，一旦访问主体规模扩大，黑/白名单的维护工作量就会大幅提升，而且类似黑/白名单这样的硬编码方式也难以应对动态变化的访问主体。同时对于黑名单来说，该机制很容易被绕过。简言之，如果某一未授权主体不在黑名单当中，可以轻松绕过黑名单审查访问未授权资源，因此有效实施黑名单非常困难，需要完全枚举恶意方，故一般推荐用白名单。

黑/白名单机制在 Web 服务当中很常用，在 Web 服务维护功能对访问源 IP 地址进行限制的时候，会使用白名单限制堡垒机或维护专用 PC 中的机器访问。

5.2.2　DAC

DAC 是一种基于用户身份和权限的访问控制模型，允许资源所有者（或管理员）自主决定其他用户对该资源的访问权限。在 DAC 中，资源的所有者（或管理员）拥有资源的控制权，并可以自由地授予或撤销其他用户对资源的访问权限。简言之，在 DAC 中，是由资源的所有者来决定资源的访问权限。

DAC 的优点是实现相对简单，没有集中的权限管控，管理成本相对较低。缺点是安全性相对较低，由于用户可以自由地控制自己对象的访问权限，容易产生安全漏洞，导致用户信息的机密性、完整性和可用性受到威胁。

在 Linux 操作系统（Ubuntu、CentOS 等）中，默认的文件系统访问控制采用的就是 DAC 机制。在文件创建时，由文件属主指定该文件读写执行权限，操作系统只是执行属主的要求。

5.2.3 MAC

MAC 是一种基于系统策略和标签的访问控制模型。在 MAC 中，由系统安全策略来定义并强制执行对系统资源的访问控制规则，而不受用户或进程的自由指定。在 MAC 模型中，访问控制规则是预先设定的，且具有强制性，用户无法更改或绕过这些规则。MAC 的优点是安全性高，因为参与访问控制的主客体的安全属性是强制的，任何主体都无法变更。但相对于 DAC 来说，MAC 不够灵活，需要对资源的访问权限进行集中管理（设定），管理成本高、管理难度大。如果涉及的资源及用户过多，很难有效实施这种方式。

MAC 广泛应用于安全性要求高、需要强制执行访问控制规则的环境，比如军事领域、政府机构、金融机构等。通过强制执行严格的访问控制规则，MAC 能够提供更高级别的安全保护，防范潜在的安全威胁和数据泄露风险。在 Linux 操作系统当中，其安全扩展 SELinux 提供了 MAC 机制。该机制通过对文件和访问者进行策略标签匹配来实施访问控制。如果标签不匹配，即便是 root 用户，对文件也不具备访问权限。

5.2.4 RBAC

基于身份的访问控制（Identity-Based Access Control，IBAC）是一种基于用户身份信息的访问控制模型。在 IBAC 中，用户的身份是访问控制的核心，访问权限是根据用户的身份属性来确定的。IBAC 的优点是可以通过为每一个用户设定不同的身份，达到精准访问控制的目的。与 MAC 类似，IBAC 的缺点是配置管理不够灵活，且在某些特殊的情况下会带来非常庞大的工作量。例如，员工有多个身份且会变化、员工会调动岗位、项目需要定制化的访问权限等都会导致管理复杂性增大。

在 IBAC 中加入角色这一层次可以更好地解决上述问题，员工的身份有多个且会变化（一个用户对应多个角色）；员工可能会内部调动（更改或撤销角色）；项目需要定制化的访问权限（创建新角色并设定新角色权限）。而这就是 RBAC，其中访问权限是根据用户角色来分配的。在 RBAC 中，用户被分配为不同的角色，而角色决定了用户对系统资源的访问权限。在 RBAC 中，角色权限分配需要遵循 3 种不同的安全原则：**最小权限原则**、**责任分离原则**和**数据抽象原则**。**最小权限原则**是指仅分配给某一角色必要的权限，不包含多余的权限；**责任分离原则**是指每一个角色的职责互不重叠，尽量避免不同角色具有同一权限的情况。**数据抽象原则**是指将所有的资源抽象成权限用以对应不同的角色。

RBAC 的优点是身份与权限非强绑定，配置灵活，减少了维护工作量。RBAC 的缺点是如果角色对应权限集设定过小，用户可能无法完成任务，而角色过多又会导致角色爆炸；角色无法反映上下文等权限控制需要参考的信息。RBAC 访问控制模型可以根据不同的标准和特性进行分类。下面介绍一些常见的分类：基本模型 RBAC0（Core RBAC）、角色分层模型 RBAC1（Hierarchal RBAC）、角色限制模型 RBAC2（Constraint RBAC）和统一模型 RBAC3（Combines RBAC）

1. 基本模型 RBAC0

RBAC0 是 RBAC 访问控制模型最基本的形式之一。在 RBAC0 中，主要包括用户、角色和权限之间的关系，但不涉及角色之间的关系，如图 5-3 所示。在 RBAC0 中，同一用户可以有多个不同的角色，可以在不同的会话激活不同的角色。例如，A 员工为系统维护人员，可以以系统管理员的角色登录后台管理系统（管理面）进行配置操作，还可以以普通用户的角色登录业务系统（用户面）查看配置产生的效果。

以下是 3 个主体元素在该模型下的定义。

用户：表示系统中的实际用户或实体，可以被分配一个或多个角色。

角色：一组权限的集合，用户通过被分配的角色来获得相应的权限。在 RBAC0 中，角色之间通常不涉及继承或层次结构。

权限：用户或角色可以执行的操作或访问的资源。这些权限可以被分配给角色，用户通过角色间接地获得这些权限。

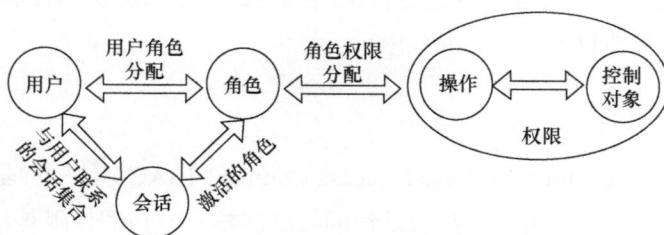

图 5-3　RBAC0

2. 角色分层模型 RBAC1

在 RBAC 访问控制模型的演进中，RBAC1 是一个比 RBAC0 更加复杂和完善的模型。RBAC1 引入了角色之间的关系，包括角色继承和角色分层。

角色分层：指通过层级关系组织角色，有高级角色和低级角色。

角色继承：高级角色通过继承低级角色来拥有低级角色的权限，并在此基础上额外增加其他权限，从而简化权限管理工作。

RBAC1 在 RBAC 的基础上引入了角色之间的关系，使访问控制更加灵活和可扩展。通过角色继承和角色分层，RBAC1 提供了一种有效的权限管理机制，适用于中等规模和复杂的系统。图 5-4 所示为典型的 RBAC1，它在 RBAC0 定义的用户、角色和权限分离的基础上，展示了角色分层与角色继承。RBAC 的基本原则是权限被直接授予角色，而用户通过被分配的角色间接获得权限，实现了用户与权限的解耦。同时，角色之间并非孤立存在的，可以被组织成具有继承关系的层级结构。以开发人员为例，角色根据权限从低到高形成了普通开发人员、Committer、配置管理工程师（Configuration Management Engineer，CME）3 个层级。高级角色 Committer 不仅拥有自身的特定权限（权限 2），还自动继承了低级角色普通开发人员的所有权限（权限 1）；同理，最高级角色 CME 继承了所有低级角色的全部权限，并在此基础上增加了自己的专属权限（权限 3）。销售人员也遵循同样的继承逻辑。这种角色继承机制能够映射现实世界中组织的职位和职责关系，使权限分配更加符合直觉、逻辑清晰，简化了复杂组织结构中的权限管理与维护工作。

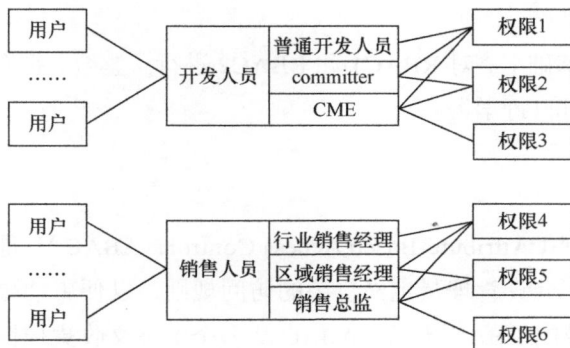

图 5-4 RBAC1

3．角色限制模型 RBAC2

RBAC2 在 RBAC0 基础上引入了用户和角色之间的多对多关系，使用户可以被分配多个角色，而一个角色也可以被赋予多个用户，在实际应用中，还需要约束多对多关系，包括角色互斥约束、角色基数约束和先决条件角色约束，如图 5-5 所示。这种约束关系通过静态职责分离（Static Separation of Duty，SSD）和动态职责分离（Dynamic Separation of Duty，DSD）来实现。

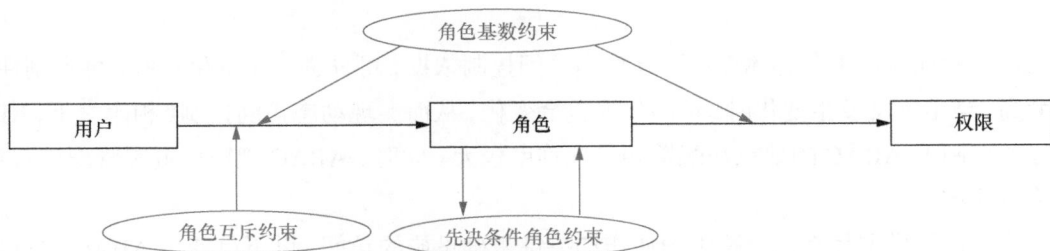

图 5-5 RBAC2

（1）SSD

在 RBAC2 中，SSD 是指在给用户分配角色时施加约束，以阻止用户被赋予有冲突的角色。SSD 遵循以下原则。

角色互斥约束：同一个用户不能担任互斥的两种角色（所谓不相容职务），例如一个用户不能同时担任会计和出纳两种角色。

角色基数约束：一个用户拥有的角色数量受限，某一角色的用户数量受限，一个角色拥有的权限也受限。

先决条件角色约束：用户想要获得高级角色，必须先拥有低级角色，如配置 committer 人员时，只能从已有开发人员集合中选择。

（2）DSD

动态职责分离是指一个人可以拥有多个角色，但不能同时激活这两种角色。例如，同一个账号不能同时激活顾客和店家两种角色，否则很容易发生交易舞弊。

4. 统一模型 RBAC3

RBAC3 在 RBAC0 基础上，对 RBAC1 和 RBAC2 进行了整合，拥有最全面的权限管理，也最复杂。相关内容读者可自行学习。

5.2.5 ABAC

基于属性的访问控制（Attribute-Based Access Control，ABAC），是一种基于属性来定义访问策略的访问控制模型，允许管理员定义复杂的访问规则，以便更细粒度地控制对系统资源的访问。与专注于用户角色的 RBAC 不同，ABAC 从多个上下文收集属性值以确定访问权限。这些上下文包括以下方面。

用户属性：用户属性是用户固有的属性，包括部门、业务角色、工作或许可级别。

环境属性：环境属性是访问会话上下文中固有的属性，包括访问的时间、位置或与用户行为相关的内容。

资源属性：资源属性是所访问资源固有的属性。这可能包括对文档、分类或业务运营敏感性的法规要求，如医疗健康的《健康保险流通与责任法案》、金融领域的支付卡行业数据安全标准等。

操作属性：操作属性是用户想要对资源执行的操作（读、写、复制、删除、执行等）所固有的属性。

ABAC 的优点在于各种属性都可以作为访问控制依据，可以进行精细化控制，可定制性强，灵活度高。当上下文发生变化时，访问权限也会变化，从而实现动态访问控制（相比之下，RBAC 属于静态控制）。ABAC 的缺点是配置和管理难度极大。同时，ABAC 规则由资源管理方各自实现，不方便审计。

该访问控制模型经常用于跨组织协作和关键基础设施的访问。以下是使用 ABAC 进行访问控制的几个例子。

① 被分配到新项目的工程师自动具备访问新项目相关资料的权限，但不能访问与前一个项目相关的资料。该例用到了资源的项目属性及工程师角色的项目属性。

② 财务总监只有身在美国并通过双因子认证时才能下载机密财务报告。该例体现了访问者（财务总监）的角色属性、访问者的地理位置属性及认证强度属性。

③ 分配到 A 国运营部门的人力资源总监只能访问 A 国运营部门员工的个人身份识别信息（Personally Identifiable Information，PII）。该例体现了访问者（人力资源总监）的组织属性及资源（员工资料）的组织属性。

5.2.6　CapBAC

基于权能的访问控制（Capability-Based Access Control，CapBAC），是一种基于权能来授权用户行为的访问控制模型，其中访问权限是通过名为权能的特殊标识符来控制的。权能本质上是对访问资源的权限描述，类似于令牌或凭证，用户必须持有相应的权能才能访问特定资源。

CapBAC 使用权能令牌来对访问权限进行授予与传递，这给访问控制带来了极大的灵活性，降低了集中式管理的复杂性。CapBAC 常用于分布式系统及云计算等场景。同时，由于无须绑定角色，与 RBAC 相比，CapBAC 避免了角色爆炸问题，用户只需要获取必要的权能，而不需要设置大量的角色。

CapBAC 的优点在于其遵循最小特权原则，即主体只能执行其所需的最低权限操作，这有助于减少潜在的安全风险和防止权限滥用；同时，权能是动态生成的，并且可以根据需要进行传递或撤销，因此也更灵活，可以根据实际场景调整访问权限。相对于传统的基于角色或权限的访问控制，CapBAC 能简化权限管理，因为权能是直接与操作相关联的，而不需要在不同角色之间显式分配权限。但是，极度灵活的授权机制也给 CapBAC 带来了一些问题。首先，权能的动态性会引入一定的复杂性，特别是在管理和维护大量权能时，需要确保权能的分配和撤销是正确且安全的。其次，对于系统中存在大量主体和资源的情况，管理和分配权能可能会变得十分复杂，特别是需要确保每个主体只拥有必要的能力，而不产生安全漏洞。

5.3　OpenHarmony 访问控制体系

5.3.1　OpenHarmony 访问控制模型

由于 OpenHarmony 操作系统的底座是 Linux 内核，OpenHarmony 操作系统的访问控制内核部分沿用了 Linux 内核的安全机制，但是在内核之上都是 OpenHarmony 独有的技术实现。具体来说，在内核层 OpenHarmony 沿用 Linux 的 DAC、Capibility、MAC 及 Seccomp 4 种访问控制机制对系统中的各种资源实施管控。其中，DAC 通过 UGO RWX 机制对系统的文件资源进行管控；Capibility 对 root 用户等特权用户实施精细化的权限管控；MAC 通过 SELinux 实现，用于管控用户态及内核态资源服务；Seccomp 用于管控系统函数调用。在内核层之上，OpenHarmony 基于内核模块接口实现了 AT Token，用于对应用层面的接口进行管控。OpenHarmony 访问控制模型如图 5-6 所示。

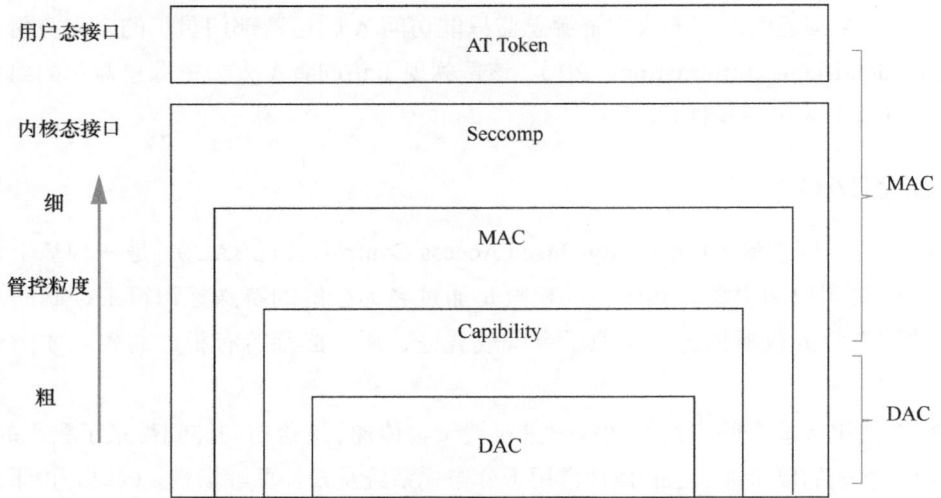

图 5-6　OpenHarmony 访问控制模型

　　Linux 安全访问控制流程如图 5-7 所示，当一个进程或用户想要对文件进行操作时，系统首先会在 Seccomp 中检查配置，用以确定系统中有哪些系统调用（例如 read、write 接口）是用户或进程可以访问的，有哪些系统调用是禁止访问的。当确定进程或用户所发起的系统调用是允许访问的，内核会检查调用进程是否具有执行该操作所需的 Capibility（权能）。之后，系统会使用 DAC 机制及 SELinux 检查进程所进行的操作是否对目标文件具有权限，如果有，则允许用户完成本次文件操作。

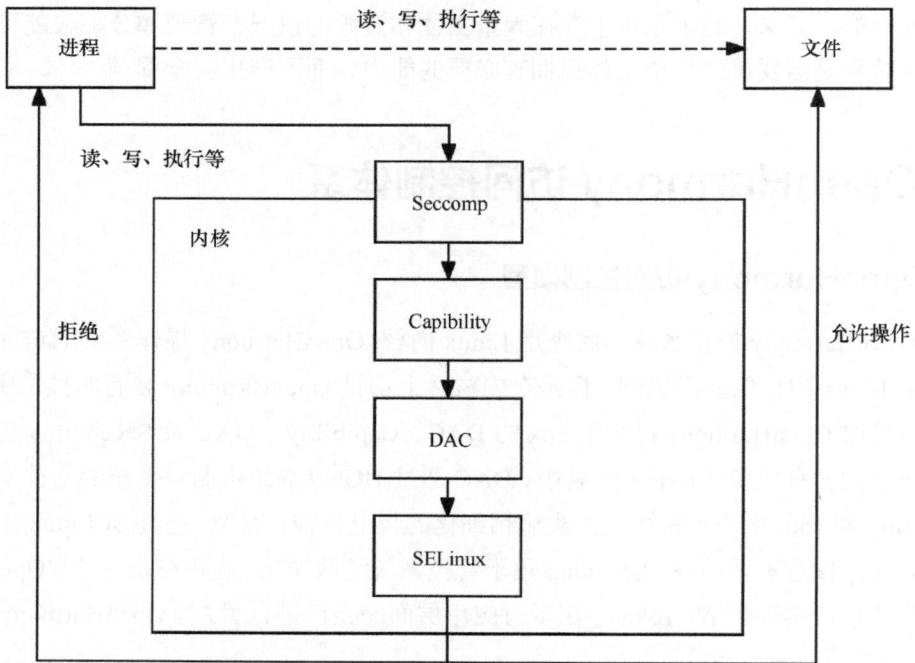

图5-7　Linux安全访问控制流程

5.3.2　Seccomp 机制

Seccomp 是 Linux 内核提供的一种安全机制，主要是用来限制某一进程可用的系统调用。它是一种减少 Linux 内核暴露的机制，是构建一个安全沙盒的重要组成部分。通过 Seccomp 可以限制一个进程仅能执行特定的系统调用，从而减少攻击面，提高系统的安全性。

Seccomp 根据不同的安全场景需要，可以指定不同的安全模式，以下是 Seccomp 的主要工作模式。

strict 模式：这是最严格的模式，只允许进程调用指定的系统调用。如果进程尝试调用其他系统调用，进程将被终止。

filter 模式：在该模式下，可以定义一个自定义的系统调用过滤器，指定哪些系统调用是被允许的，哪些系统调用是被禁止的。这种模式下，进程可以根据特定的策略允许或者拒绝执行某些系统调用。

log 模式：这种模式与 filter 模式类似，但是当进程尝试调用未授权的系统调用时，内核会记录一条日志以供审计。

notify 模式：这种模式与 log 模式类似，但是当进程尝试调用未授权的系统调用时，内核会向进程发送一个 SIGSYS 信号。

Seccomp 伯克利数据包过滤器（Berkeley Packet Filter，BPF）是 Linux 内核提供的一种功能，用于更细粒度的系统调用过滤。它允许进程在运行时安装一个 BPF 程序来控制进程的系统调用，从而提高整个系统的安全性。Seccomp BPF 使用类似于 BPF 的语言来描述规则，针对特定的系统调用进行过滤，可以对系统调用的参数进行检查和修改。与传统的系统调用过滤方式相比，Seccomp BPF 工作在内核空间，不仅可以减少对系统资源的占用，而且过滤器程序本身也更容易编写和维护。

5.3.3　DAC 机制

DAC 机制由客体属主对其客体进行管理，并决定是否将自己的客体访问权授予其他主体。内核可通过 ACL 维护用户或文件的权限管理属性，进而控制文件及进程的操作权限。

在 Linux 操作系统中一切皆文件，因此在 DAC 模型中客体资源完全基于文件进行管理，文件的访问者/操作者（用户/进程）就是访问控制的主体。在 Linux 操作系统中，内核为访问主体规定了 3 种访问动作，分别是读、写、执行。这 3 种访问动作互不干扰，即对于某一个访问主体可以同时存在。在 Linux DAC 模型中，一个主体的访问动作由权限引擎来判断，而权限引擎基于 UGO 访问模型和访问原则进行判定，具体规则如下：U 代表用户，是文件或文件夹所属用户的权限；G 代表组，是文件或文件夹所属组的权限；O 代表其他，是其他用户对文件或文件夹的权限。

假设某一进程由于运行过程的需要想要访问系统中的某一文件。对于该进程来说，启动它的用户决定了它拥有何种身份（属主、属组或其他），依靠该身份它可以在 DAC 的权限策略当中找到对应的可操作访问行为，从而对文件进行操作。DAC 审查机制如图 5-8 所示。

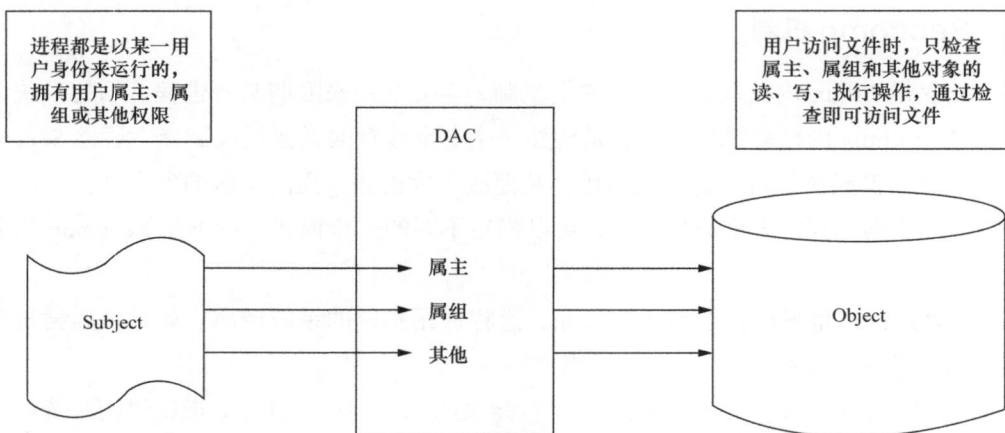

图 5-8　DAC 审查机制

UGO 规则实现起来十分简单，而且足以面对大部分资源访问的情况。但是该方式也有缺点，首先，进程分组粒度太粗，主体进程仅有 3 种 UGO；其次，root 用户拥有所有权限，因此 DAC 对 root 用户的限制无效；最后，用户进程拥有该用户的所有权限，可以修改或删除该用户的所有文件资源，难以防止恶意软件提权后的非法访问。

1. DAC 主体

（1）用户与用户组

在 Linux 中，用户是最基础的属性之一，/etc/passwd 中记录着用户的基本信息，可以使用 cat /etc/passwd 命令查看其具体内容，如图 5-9 所示。注意，不同系统中的用户可能有所不同。

图 5-9　查看用户命令演示

每一行为对应一条用户信息记录，每条记录中不同字段以 ":" 分隔。字段包括用户名：用户密码，若为 "x" 则表示密码在/etc/shadow 中通过哈希保护存储；UID，即每个用户的唯一标识符；GID，即用户所属用户组；用户的注释信息及一些描述信息；用户主目录，默认情况下普通用户的主目录为/home/{username}；用户使用的 shell，若为 "/sbin/nologin" 或 "/bin/false"，表示该用户无法登录。

为方便管理具有相同权限需求的多个用户，Linux 引入了用户组，每一个用户都有一个主要组和多个附属组。用户在创建阶段指定的组是主要组，若创建时不指定组名称，Linux 会默认同时创建一个与用户同名的用户组，例如/etc/passwd 记录中的 GID，就是主要组的 ID。创建用户后还可以将其添加到其他用户组中，后添加的组就是该用户的附属组，/etc/group 中记录了用户组的基本信息。同样地，可以使用 cat /etc/group 命令查看该文件的具体内容，如图 5-10 所示。

```
SSH-OLT ~ # cat /etc/group
root:x:0:
sshd:x:502:
btv_grp:x:1006:btv_user,app_user,cfg_user,root
emp_grp:x:1007:emp_user,app_user,cfg_user,root
otdr_grp:x:1008:otdr_user,app_user,cfg_user,root
telemetry_grp:x:1009:telemetry_user,app_user,cfg_user,root
```

图 5-10　查看用户组命令演示

每一行为一条用户组信息记录，每条记录中不同字段以 "："分隔。字段包括用户组名；用户组密码，若为 "x"，则表示密码在/etc/gshadow 中通过哈希保护存储；GID，用户组的唯一标识符；用户组成员名，各成员名之间用 "，"分隔。

（2）进程

运行的程序就是进程，进程是 Linux 中系统资源分配与调度的基本单位，可以使用 ps 命令查看当前正在执行的进程信息。在设备中如果设置了用户无法从终端登录，那真正去访问客体文件的就是进程。

与用户及用户组类似，每个进程都有唯一的标识，称为 PID，通过 ps 命令查询得到进程的 PID 后，可以在/proc 目录下寻找以 PID 为名的目录，该目录下存储着该进程的基本信息文件，例如进程的环境变量、内存布局、线程 ID 等。下面介绍进程的 3 个属性：UID、GID 和 Groups，它们存储在/proc/pid/status 中。可使用命令 cat /proc/7033/status | grep -E "Uid|Gid|Groups" 查看 PID 为 7033 的进程的 UID、GID 及 Groups，如图 5-11 所示。

```
SSH-OLT ~ # cat /proc/7033/status | grep -E "Uid|Gid|Groups"
Uid:    1017    1017    1017    1017
Gid:    1017    1017    1017    1017
Groups: 1005 1017 1018 1019 1032
```

图 5-11　查看进程状态演示

其中的 UID 信息自左向右分别是 RUID、EUID、SUID、FSUID，它们的具体含义如下。

RUID：用于在系统中标识一个用户是谁，当用户使用用户名和密码成功登录一个 Linux 操作系统后 RUID 就唯一确定。

EUID：实际生效的用户身份，系统基于 EUID 决定用户对系统资源的访问权限，一般情况与 RUID 相同。若进程通过 SUID 获得特权，则 EUID 与 RUID 有所不同，一个进程能否以属主权限访问一个文件取决于 EUID 是否是文件属主。

SUID：用于对外权限的开放。与 RUID 及 EUID 绑定一个用户不同，SUID 与文件绑定，并存储 EUID 的值。

FSUID：进程在文件系统上执行操作时使用的用户 ID，只有在文件系统支持 ACL 时才会被使用。

GID 的信息与 UID 的内容类似，只不过表示的不是用户标识符，而是用户所在组的组标识符。

Groups 表示进程所属的所有用户组的 ID，与用户的用户组类似，也包含了主要组和附属组，一个进程能否以属组权限访问文件取决于 Groups 中是否包含了文件的 GID。

2. DAC 原理

（1）RWX 的含义

RWX 的总体权限规则由 10 个字符组成，除第一位以外，所有其他位置均由 r、w、x 和-组成。第一位表示文件的类型，用于区分目录或文件，之后的字符中每 3 位为一组，第一组的 3 个字符表示文件属主的权限是可读、可写，还是可执行；中间一组的 3 个字符表示用户组的权限，最后一组的 3 个字符表示其他用户的权限。

具体各个字符的含义如表 5-1 所示。

表 5-1　　　　　　　　　　　　　　　　RWX 含义解释表

RWX 含义	字符	文件含义	目录含义
读	-	不可查看文件内容	无法查看目录下的内容
	r	可以查看文件内容	可以查看目录下的内容，需要 x 权限同时存在
写	-	不可修改文件内容	无法修改目录下的内容
	w	可以修改文件内容	可以创建或删除目录下的文件或目录，需要 x 权限同时存在
可执行	-	文件不可执行	目录无法通过 cd 切换进入
	x	文件可执行	目录可以通过 cd 切换进入；如果没有 x，即使设置 rw 也无法生效
	s/S	SUID 位或 SGID 位，显示 S 表示只有 s 没有 x，显示 s 表示既有 s 也有 x	—
	t/T	一般不对文件设置	粘滞位显示 T 表示只有 t 没有 x，显示 t 表示既有 t 也有 x

值得注意的是，root 用户可以无视 RWX 权限对文件进行操作，例如一个文件的属主为 user1，尽管该文件的权限为 rwx------，但 root 用户仍可以读、写、执行该文件。

通过 ls –l 命令可以查询当前目录下文件属主针对文件设置的 DAC 权限，如图 5-12 所示。

```
SSH-OLT /var # ls -l
drwxr-xr-x    2 root        root          40 Jan  1  1970 backups
drwxr-x---    2 root        root          40 May 10 16:42 dopra_ftp_server
drwxr-x---    2 root        root          40 May 10 16:42 ftpvrpv8
drwxrwxrwt    2 root        root          40 May 10 16:41 lib
drwxr-xr-x    2 root        root          40 Jan  1  1970 local
lrwxrwxrwx    1 root        root          13 Jan  1  1970 lock -> volatile/lock
lrwxrwxrwx    1 root        root          12 Jan  1  1970 log -> volatile/log
lrwxrwxrwx    1 root        root          12 Jan  1  1970 run -> volatile/run
lrwxrwxrwx    1 root        root          12 Jan  1  1970 tmp -> volatile/tmp
drwxr-xr-x    6 root        root         120 Jan  1  1970 volatile
```

图 5-12　文件访问控制查询演示

从左到右，每一列的具体含义如下：文件类型和属主用户、属组用户、其他用户的 RWX 权限。第一列共 10 个字符，第 1 个表示文件类型，其中 d 表示目录，-表示普通文件，l 表示链接文件，c 表示字符设备文件，b 表示块设备文件。后 9 个字符以 3 个为一组，分别表示属主用户的 RWX 权限，属组用户的 RWX 权限，其他用户的 RWX 权限。-代表无该权限。后 4 列表示文件的硬链接数量，文件的属主用户，文件的归属用户组，文件大小。第六列到第八列表示文件的最近修改日期。最后一列表示文件名，若为链接文件则会用箭头标识被链接文件。

（2）SUID 位

SUID 位用于在执行特定可执行文件时暂时提升用户权限。当一个文件的 SUID 位设置值时，它将以文件所有者的权限而不是执行者的权限来执行。以最常见的/usr/bin/passwd 文件为例，通过 ll 命令可以查看其详细信息，如图 5-13 所示。

```
SSH-OLT ~ # ll /usr/bin/passwd
-rwsr-xr-x   1 root      root          49784 May 26  2023 /usr/bin/passwd
```

图 5-13　文件 SUID 位权限查询演示

从上述返回信息中可以看到 passwd 为可执行文件，属主为 root，可以被所有用户执行，当被其他用户（如 test）执行时，需要输入验证密码，如图 5-14 所示。

```
SSH-OLT /root $ whoami
test
SSH-OLT /root $ passwd
Changing password for test.
Current password:
```

图 5-14　非属主执行演示

这时通过查看/proc/pid/status 文件，可以看到对应的进程 UID 如下：RUID 仍是 1032，为 test 用户的 UID，但 EUID 为 0，即 root。也就是说，设置 SUID 位能够使进程的 EUID 更改为可执行文件的属主。结合 EUID 的定义，一个进程能否以属主权限访问一个文件取决于 EUID 是否是文件属主，则进程的 EUID 为 root，表示该进程将能够以 root 权限访问整个文件系统，如图 5-15 所示。

```
SSH-OLT /root $ cat /proc/5347/status | grep Uid
Uid:    1032      0      0      0
```

图 5-15　进程 Uid 查询演示

（3）SGID 位

针对文件设置 SGID 位与设置 SUID 位的作用类似，可以让一个可执行文件在执行时拥有可执行文件属组的权限，而不是执行者对应属组的权限。而针对目录设置 SGID 位，该目录下新建文件的属组将被设置为该目录的属组，而不是创建者的属组，如图 5-16 和图 5-17 所示。

```
SSH-OLT /tmp/test_sgid $ whoami
user2
SSH-OLT /tmp/test_sgid $ ls -ld
drwxrwx---   2 user1     group1          40 May 17 17:27 .
SSH-OLT /tmp/test_sgid $ touch 1.txt
SSH-OLT /tmp/test_sgid $ ls -l
-rw-------   1 user2     group2           0 May 17 17:27 1.txt
```

图 5-16　未设置 SGID 位属组情况

```
SSH-OLT /tmp/test_sgid $ whoami
user2
SSH-OLT /tmp/test_sgid $ ls -ld
drwxrws---    2 user1       group1            40 May 17 17:10 .
SSH-OLT /tmp/test_sgid $ touch 1.txt
SSH-OLT /tmp/test_sgid $ ls -l
-rw-------    1 user2       group1             0 May 17 17:21 1.txt
```

图 5-17　设置 SGID 位属组情况

（4）粘滞位

粘滞（Sticky）位是一种特殊的权限位，通常应用于目录。当目录设置了粘滞位后，只有该目录的所有者和 root 用户才能删除或移动该目录下的文件。其他用户只能在该目录下创建、修改和删除自己的文件，但不能删除或移动其他用户的文件。以/tmp 目录为例，其效果如图 5-18 所示。

```
SSH-OLT /tmp $ ls -ld
drwxrwxrwt    7 root        root            700 May 17 17:36 .
SSH-OLT /tmp $ whoami
user1
SSH-OLT /tmp $ touch test_sticky
SSH-OLT /tmp $ ls -l | grep test_sticky
-rw-------    1 user1       group1            0 May 17 17:40 test_sticky
SSH-OLT /tmp $ rm test_sticky
SSH-OLT /tmp $ ls -l | grep test_sticky
SSH-OLT /tmp $ ls -l | grep db.cfg
-rw-r-----    1 cfg_user app_grp          256 May 10 16:43 db.cfg
```

图 5-18　粘滞位权限测试演示

可以看到，/tmp 目录任意用户都有读写权限，但用户只能创建和删除属于自己的文件，不能删除其他用户的文件。

3.　DAC 的文件与目录权限分配规则

在系统中对于一些文件或目录而言，存在通用性的权限分配规则。在这个规则当中，标识出了一定的权限分配范围，避免由于某些文件或目录的权限过高或者过低，造成未授权的访问或者信息泄露。DAC 的目录与文件权限分配规则如表 5-2 所示。

表 5-2　　　　　　　　　　　　　　　DAC 的目录与文件权限分配规则

文件类型	设置值（最大值）	推荐值（最小值）
用户主目录	750（rwxr-x---）	700
程序文件（脚本文件、库文件等）	550（r-xr-x---）	500
程序文件目录	550（r-xr-x---）	500
配置文件（运行态无须改写）	440（r--r-----）	400
配置文件（运行态需要改写）	640（rw-r-----）	600
配置文件目录	750（rwxr-x---）	700
日志文件（已归档）	440（r--r-----）	400
日志文件（正在记录）	640（rw-r-----）	600
日志文件目录	750（rwxr-x---）	700

续表

文件类型	设置值（最大值）	推荐值（最小值）
临时文件目录	770（rwxrwx---）	700
维护升级文件目录	770（rwxrwx---）	700
业务数据文件目录	750（rwxr-x---）	700
业务数据文件	640（rw-r-----）	600
密钥、证书、密文文件目录	700（rwx------）	700
密钥组件、私钥、证书	600（rw-------）	600
加解密接口、加解密脚本	500（r-x------）	500

4. 访问控制相关命令

Linux 中提供了一组命令（chown/chmod）用于帮助用户更好地管理权限，该组命令通过改变文件的属主或者某一位的权限标识符（RWX）来更改访问控制规则。访问控制相关命令如表 5-3 所示。

表 5–3 访问控制相关命令

命令	说明
chown root:root test	将 test 文件的属主改为 root，属组改为 root
chown root test	只修改 test 文件的属主为 root
chown:root test	只修改 test 文件的属组为 root
chown –hroot:root test	-h 参数的作用是如果目标文件是符号链接，则只更改符号链接本身的所有者，而不是链接指向的文件的所有者
chown –Rroot:root test	-R 参数表示递归更改，即更改目录及其子目录下的所有文件和目录的所有者
chmod 755 test	chmod 可以使用数字为文件变更权限，其中读（4）、写（2）、执行（1）3 个数字分别代表用户、组和其他的权限，755 代表将 test 的权限改为 rwxr-xr-x
chmod 4755 test	使用 4 个数字表示权限时，第一个数字的含义是 SUID 位（4）、SGID 位（2）、粘滞位（1）；4755 代表将 test 文件的权限改为 rwsr-xr-x，即在修改读写执行权限的同时设置 SUID 位
chmod +x test chmod ugo+x test	用户、组和其他权限都增加 x，r、w、x、t、s 都可以通过该种方法设置
chmod –Ro-x test	-R 参数表示递归更改，即更改目录及其子目录下的所有文件和目录的所有者

注意：只有文件或目录的属主或 root 用户有权限通过 chown、chmod 命令修改文件的 DAC 权限。

5.3.4 Capability 机制

在 Linux 内核中，所有系统权限被赋予一个单一的 root 用户，普通用户仅保留有限的权限。作为普通用户，如果需要执行某些特权操作，只有两种方法：一种是通过 sudo 提升权限；另一种是通过给二进制文件设置 SUID 位来实现。

以上两种方法虽然可以解决问题，但也带来了安全隐患。普通用户的进程通常只需要 root 权限中很小一部分的特权，但是以上两种方法都会直接赋予进程全部 root 权限。普通用户进程往往是具有外部暴露面的进程，更容易受到攻击，一旦攻击者发现其中存在的漏洞，就可以轻松地获取 root 权限，存在较大的安全隐患。因此在 OpenHarmony 中已经禁止使用 sudo 进行提权，也不允许具有 SUID 位的文件存在。

为了普通用户仍可以使用 root 权限，同时为了对 root 权限进行更细粒度的控制，实现按需授权，Linux 内核引入了另一种机制——Capability。

在 Linux 2.1 版本之前，如果应用或服务需要执行修改资源限制、设置文件权限等高权限操作，需要授予其 root 权限才能正常执行操作。此时，如果被授予 root 权限的应用被劫持，那么攻击者就具备了 root 用户的所有权限。通过 Capability 机制，可以对进程的权限进行更细致的控制，而不是简单地根据进程的 UID 来确定权限。通过 Capability，可以将特定的权限授予进程，而不需要赋予进程完整的 root 权限。图 5-19 所示为 Capability 机制引入前后的权限校验对比。

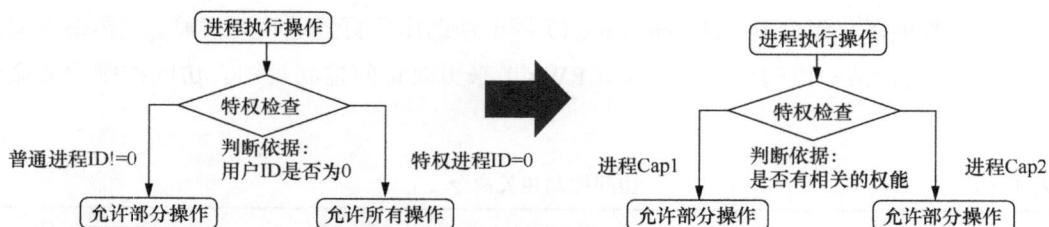

图 5-19　权限校验对比

1. Capability 列表及风险

Capability 访问控制机制具有更加细粒度的权限管控。Capability 中 38 种细分权限的详细列表如表 5-4 所示。

表 5-4　　　　　　　　　　　　　Capability 细分权限列表

编号	Capability	解读
0	CAP_CHOWN	改变任意文件的属主及所属组
1	CAP_DAC_OVERRIDE	访问文件时，忽略 DAC 访问限制
2	CAP_DAC_READ_SEARCH	忽略所有对读、搜索操作的限制
3	CAP_FOWNER	可以设置任意文件属性及扩展属性，如 chmod、setxattr 等
4	CAP_FSETID	确保在文件被修改后不改变 SUID 位和 SGID 位
5	CAP_KILL	允许对不属于自己的进程发送信号
6	CAP_SETGID	允许改变进程的 GID
7	CAP_SETUID	允许改变进程的 UID
8	CAP_SETPCAP	操作 bounding set，如对 bset 进行剪裁；将 bset 中任意能力添加到 Inheritable 集合中
9	CAP_LINUX_IMMUTABLE	允许修改文件的不可修改（S_IMMUTABLE）和只添加（APPEND-ONLY，S_APPEND）属性
10	CAP_NET_BIND_SERVICE	允许绑定到小于 1024 的端口
11	CAP_NET_BROADCAST	允许网络广播和多播访问
12	CAP_NET_ADMIN	允许执行网络管理任务：接口、防火墙和路由等
13	CAP_NET_RAW	允许使用原始（raw）套接字
14	CAP_IPC_LOCK	允许锁定内存片段（不放入交换分区），不受 RLIMIT_MEMLOCK 的限制
15	CAP_IPC_OWNER	访问消息队列、信号量、共享内存时，忽略访问权限检查

续表

编号	Capability	解读
16	CAP_SYS_MODULE	插入和删除内核模块
17	CAP_SYS_RAWIO	允许执行 I/O 端口操作，访问/proc/kcore、/dev/mem、/dev/kmem 等
18	CAP_SYS_CHROOT	允许设置根目录，重新绑定命名空间
19	CAP_SYS_PTRACE	允许跟踪任何进程
20	CAP_SYS_PACCT	允许配置进程记账（process accounting），管理员可以跟踪系统资源的分配
21	CAP_SYS_ADMIN	允许执行系统管理任务：挂载/卸载文件系统、设置磁盘配额、消息队列、共享内存、信号量修改等
22	CAP_SYS_BOOT	允许重新启动系统
23	CAP_SYS_NICE	允许提升进程优先级；设置任意进程的调度策略、CPU 亲和性、I/O 调度等级；执行内存页面迁移操作
24	CAP_SYS_RESOURCE	忽略资源限制（进程地址空间限制、进程数量限制、内存锁定限制等）
25	CAP_SYS_TIME	允许改变系统时钟
26	CAP_SYS_TTY_CONFIG	允许配置 TTY 设备
27	CAP_MKNOD	通过 mknod( )创建特殊文件，如块设备文件、字符设备文件等
28	CAP_LEASE	允许在文件上建立租借锁
29	CAP_AUDIT_WRITE	写入到内核审计日志
30	CAP_AUDIT_CONTROL	启用和禁用内核审计；更改审计过滤器规则；获取审计状态和过滤规则
31	CAP_SETFCAP	允许在指定的程序上授权能力给其他程序对应的二进制文件
32	CAP_MAC_OVERRIDE	允许忽略 MAC 策略检查（仅涉及 Smack LSM）
33	CAP_MAC_ADMIN	可以配置 MAC（涉及 SELinux、AppArmor 和 Smack）
34	CAP_SYSLOG	允许特权 syslog(2)操作。读取内核通过/proc 暴露(/proc/sys/kernel/kptr_restrict 设置为 1 时）的地址
35	CAP_WAKE_ALARM	触发某个条件唤醒进程
36	CAP_BLOCK_SUSPEND	阻止系统休眠
37	CAP_AUDIT_READ	读取审计日志

2. Capability 的表示方式

（1）进程 Capability

Capability 机制对 root 权限进行了拆分，目前共有 38 种 Capability 权限。在 Linux 操作系统中，进程的 Capability 以一个 64 位的二进制存储，若进程具有某个 Capability 特权，对应的二进制位即为 1。可以通过/proc/pid/status 文件查看进程具备的 Capability 权限，在该文件中 Capability 权限以 16 位的十六进制表示，如图 5-20 所示。

```
SSH-OLT /proc # cat 4001/status | grep Cap
CapInh: 0000000000a000e9
CapPrm: 0000000000a000e9
CapEff: 0000000000a000e9
CapBnd: 000001ffffffffff
CapAmb: 0000000000a000e9
```

图 5-20　Capability 权限信息查看演示

在得到十六进制表示的 Capability 权限之后，可以使用 Linux 自带的 capsh 命令对目标权限进行解析，解析到的内容与前面的 Capbility 细分权限列表一致，如图 5-21 所示。

```
SSH-OLT ~ # capsh --decode=0000000000a000e9
0x0000000000a000e9=cap_chown,cap_fowner,cap_kill,cap_setgid,cap_setuid,cap_sys_admin,cap_sys_nice
```

图 5-21　Capability 权限信息解码演示

通过/proc/pid/status 文件查看进程的 Capability 权限时，可以看到每一个进程都有 5 种 Capability，其含义与作用分别如下。

CapInh(I)：Inheritable，使用 exec( )加载可执行文件的时候能够被新进程继承的 Capability。CapInh 将被继承到新进程的 CapPrm 之中。

CapPrm(P)：Permitted，进程所能拥有的 Capability 上限，进程可以通过 setcap( )设置自己的 CapEff 和 CapInh，前提是设置的 Capability 必须在 CapPrm 之中。

CapEff(E)：Effective，实际生效的 Capability，在尝试进行特权操作的时候，内核看的就是这个 Capability 集合。

CapBnd(B)：Bounding，CapInh 的超集，如果 CapBnd 中没有某 Capability，即使它在 CapPrm 之中也不能添加到 CapInh 中。

CapAmb(A)：Ambient，为方便进程执行非 Capability 特权文件时继承父进程 Capability 特权而设置，若执行的是非 Capability 特权文件，新进程的 CapEff 就是父进程的 CapAmb。

（2）文件 Capability

在系统中，文件也有 Capability，影响着 exec( )被执行时新进程的 Capability。与 SUID 位类似，只有对二进制文件设置 Capability 后它才起作用。可以通过 getcap 命令查询文件的 Capability，如图 5-22 所示。

```
SSH-OLT # getcap /usr/bin/ping
/usr/bin/ping = cap_net_admin,cap_net_raw+ep
```

图 5-22　文件 Capability 查询演示

上述查询结果表示该二进制文件的 CapEff 和 CapPrm 具有 cap_net_admin 和 cap_net_raw 两种文件 Capability 权限。文件 Capability 除了以上两种，还有一种 CapInh 权限，它们的作用如下所示。

CapEff(E)：Effective，不为零则表示可执行文件具有 Capability 特权，通过 exec( )加载可执行文件后，其 Capability 会影响新进程的 Capability。

CapInh(I)：Inheritable，通过 exec( )加载可执行文件后，父进程的 CapInh 和可执行文件的 CapInh 取交集，影响新进程的 CapPrm。

CapPrm(P)：Permitted，通过 exec( )加载可执行文件后，父进程的 CapBnd 和可执行文件的 CapPrm 取交集，影响新进程的 CapPrm。

（3）文件与进程 Capability 的关系

对于系统而言，文件与进程都有 Capability，当进程访问文件时，最终的 Capability 权限依赖进程及文件双方的 Capability 权限信息。当父进程未通过 exec( )加载特权文件，例如父进程

fork( )一个新进程时，子进程的 Capability 信息完全复制父进程的 Capability 信息。当父进程通过 exec( )加载特权文件时，子进程的 Capability 将通过一系列继承关系获取信息，其中 P 代表父进程的 Capability 集合，F 代表被加载的可执行文件的 Capability 集合，P'代表子进程的 Capability 集合，那么就有如下计算方式。

P'(ambient) = (file is privileged) ? 0 : P(ambient)；当父进程通过 exec( )加载特权文件时，其子进程的 CapAmb(A)将完全复制父进程的 CapAmb(A)。

P'(permitted) = (P(inheritable) & F(inheritable)) | (F(permitted) & P(bounding)) | P'(ambient)；当父进程使用 exec( )加载特权文件时，分别计算父进程和文件的 CapInh(I)的交集、文件 CapPrm(P)与父进程 CapBnd(B)的交集及子进程的 CapAmb(A)，并最终取三者的并集作为子进程的 CapPrm(P)。

P'(effective) = F(effective) ? P'(permitted) : P'(ambient)；文件对应的 CapEff(E)如果不为零，则子进程的 CapEff(E)为子进程的 CapPrm(P)，否则为子进程的 CapAmb(A)。

P'(inheritable) = P(inheritable)；子进程的 CapInh(I)等于父进程的 CapInh(I)，不发生变化。

P'(bounding) = P(bounding)；子进程的 CapBnd(B)等于父进程的 CapBnd(B)，不发生变化。

5.3.5　SELinux 机制

传统的 Linux 由于 root 权限过大而具有极大的安全风险，一旦黑客入侵 Linux 操作系统并获取 root 权限，整个系统将完全失陷。此时，可以使用 SELinux。在 SELinux 中，root 账号的能力被 MAC 限制，同时限制用户程序和系统服务器使用最低权限进行相应工作。

SELinux 早期由 NSA 发起，旨在为 Linux 操作系统添加多种安全等级并更加广泛地应用于各个高安全领域。早在 2005 年，Red Hat 企业级服务器版（Red Hat Enterprise Linux, RHEL）Linux 4.0 就开始支持 SELinux。

1. SELinux 的基本原理

Linux 内核从 2.6 版本开始引入 SELinux，有效解决了 DAC 中 root 用户拥有所有权限的问题。

SELinux 将系统中的各类资源及资源上的操作进行了细分和管控，主体（进程）访问这些被管控的资源时，内核会校验相应的配置规则，以达到访问控制的目的。

具体来说，SELinux 具备以下功能特点。

● 所有进程和文件都被标记。SELinux 策略定义了进程如何与文件交互，以及进程之间如何交互。只有存在明确允许的 SELinux 策略时，才允许访问文件。

● SELinux 提供精细的访问控制。传统的 Linux 通过用户的授权，基于用户和组进行控制。而 SELinux 的访问控制基于更多可用信息，如 SELinux 用户、角色、类型及可选的安全级别。

● SELinux 策略由系统管理员进行定义，并在系统范围内强制执行。

● SELinux 可以缓解权限升级攻击。进程在域中运行，因此是相互分离的。

● SELinux 可以强制实施数据机密性和完整性，并可以防止进程受到不可信输入的影响。

SELinux 的整体架构由 5 个部分组成，分别是主体、客体、安全上下文、规则库和访问模式。与 Linux 内核中的其他访问控制策略一样，SELinux 的访问控制主体同样是进程，客体资源同样是文件，只不过对于 Linux 内核而言，系统当中的文件、目录及接口都被视作目录。安全上下文、规则库和访问模式是 SELinux 特化的 3 个部分，其具体功能介绍如下。

安全上下文：包括用户标识、角色、类型、敏感度、类别 5 个字段。每个字段的具体含义如下。

- 用户标识（user）：标识与主体或客体关联的用户身份。
- 角色（role）：定义主体在系统中的角色。
- 类型（type）：这是 SELinux 中最核心的部分，用于定义主体和客体的类型。类型决定了主体可以访问哪些客体。
- 敏感度（sensitivity）：敏感度是 SELinux 中用于 MLS 或多类别安全（Multi-Category Security，MCS）的机制。它定义了信息的敏感级别，确保不同级别的信息只能被相应级别的进程访问。
- 类别（category）：敏感度的一部分，用于进一步细分访问控制。

规则库：SELinux 的配置策略，基于白名单原则，默认不允许进程做任何操作。

访问模式：分为 enforcing 和 permissive 两种模式。enforcing 模式下，如果权限缺失，系统会阻断操作并记录日志；permissive 模式下，如果操作违反权限，系统只记录日志，而不阻断操作。

如图 5-23 所示，在 SELinux 的整体架构中，Custom Policy 会经过 checkmodule、semodule_package、semodule 这 3 个步骤打包检查，并最终安装到 SELinux Policy 中。随后，这些策略会被编号并加载到内核模块中。此外，为提高访问效率，内核模块中还增设了 Access Vector Cache 缓存机制。该机制可以为后续的规则匹配提供更高的匹配效率。

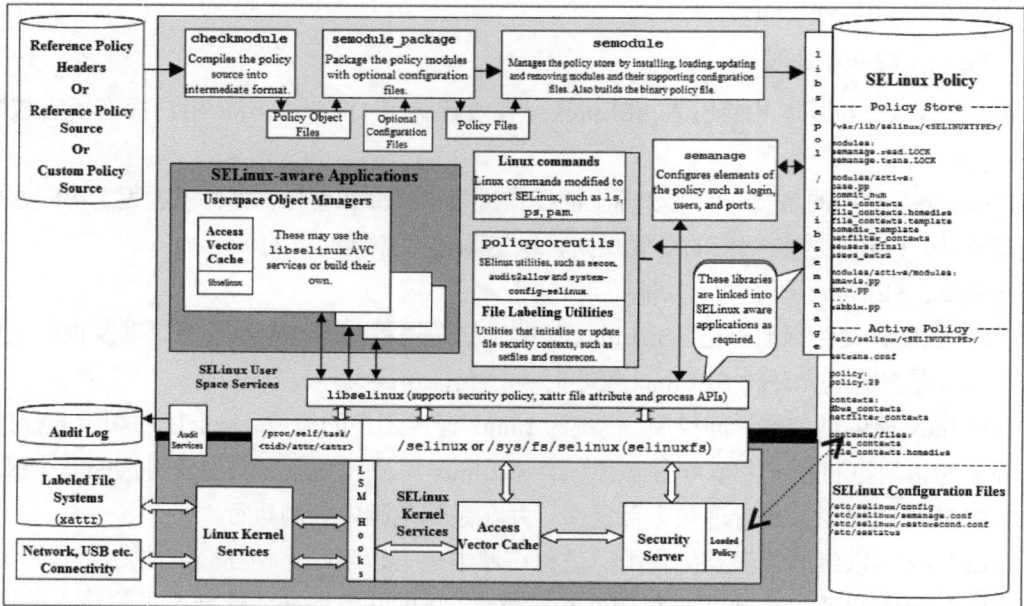

图 5-23 SELinux 整体架构

在安全上下文的 5 个字段中，敏感度用于表示被访问客体的信息重要程度，该思想来源于MLS。

MLS 策略引入了许可级别的概念，这个概念由美国首先提出。MLS 根据信息安全级别将数据分级，例如[Low]非保密、[Medium]保密、[High]机密、[Highest]绝密。默认情况下，MLS SELinux 策略使用 16 个敏感度级别（s0～s15）。

为了实施 MLS，SELinux 使用 BLP 模型。这个模型根据附加到每个主体和对象的标签，控制系统中信息流动的方式。BLP 的基本原则是"不上读，不下写"。这意味着用户只能读取与自己敏感度级别相当或更低的文件，数据只能从较低级别流向更高级别，如图 5-24 所示。

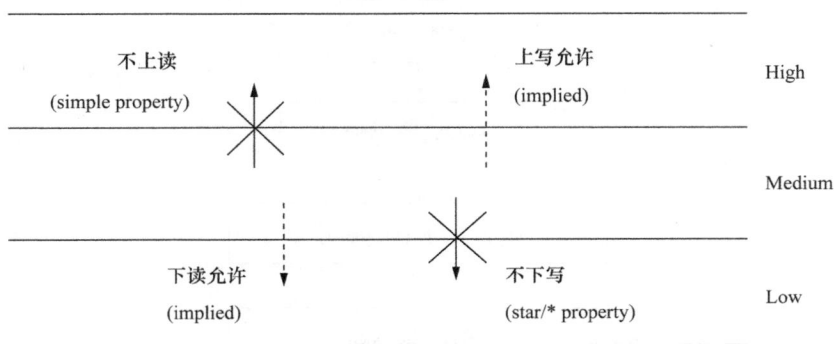

图 5-24　BLP 示意

类似地，在安全上下文的 5 个字段中，类别用来表示被访问客体所属的资源类型，该思想来源于 MCS。

MCS 是一种访问控制机制，使用分配给进程和文件的类别来维护系统数据的机密性。文件只能由分配到相同类别的进程访问。

MCS 的取值范围是从 c0 到 c1023，但也可以为每个类别或类别组合定义一个文本标签，如 Personnel、ProjectX 或 ProjectX.Personnel。MCS 转换服务能够将 Category 值替换为系统输入和输出的相应标签，以便用户可以使用这些标签而不是 Category 值。

2．SELinux 内核模块

SELinux 会对访问主体的行为进行审查，并限制其访问过程，该过程主要由内核模块实现。具体来说，SELinux 实现了一个 hooks 挂载函数表，把 SELinux 的检查函数挂载在不同系统调用的安全函数 hook 点中。当发生对应的系统调用之后，内核模块会 hook 该函数调用并对其调用行为做出审查。

以经典的文件打开函数为例说明上述过程。security_file_open( )和 selinux_file_open( )的源代码如下。首先在系统当中有一个名为 security_file_open( )的文件打开函数，为了实现对该系统调用的审查，内核模块在 hooks.c 文件中实现了该系统调用的回调函数 selinux_file_open( )。每当发生有关 security_file_open( )的系统调用时，就会触发回调，最终调用 selinux_file_open( )对主体行为进行审查。具体调用流程如图 5-25 所示。

```
int security_file_open(struct file *file) {
```

```
    int ret = call_int_hook(file_open, 0, file);
    if (ret) return ret;
    return fsnotify_perm(file, MAY_OPEN);
}
static int selinux_file_open(struct file *file) {
    struct file_security_struct *fsec = selinux_file(file);
    struct inode_security_struct *isec = inode_security(file_inode(file));
    fsec->isid = isec->sid;            // 保存文件的安全标识符
    fsec->pseqno = avc_policy_seqno(&selinux_state); // 记录策略版本号
    return file_path_has_perm(file->f_cred, file, open_file_to_av(file));
}
```

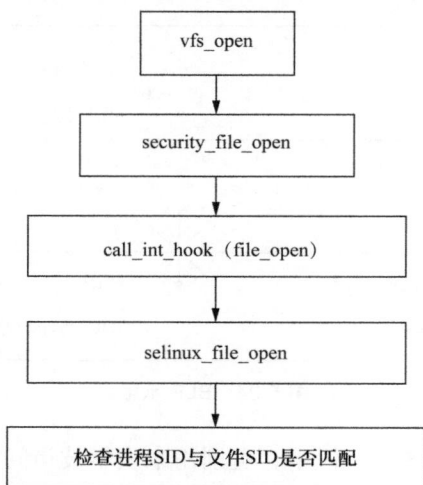

图 5-25 SELinux 系统调用审查流程

为了在保证安全性的同时提升性能，SELinux 引入了安全标识符（Security ID，SID）来优化权限匹配的过程。传统的安全上下文虽然能够精确描述主体（如进程）和客体（如文件）的安全属性，但其字符串形式的表示方式在权限匹配时效率较低，尤其是在大规模系统中，大量的字符串比较会带来较大的性能开销。因此，SID 作为一种高效的内部标识符，被用来替代安全上下文进行权限匹配，从而显著提升规则搜索速度，并降低策略数据的空间复杂度，优化 SELinux 的整体性能。

SID 是一个唯一的整数值，由两部分组成：类型标识符（type identifier）和级别标识符（level identifier）。类型标识符位于 SID 的高位部分，用于标识安全主体或客体的类型（如文件、进程、网络端口等）。在 SELinux 中，类型是安全策略的核心概念之一，它定义了主体和客体的行为边界。例如，一个进程的类型决定了它可以访问哪些文件，而一个文件的类型则决定了哪些进程可以访问它。级别标识符位于 SID 的低位部分，用于表示安全主体的安全级别或标记。这部分通常与多级安全或多级安全扩展的多类别安全机制相关，用于控制对象之间的数据流和访问权限，确保信息的机密性和完整性。例如，在 MLS 模型中，级别标识符可以用于实现"无向上写、无向下读"的经典 BLP 模型规则。

在权限匹配的具体过程中，SELinux 通过 SID 来快速定位和匹配权限。当系统需要检查某个主体是否具有对客体的访问权限时，首先会通过 SID 获取对应的安全上下文。安全上下文中包含了类型（type）、角色（role）和用户（user）等信息，其中类型信息是权限匹配的关键。接着，SELinux 会根据上下文中的类型属性，在策略数据库中查找相应的哈希表。策略数据库是 SELinux 的核心组件，存储了所有的安全策略。通过哈希表，系统可以快速定位到对应的映射数组，并检查数组中某个权限的位，从而确定权限判定结果。例如，如果一个进程尝试读取一个文件，SELinux 会通过 SID 找到进程和文件的类型，然后在策略数据库中查找是否允许该类型的进程读取该类型的文件。

通过引入 SID，SELinux 不仅减少了权限匹配时的计算开销，还降低了策略数据的存储复杂度。SID 的整数值比字符串形式的安全上下文更易于处理和存储，同时其结构化的设计（类型标识符和级别标识符）也使得权限匹配更加高效。

3. SELinux 策略编写

目前 SELinux 一般采用单策略，一个由 checkpolicy 构造的单二进制策略文件。因为 SELinux 策略通常比较大而且非常复杂，所以它直接载入内核。与软件类似，它们由一些较小的单元（称为"模块"）构成。有多种方法产生策略模块，其中最原始也最广泛使用的方法称为"源模块法"。该方法支持单策略的开发，源模块通过一组 shell 脚本、m4 宏和 Makefiles 合并为文本文件（即 policy.conf），然后由 checkpolicy 进行编译，编译完成后就成为内核可读的二进制文件了。

要想完成策略开发工作，就需要了解 SELinux 当中的策略语法，该语法用于编写策略文件，具体化策略描述。对于规则语法，其标准化描述如下。

```
rule_name source_type target_type : class perm_set;
```

其中，每一字段的具体含义及其选项如下所示。

（1）rule_name

rule_name 字段提供了以下选项供用户选用。

allow：允许主体对客体执行指定的操作，且记录权限验证失败的日志。

neverallow：不允许主体对客体执行指定的操作。

dontaudit：该规则不影响决策，只是不记录违反规则的访问操作决策信息。

auditallow：该规则不影响决策，只是补充记录所有成功或失败访问操作的日志。

（2）source_type

source_type 字段代表主体标签，通常是进程。

（3）target_type

该字段代表客体标签，通常是文件。

（4）class

该字段代表被允许操作的客体的分类。

（5）perm_set

该字段代表允许主体操作的行为（如 execute、read）。

实例 5-1　SELinux 策略的编写与加载

本实例的任务是修改已有 SA（System Ability）的 SELinux 策略，熟悉 SELinux 策略 allow

基本规则及策略文件的编译、加载。具体步骤如下。

第一步，首先选取一个 OpenHarmony 操作系统源代码中已有的 SA 代码。可以通过如下目录获取：/openharmony/security_device_security_level/blob/master/services/sa/standard/dslm_service.cpp。

该文件定义了系统服务类 DslmService，负责管理设备的安全等级。文件中的 DslmService 类继承自 SystemAbility 和 IRemoteStub，并实现了服务的初始化、启动和停止功能。

第二步，通过目录 openharmony/security_selinux_adapter/tree/master/sepolicy/ohos_policy/security/device_security_level 获取 DslmService 类所对应的 SELinux 策略代码仓。

该代码仓中包含了 OpenHarmony 中关于设备安全层面的 SELinux 策略配置目录，该目录主要用于定义和管理设备的安全策略，包括访问控制规则和权限配置。这些规则确保了系统中各个组件的安全运行，并限制了未经授权的访问和操作。该目录有两个子目录，其中 public 子目录用于定义公共的 SELinux 策略。这些规则通常是系统中所有组件共享的基础安全规则，包括常见的权限管理、访问控制等，例如，定义文件的基本读写规则，或者为所有服务提供通用的策略，适用于系统中所有组件共享的部分，通常不特定于某个服务或模块。system 子目录用于存放与系统服务或核心组件相关的 SELinux 策略文件，例如，限制某个服务访问系统资源的权限，或者允许特定的系统组件进行高级别的操作，主要用于定义系统服务（如进程管理服务、核心驱动等）和关键组件的访问规则。

第三步，通过目录/openharmony/security_selinux_adapter/blob/master/sepolicy/ohos_policy/security/device_security_level/system/dslm.te 获取 SELinux 策略代码仓当中的.te 文件（策略文件），如图 5-26 所示。

```
1  #avc:  denied  { getopt } for pid=434 comm="dslm_service" scontext=u:r:dslm_service:s0
2  tcontext=u:r:dslm_service:s0 tclass=unix_dgram_socket permissive=1
3  #avc:  denied  { setopt } for pid=434 comm="dslm_service" scontext=u:r:dslm_service:s0
4  tcontext=u:r:dslm_service:s0 tclass=unix_dgram_socket permissive=1
5  allow dslm_service dslm_service:unix_dgram_socket { getopt setopt };
6
7  #avc:  denied  { search } for pid=444 comm="dslm_service" name="socket" dev="tmpfs"
8  ino=40 scontext=u:r:dslm_service:s0 tcontext=u:object_r:dev_unix_socket:s0 tclass=dir permissive=1
9
10 allow dslm_service dev_unix_socket:dir { search };
11
12 allow dslm_service softbus_server:tcp_socket { read setopt write };
13
14 allow dslm_service system_etc_file:dir { getattr open read };
15
16 allow dslm_service system_profile_file:dir { search };
17
18 allow dslm_service sa_foundation_devicemanager_service:samgr_class { get };
19
20 allow dslm_service daudio:binder { call transfer };
```

图 5-26　dslm.te 文件内容

在 dslm.te 文件中添加允许访问 system_bin_file（举例）信息的权限。具体内容如下所示。

```
allow dslm_service  system_bin_file:file { read open};
```

第四步，策略文件修改完成后，重新编译策略文件。在源代码根目录下使用命令./build.sh --product-name rk3568 --ccache --no-prebuilt-sdk --build-variant root --gn_args use_cfi=true -T selinux_adapter 进行操作系统的编译。该命令的作用是编译 OpenHarmony 中的 selinux_adapter

模块，目标是生成一个策略文件，并带有 root 权限和控制流完整性（Control-Flow Integrity，CFI）安全检查功能。编译后的产物所在位置为 out/rk3568/obj/base/security/selinux_adapter/developer/policy.31。

第五步，在编译后的产物中，使用以下命令替换系统中的原规则，即可完成实验。

① hdc shell mount -o rw,remount /。

② hdc file send policy.31 /system/etc/selinux/targeted/policy/policy.31。

③ pause。

④ hdc shell reboot。

4. OpenHarmony 中的 SELinux 适配

OpenHarmony 使用 Linux 内核，因此在安全增强功能当中，其功能继承自 SELinux。与原版 SELinux 不同的是，OpenHarmony 对 SELinux 向外提供的接口进行了模块化封装，并将所有模块最终打包为一个 SDK，用以向上提供接口。图 5-27 所示为 OpenHarmony 中的 SELinux 架构。

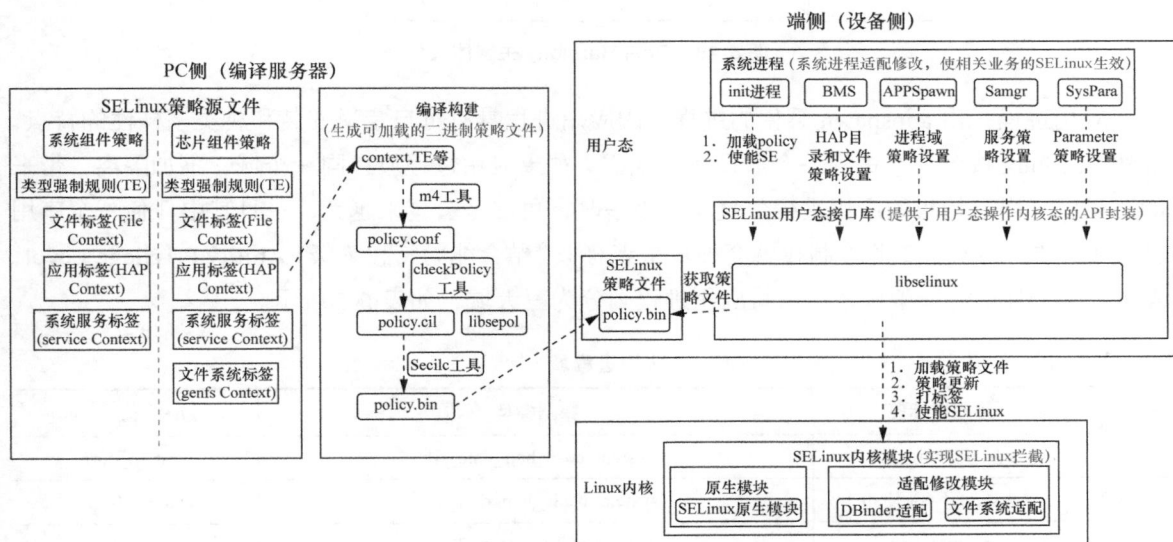

图 5-27　OpenHarmony 中的 SELinux 架构

OpenHarmony 在访问控制机制上对传统 Linux 内核的访问主体的细粒度进行了调整。传统 Linux 内核的访问主体为进程，而 OpenHarmony 对进程的类型做出了更细致的划分，例如 HAP、INT、SA 等。OpenHarmony 并没有对访问客体及内核模块的执行逻辑做出较大修改，其主客体之间的关系如图 5-28 所示。

具体来说，OpeanHarmony 将主体进程类型划分为 Native 进程、应用进程及服务进程。

Native 进程：指由 init 或 shell 启动的进程，出厂预制且数量有限。从权限最小化的原则出发，每个 Native 进程都要求设置一个独立的主体进程域。

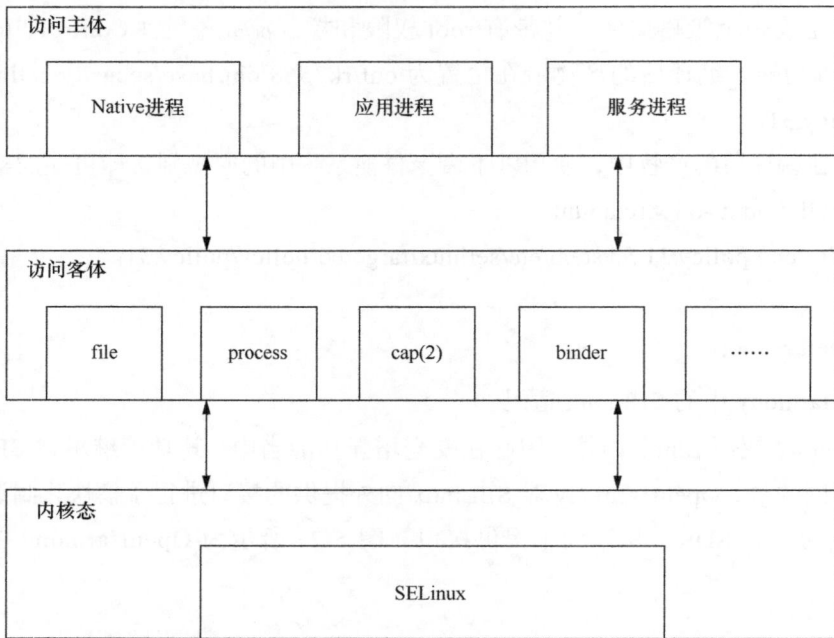

图 5-28　OpenHarmony 主客体关系

应用进程：由 appspawn 孵化的进程。因应用进程具有可自定义安装和种类多样性的特点，导致 SELinux 按照一个进程一个域设置不现实。如果应用进程放在同一个域，不加隔离，带来的恶果就是当有特权的应用进程数量越来越多时，可信基会越来越大，一旦其中任何一个应用被攻破，域内的所有资源控制权就会被攻击者获取。结合能力特权等级（Ability Privilege Level，APL）安全分层管理架构，通常将应用进程划分为三大域，如表 5-5 所示。

表 5-5　　　　　　　　　　　　　　　　　　　　应用进程域

域	进程域标签	数据类型	APL 值
核心	system_core_hap	system_core_hap_data_file	system_core
基础	system_basic_hap	system_basic_hap_data_file	system_basic
普通	normal_hap	normal_hap_data_file	normal

服务进程：指运行在后台并提供特定功能或服务的进程。这些进程可以是系统自带的，也可以是用户安装的。

在 OpenHarmony 中，由于主体的进一步细分，访问控制策略的加载有所不同，在该过程中需要区分不同类型的主体。如图 5-29 所示，首先将原始的 SELinux TE 文件编译为能够直接加载的 SELinux 配置文件。初始进程 init 会对策略文件进行加载，并对 Native 类型的进程、调用参数及文件打标签；随后 samgr、appspawn、installed 3 个系统级别的进程会分别为服务进程、应用进程及应用数据目录打标签，并最终送到 SELinux SDK 中；最后由 libselinux 对接用户态与内核模块，并将处理完成的内容送到内核模块中进行访问控制。

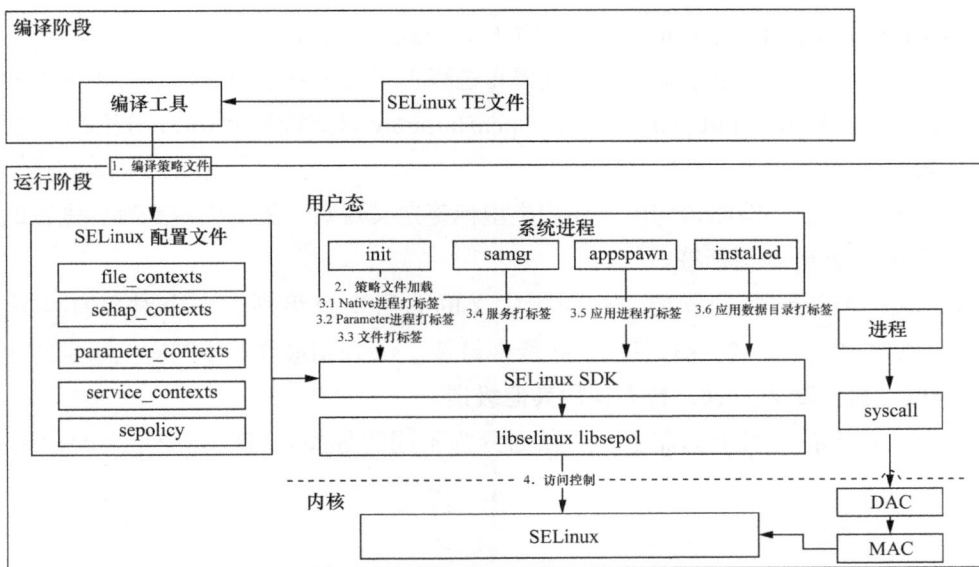

图 5-29 OpenHarmony 中的策略加载流程

在策略加载过程中，OpenHarmony 不仅对不同类型的主体打标签，还对部分目标资源客体打标签，具体的标签规则如下。

文件相关客体标签： SELinux 对不同的文件系统支持不同的文件标签设置语法（例如，对于 ext4 文件系统，可以使用 chcon 命令设置标签；而对于 NTFS 文件系统，需要使用 setfattr 命令来设置标签）。在设备上，文件目录结构是一致的。系统文件目录划分过细，策略集会变大；划分过粗，又会因权限过大，存在安全风险。

标签命名建议使用"各级目录+file 格式"实现，例如，/system 对应标签 u:object_r:system_file:s0，/system/etc 对应标签 u:object_r:system_etc_file:s0。

一级和二级目录下每个文件夹定义独立文件标签名；三级目录及以上根据业务需要进行自定义标签。子目录如果不设置新标签，会默认继承父目录标签。

各级目录设置总体遵循权限最小化原则，业务如果需要保证其相关资源是相对隔离的，需要对其资源文件设置独立标签。

parameter 客体标签： parameter 对应的 SELinux 标签与文件目录设置类似，根据"."对 parameter 进行分级处理，例如 init.svc.sample。

标签命名建议使用"parameter 名称+param 后缀"的方式实现，标签应与名称一致，以便后续维护管理，例如，init.svc.sample 可以将标签设置为 u:object_r:init_svc_sample_param:s0，init.svc 可以将标签设置为 u:object_r:init_svc_param:s0。

采用权限最小化原则，对于仅允许特定进程对 parameter 进行设置的情况，建议设置独立标签。

在 SELinux 中，访问控制策略最重要的部分是安全上下文结构，其中包含了五元组 user:role:type:sensitivity:category，OpenHarmony 对这 5 个部分都做了不同程度上的适配。

user： 用户标识。目前 OpenHarmony 只有一个 SELinux user，那就是 u。

例如 user u roles { r }；定义 user 为 u 的用户，它属于 r 这个角色。

role：角色标识符，角色限制了一个进程在进程上下文中基于角色标识符可转换的类型。其中文件的用户类型都使用 **object_r**。目前 OpenHarmony 只支持两个 role，分别是 r 代表主体，object_r 代表客体。

type：类型标签，在策略语句中，使用类型标签定义规则，策略中规定哪种进程的类型标签可以访问哪些文件的类型标签。

sensitivity：限制访问的需要，由组织定义的分层安全级别。一个对象有且只有一个 sensitivity，例如 s0、s1、s2、s3，其中 s0 级别最低，s3 级别最高。不同安全级别的对象之间不能互相访问。**目前默认为 s0，暂未使用其他级别。**

category：对于特定组织的需求，可以划分为不同的分类。目前已经定义的分类为 c0～c1023。

5.4 OpenHarmony 应用分级访问控制

5.4.1 Access Token 简介

访问令牌管理器（Access Token Manager，ATM）是 OpenHarmony 基于 Access Token 构建的统一应用权限管理机制，Access Token 访问控制架构如图 5-30 所示。

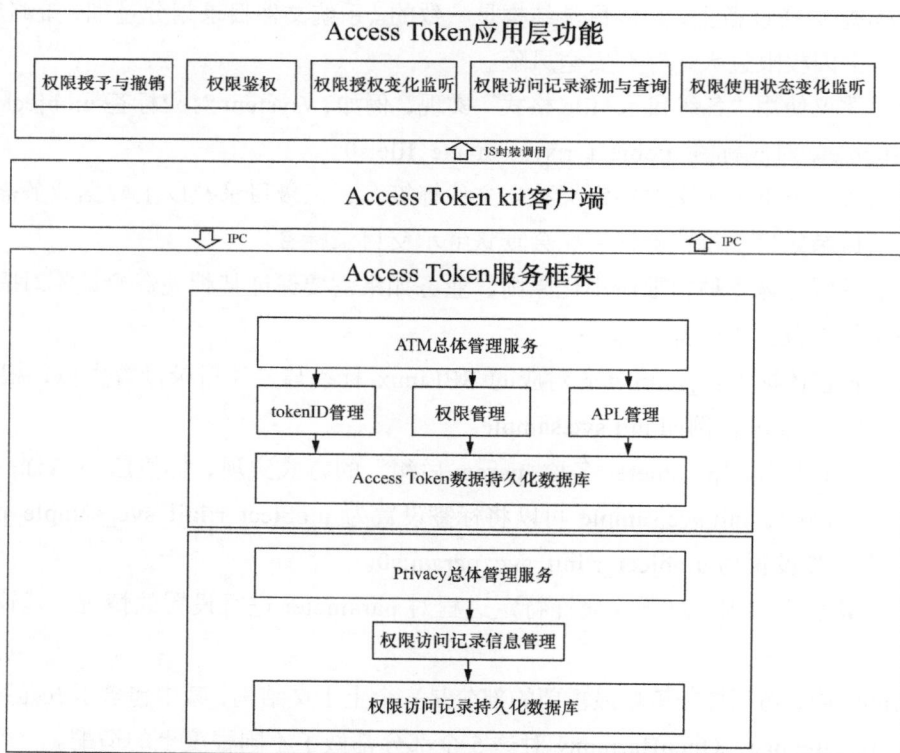

图 5-30　Access Token 访问控制架构

应用的 Access Token 信息主要包括应用身份标识 APPID、UID、应用分身索引、应用 APL、应用权限信息等。每个应用的 Access Token 信息由一个 32 位设备中的唯一标识符 TokenID 来标识。

ATM 模块主要提供以下功能：提供基于 TokenID 的应用权限校验机制，应用访问敏感数据或 API 时可以检查是否有对应的权限；提供基于 TokenID 的 Access Token 信息查询，应用可以根据 TokenID 查询自身的 APL 等信息。

5.4.2 基于 AT Token 的程序分级"洋葱"访问控制模型

OpenHarmony 构建的基于"洋葱"访问控制模型的分级安全机制，是构建应用生命周期安全的基础。如图 5-31 所示，OpenHarmony 将应用分为 3 个 APL：普通（normal）、系统基础（system_basic）和系统核心（system_core）。应用各自运行在独立的沙盒化环境中，默认仅允许访问自身的文件，如果需要访问其他应用或者系统的信息，则需要通过权限来实现。

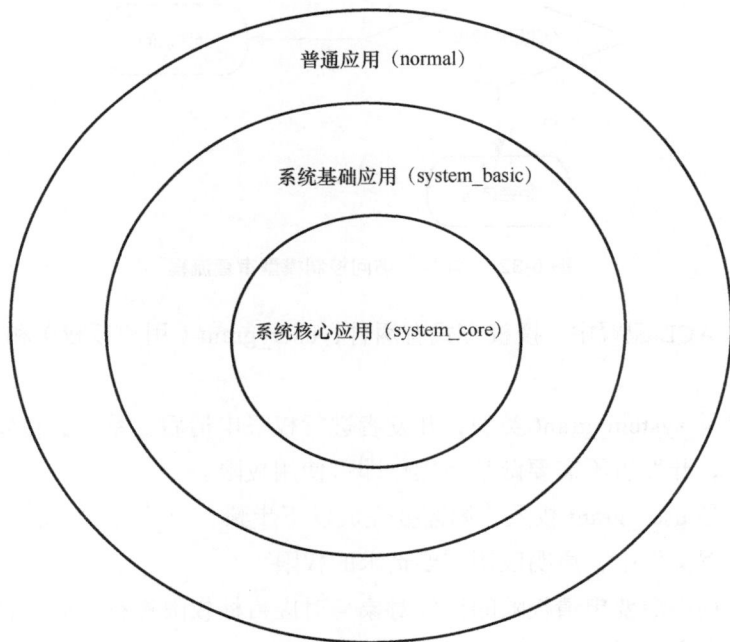

图 5-31 "洋葱"访问控制模型

上述 3 个 APL 的权限划分规则如下所示。

系统核心：该等级的应用提供操作系统核心能力。这类应用可申请的权限涉及开放操作系统核心资源的访问操作。鉴于该类型权限对系统的影响度非常大，目前只向系统服务开放。

系统基础：该等级的应用提供系统基础服务。这类应用可申请的权限，涉及允许访问操作系统基础服务相关的资源。

普通：普通系统应用和所有第三方应用。这类应用可申请的权限，对用户隐私及其他应用带来的风险很小。

125

该"洋葱"访问控制模型审查流程如图 5-32 所示，先审查主体及客体的 APL，如果主体的 APL 大于等于客体的 APL，那就允许该行为发生。如果主体 APL 小于客体的 APL，又分为两种情况。第一种情况，虽然主体的 APL 小于客体的 APL，但是主体需要访问客体当中的某些资源，此时，主体需要通过 ACL 授权来获取访问权限；第二种情况，如果主体的 APL 小于客体的 APL 并且没有得到 ACL 授权，则主体无法访问客体。

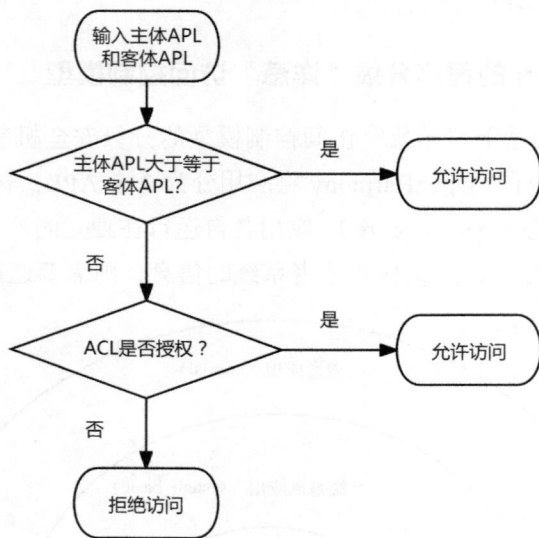

图 5-32 "洋葱"访问控制模型审查流程

在应用内部的 ACL 配置中，授权方式有两种：user_grant（用户授权）和 system_grant（系统授权）。

如果目标权限是 system_grant 类型，开发者进行权限申请后，系统会在安装应用时自动为其进行权限预授予，开发者不需要做其他操作即可使用权限。

如果目标权限是 user_grant 权限，则需要完成以下步骤。

第一步，在配置文件中，声明应用需要请求的权限。

第二步，将应用中需要申请权限的目标对象与对应目标权限进行关联，使用户明确地知道哪些操作需要用户向应用授予指定的权限。

第三步，运行应用时，在用户触发访问操作目标对象时调用接口，精准触发动态授权弹窗。该接口的内部会检查当前用户是否已经授权应用所需的权限，如果当前用户尚未授予应用所需的权限，会拉起动态授权弹窗，向用户请求授权。

第四步，检查用户的授权结果，确认用户已授权才可以进行下一步操作。

本章小结

本章首先探讨了访问控制的本质及其在系统安全中的重要性。访问控制不仅是对资源访问的简单管理，更是维护系统完整性和数据机密性的基石。然后介绍了 DAC、MAC、RBAC 等多种访问控制机制，并探讨了它们在实现资源安全访问中的优缺点。最后详细介绍了 OpenHarmony 在访问控制方面的独特之处。OpenHarmony 作为一款开源智能终端操作系统，在继承 Linux 内核层安全机制的基础上，在框架层对应用分级访问控制进行了创新性的扩展，其独特的 Access Token 机制为应用权限管理提供了强大且灵活的支持。

通过本章的学习，读者应该能够掌握访问控制的原理及应用，并理解 OpenHarmony 操作系统的访问控制体系。

思考与实践

1. 以文件为例，使用 getcap 命令查看其 Capability。
2. 尝试使用简单的 chmod 命令对文件的权限进行更新，并查看更新过后的权限。
3. 尝试反编译一个 OpenHarmony 应用的 hap 包来查看其中的 module.json 文件，找到 APL 的相关信息。
4. 通过 ll、ls 等命令查看文件的权限属性。

参考文献

[1] 梁亚声，汪永益，刘京菊，等. 计算机网络安全教程[M]. 4 版. 北京：机械工业出版社，2024.

[2] 洪帆. 访问控制概论[M]. 武汉：华中科技大学出版社，2010.

[3] 李莹. SELinux 策略冲突检测算法的研究[D]. 哈尔滨：哈尔滨工业大学，2021.

[4] 乔冶. SELinux 策略完整性分析关键技术研究[D]. 哈尔滨：哈尔滨工程大学，2021.

[5] yeyuning. OpenHarmony SELinux 新增进程策略配置方法[EB/OL].(2024-02-20)[2024-12-18].

[6] steven_Q. selinux_adapter 简介[EB/OL].(n.d) [2024-12-18].

[7] 李睿. Seccomp BPF（基于过滤器的安全计算）[EB/OL]. (n.d)[2024-12-18].

[8] 佚名. 什么是 SELinux（安全增强型 Linux）[EB/OL]. (2019-08-30)[2024-12-18].

第 6 章
分布式协同安全

06

学习目标

① 了解分布式操作系统的基本概念和相关技术。
② 理解分布式协同安全目标与设计理念。

③ 掌握设备互信关系建立与认证的原理及方法。

6.1　分布式协同

6.1.1　分布式操作系统

随着计算机网络的普及和计算任务复杂度的提升,单台计算机的性能逐渐无法满足需求。分布式系统应运而生,它的核心目标是通过多台计算机的协同工作来解决复杂问题。分布式操作系统作为分布式系统的关键组件,通过软件抽象将异构资源整合为统一的虚拟计算环境。分布式操作系统可以被视为一种由多个节点组成的操作系统,对选定的节点而言,它自身被分配的资源是本地的,而其他节点和对应分配的资源都是远程的。在分布式操作系统中,访问远程资源对用户而言与访问本地资源一样简便。这背后涉及的分布式技术主要包括分布式计算、分布式存储和分布式调度。

1. 分布式计算

分布式计算指单个用户程序可以被分解为多个可执行实体,并分布在多台终端设备上分别执行,协同完成整体任务。

2. 分布式存储

分布式存储指系统的各种存储接口(如文件系统、数据库等)可以跨越不同的设备。系统自动选择文件的物理存储位置,用户程序只能感知到经系统映射后的逻辑存储位置,而对真实的物理存储位置无感知。

3. 分布式调度

分布式调度指对分布在不同设备上的用户程序实体和系统服务进行统一调度。根据调度目标的不同,分布式调度又分为用户程序实体的分布式调度和系统服务的分布式调度。用户程序实体的分布式调度指将一个可分解为多个可执行实体的单个用户程序,调度到多台终端设备上执行,使它们协同完成整个任务的过程。系统服务的分布式调度指对跨设备的同一软件服务或硬件服务进行抽象处理,向用户程序提供统一接口,以屏蔽不同硬件能力的具体差异。

移动通信在近 30 年蓬勃发展,给人们的工作、生活和学习带来了极大的便利。特别是 3G、4G 数据业务速率的不断提高,使互联网从桌面设备拓展到移动设备。人们通过移动设备不仅可以浏览网页、阅读电子书,还可以体验移动商务、移动视听、即时通信、手机游戏和移动支付等业务,移动终端操作系统深刻地改变了信息时代人们的生活方式和工作方式。随着人类进入万物互联时代,IoT 通过网络,特别是无线网络,将智能终端相互连接起来,实现任何时间、任何地点,人—机、机—机的互联互通。这对当前以单设备为设计理念的智能终端操作系统提出了新的挑战。操作系统能否实现将任意 IoT 设备(例如键盘、鼠标、智能手表、智能音箱、摄像头、智能手机、电视、汽车或任何电子设备)作为 “接入点”,把用户所拥有的设备与用户数据连接在一起,从而让用户获得一致的交互体验呢?OpenHarmony 作为面向“万物互联时代”的新一代操作系统,是一款能够融合多种智能设备组成超级终端的分布式操作系统,充分考虑了个人设备多样性的特点,关注整体而非单设备,一切从“体验”入手,向用户提供完整、一致和便捷的分布式体验。

OpenHarmony 分布式协同采用分层设计,各层能力相互解耦,下层向上层提供能力,稳定的层间接口确保任意一层实现的变动都不会对相邻层产生影响。OpenHarmony 分布式协同分层架构如图 6-1 所示。

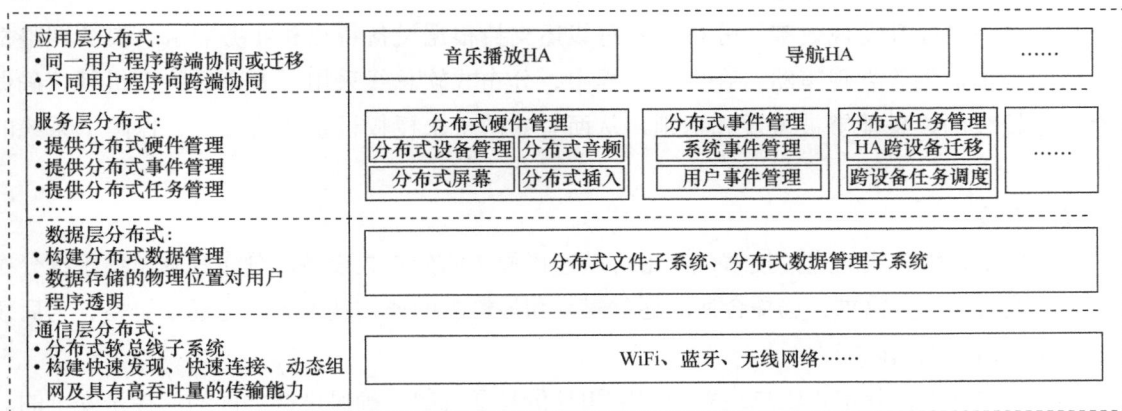

图 6-1 OpenHarmony 分布式协同分层架构

6.1.2 分布式协同关键技术

OpenHarmony 采用的分布式协同关键技术主要涉及分布式软总线、分布式设备虚拟化、分布式数据管理。

1. 分布式软总线

分布式软总线技术是 OpenHarmony 分布式协同的核心,旨在解决全场景下设备间无缝互连的问题。它通过一系列简单的 API,为 OpenHarmony 应用开发者和设备开发者提供了统一的分布式通信能力，屏蔽了技术的复杂性，实现了设备间的高效通信。分布式软总线从逻辑架构上将分布式通信抽象为 4 个部分：发现、连接、组网和传输，如图 6-2 所示。

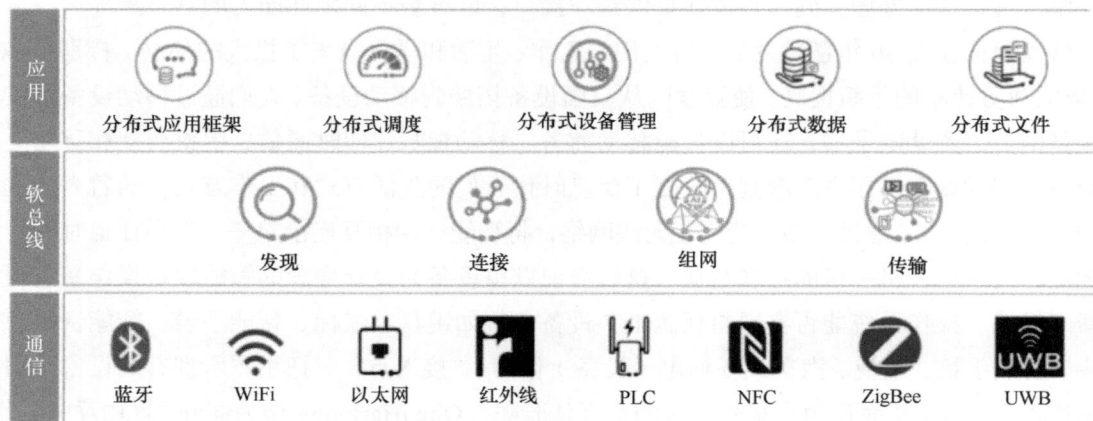

图 6-2　分布式软总线业务模型

（1）发现

在分布式软总线的发现技术中，设备能够便捷地发现周边的分布式设备。具体来说，一台设备既可以是被发现方，也可以是主动发现方，或者同时具备这两种角色。这种发现机制支持通过多种媒介实现设备的发现，包括 WiFi、蓝牙、以太网等。此外，系统能够根据不同设备的能力，智能选择最适合的发现媒介。

为了进一步提升发现效率，分布式软总线还支持根据设备特点和业务需求，灵活调整发现频次、扫描周期等发现策略。在发现过程中，分布式软总线采用了安全的认证机制，确保只有经过授权的设备能够被发现和识别，从而有效防止未授权设备非法接入，保障了系统的安全性。

（2）连接

通过分布式软总线的连接技术，设备可以连接周边的分布式设备。分布式软总线根据分布式设备的能力和业务需求，选择合适的通信媒介和最恰当的连接技术，建立通信链路，为后续的组网和传输提供基础能力。

在连接过程中，分布式软总线采用加密和身份验证机制，确保设备之间的连接是安全的。只有通过身份验证的设备才能建立连接，防止中间人攻击和数据泄露。

（3）组网

通过分布式软总线的组网技术，可以将不同能力、不同特征的分布式设备组成一张网络。这张网络不限于单一的或者一对一的连接关系，而是将整个全场景下的设备组成一张动态网络。在这张网络中，每台设备的通信能力、业务能力都可以得到有效的管理。当业务需要时，通过分布式软总线的网络，可以随时提供业务需要的设备能力信息，也可以为业务通道的建立提供支撑。

组网过程中，分布式软总线采用了访问控制和审计机制，确保只有获得授权的设备才能够加入网络，并且对网络中的活动进行监控和记录，防止未经授权的访问和恶意行为。

（4）传输

通过分布式软总线的传输技术，可以为分布式业务提供业务数据的传输能力。对业务数据和服务质量（Quality of Service，QoS）要求进行抽象，并根据网络负载和设备能力为业务提供合适的传输技术，既保证了单业务的通信诉求，又保证了整个分布式网络内多业务的传输质量。

分布式软总线将传输的数据抽象为 4 种数据模型：**消息、字节、文件和流**，如图 6-3 所示。

消息：用于对实时性和可靠性要求极高的短数据（如控制类指令）的传输。

字节：用于对时延要求不高的基本业务数据的传输。

文件：主要用于设备间文件的传输和同步。通常要求较大的传输带宽，但对实时性要求不高。

流：一般用于音视频流的传输。既要求高带宽，又要求低时延。

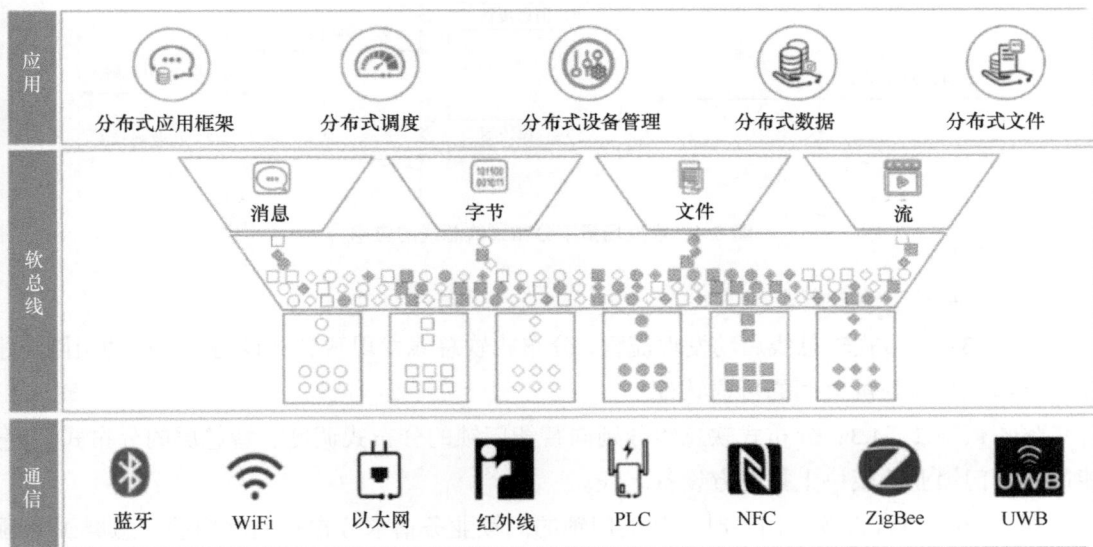

图 6-3　分布式软总线数据模型

在传输过程中，分布式软总线采用数据加密和完整性校验机制，确保数据在传输过程中的机密性和完整性。数据加密可以防止数据被窃取，完整性校验可以防止数据被篡改。

分布式软总线通过简化设计、优化传输、主动抗干扰、智能调度等技术的有机结合，为 **OpenHarmony** 提供了高带宽、低时延、低功耗、安全可靠的设备间通信能力。它为接入超级终端的设备间无缝互连提供了统一的、与物理连接无关的极简 **API**，其业务模型和 4 种数据模型满足全场景下分布式业务跨终端近场通信的诉求。

为了更直观地理解分布式软总线，可以结合家庭场景下的一个典型业务来说明其应用。以智能门锁门铃和电视屏幕上的画中画为例，当按下门铃时，门通过分布式软总线可以发现支持画中画功能的电视，并建立起智能锁上摄像头画面传递到电视屏幕画中画的高速传输通道，具体步骤如图 6-4 所示。

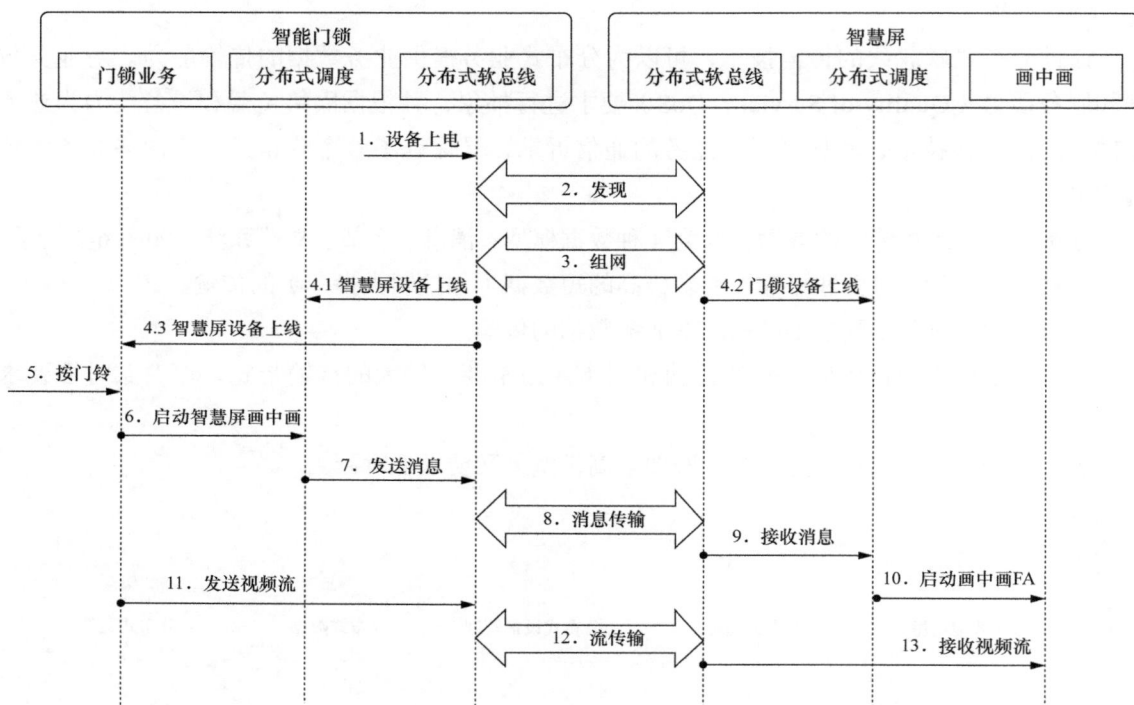

图 6-4　家庭场景下分布式软总线的应用

步骤 1：智能门锁上电。

步骤 2、3：分布式软总线启动发现流程，分布式软总线发现智慧屏设备后，启动组网流程，完成智能门锁与智慧屏之间的可信认证。

步骤 4.1、4.2、4.3：分布式软总线分别向智能门锁的分布式调度、智慧屏的分布式调度及智能门锁的门锁业务模块上报对方设备上线。

步骤 5、6：当客人按下门铃时，智能门锁的门锁业务请求分布式调度启动智慧屏画中画。

步骤 7：智能门锁的分布式调度将"启动画中画"的指令封装为消息，请求分布式软总线将该消息发送至智慧屏的分布式调度。

步骤 8、9：分布式软总线通过消息传输功能将"启动画中画"指令发送到智慧屏的分布式调度。

步骤 10：智慧屏的分布式调度收到"启动画中画"指令后，启动画中画 FA。

步骤 11：智能门锁的门锁业务请求分布式软总线将捕获的摄像头画面传输至智慧屏画中画。

步骤 12、13：分布式软总线通过流传输功能，将门锁侧摄像头画面发送至智慧屏，智慧屏的画中画收到门锁摄像头画面后，在画中画 FA 中播放。

在上述过程中，分布式软总线的每个步骤都涉及安全机制的保障，确保了设备发现、连接、组网和传输的全过程都是安全可靠的。

通过分布式软总线，全场景设备间可以完成设备虚拟化、跨设备服务调用、多屏协同、文件分享等分布式业务。分布式软总线致力于实现近场设备间统一的分布式通信能力，提供不区分链路的设备发现和传输接口，具备快速发现并连接设备，高效分发任务和传输数据的能力。作为 OpenHarmony 架构中的底层技术，分布式软总线是 OpenHarmony 的大动脉，其总体目标是实现设备间无感发现、零等待传输。对开发者而言，无须关注组网方式与底层协议。

2.　分布式设备虚拟化

在传统的设备互连模式中，每台设备都是独立运行的，它们之间虽然可以通过网络进行通信，但是这种通信往往是基于特定协议的点对点交互，缺乏整体性和协调性。OpenHarmony 的分布式设备虚拟化技术打破了这一局限，通过将多台物理设备虚拟为一个超级终端，实现了设备间资源的共享与协同工作。这意味着，在 OpenHarmony 操作系统中，用户可以像操作一台设备那样轻松地管理和使用多台设备，极大地提升了用户体验。

分布式设备虚拟化技术通过将不同设备的硬件资源（如屏幕、相机、扩音器、键盘、传感器及存储器等）抽象化，形成一个统一的资源池，使这些设备可以作为一个整体进行管理和使用。具体来说，该技术具有以下关键特性。

资源融合：将多台设备的硬件资源进行整合，形成一个虚拟的超级终端。例如，将手机的摄像头、平板计算机的屏幕、智慧屏的显示能力等进行融合，用户可以无缝地在这些设备间切换和使用资源。

设备管理：提供统一的设备管理机制，使得设备间的连接、发现、认证和授权等操作更加简单和高效。用户可以通过一台设备轻松管理和控制其他设备。

数据处理：支持多设备间的数据同步和处理，确保数据的一致性和实时性。例如，用户在手机上编辑的文档可以实时同步到平板计算机上继续编辑。

3.　分布式数据管理

在传统单设备操作系统中，数据通常局限于单一设备，无法在多台设备间自由流动。例如，用户在一台设备上编辑的文档、拍摄的照片、录入的联系人、创建的日程等数据，在另一台设备上无法直接访问。这给用户带来了诸多不便，因为用户需要通过应用（如邮箱或即时通信软件）手动传输或复制数据到其他设备。同样，用户在一台设备上对数据的修改，如日程、备忘录或联系人信息的更改，无法在其他设备上实时更新。

OpenHarmony 的分布式数据管理技术基于分布式软总线的能力，通过应用数据在设备间的同步，实现了应用数据和用户数据的分布式管理。这一技术使应用开发者能够轻松实现全场景、多设备下的数据存储、共享和访问，为打造一致、流畅的用户体验提供了基础条件。

分布式数据管理向下依赖分布式软总线，向上为应用提供全局数据访问能力。它的架构主要包括数据访问、数据同步、数据存储、通信部件和数据安全，如图 6-5 所示。

（1）数据访问

为了适应不同业务的应用场景，分布式数据管理提供了多种数据访问模型，包括分布式数据库、分布式数据对象和用户首选项。

分布式数据库：提供键值型和关系型数据库的读写、加密、备份等能力，支持对多种数据类型的管理，包括关系、键值、文档（带 schema 定义的键值）、首选项（preferences 键值）等。

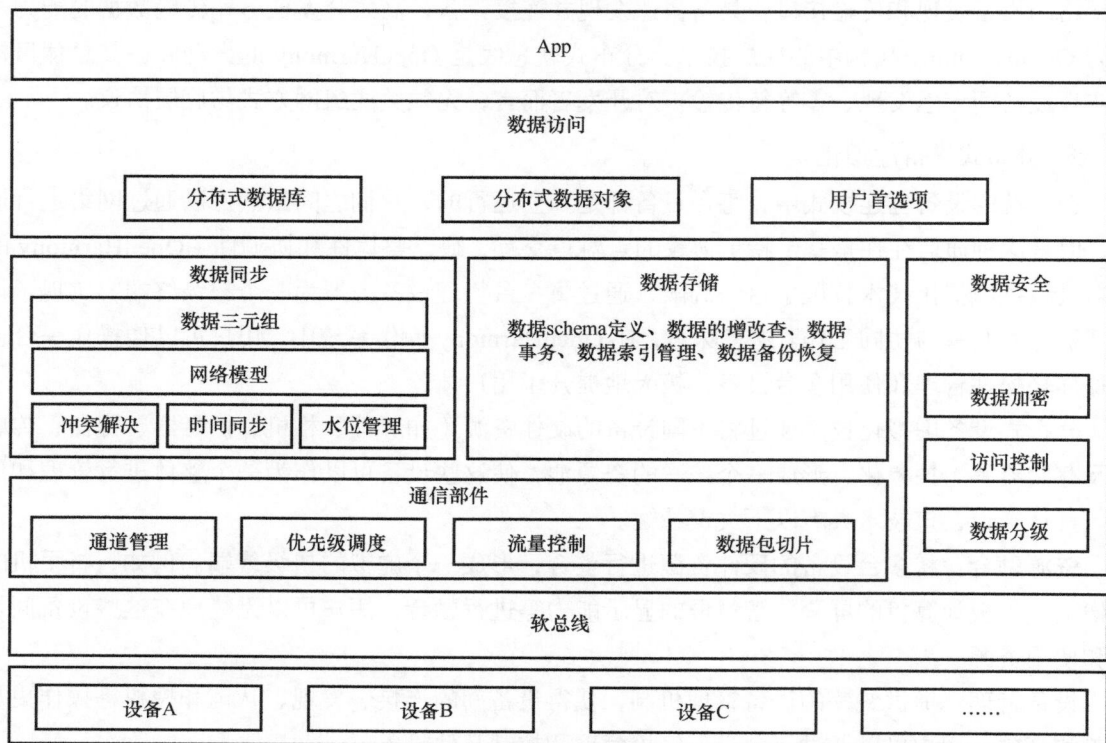

图 6-5　分布式数据管理架构

分布式数据对象：独立提供对象型结构数据的分布式能力，支持多设备间的数据同步，适用于需要在多台设备间共享和管理复杂数据结构的场景。

用户首选项：提供轻量级配置数据的持久化能力，支持订阅数据变化的通知能力，常用于保存应用配置信息、用户偏好设置等。

（2）数据同步

数据同步部件是分布式数据管理模块的核心部件之一，扮演着连接数据存储部件与通信部件的关键枢纽角色。它的核心目标在于维护多个在线设备间数据库内容的一致性，具体职能包括将本地设备产生且尚未同步的数据推送至其他设备；接收并处理来自其他设备的数据；依据预设规则进行必要的冲突解决；最终将同步获得的数据整合至本地数据库中。

数据同步部件由以下 5 个关键子模块构成。

数据三元组：管理数据的基本结构单元，确保数据的完整性和一致性。

网络模型：定义设备间的网络拓扑关系，为数据同步提供基础网络支持。

冲突解决：当多设备同时修改同一数据时，负责解决数据冲突问题。

时间同步：确保设备间的时间一致性，为数据操作提供准确的时间戳。

水位管理：管理数据同步的进度和状态，控制同步过程中的数据流动。

这些子模块协同运作，共同保障了在分布式环境中数据同步的有效性、及时性与一致性。

（3）数据存储

数据存储部件负责提供数据的本地存储能力，包括数据的 schema 定义、数据的增删改查、数据事务、数据索引管理、数据备份恢复等。它支持多种数据类型的管理，确保数据的高效存储和访问。

数据存储需要重点考虑以下方面。

数据 schema 定义：定义数据的结构和类型，确保数据的一致性和完整性。

数据的增删改查：提供基本的数据操作接口，支持数据的增加、删除、修改和查询操作。

数据事务：支持事务管理，确保数据操作的原子性和一致性。

数据索引管理：提供数据索引功能，提高数据查询的效率。

数据备份恢复：支持数据的备份和恢复，确保数据的安全性和可靠性。

（4）通信部件

通信部件负责通过分布式软总线调用底层公共通信层的接口，完成通信管道的创建、连接，接收设备上下线消息，维护已连接和断开设备列表的元数据，并将设备上下线信息发送给数据同步部件。通信部件需要重点考虑以下方面。

通道管理：通信部件通过管理通信通道，建立和维护设备间的连接，保证数据传输路径的稳定和可靠。

优先级调度：根据数据的重要性和紧急程度，合理调度通信资源，确保高优先级的数据能够优先传输，提高系统响应效率。

流量控制：动态调节数据传输速率，防止网络拥塞和数据丢包，保障通信链路的稳定性和传输质量。

数据包切片：将大数据包拆分成适合传输的小数据包，便于网络传输和重组，提升传输效率并降低传输时延。

（5）数据安全

数据安全是分布式数据管理的重要组成部分，包括数据加密、访问控制和数据分级。

数据加密：对数据进行加密处理，确保数据在传输和存储过程中的安全性。

访问控制：通过权限管理，确保只有授权的用户和设备可以访问数据。

数据分级：根据数据的敏感度进行分级管理，确保不同级别的数据有不同的安全策略。

OpenHarmony 分布式数据管理通过多设备间的协同工作，实现了数据的无缝同步和管理，为用户提供了一致、流畅的用户体验。通过数据访问、数据同步、数据存储、通信部件和数据安全的紧密配合，分布式数据管理确保了数据的一致性和安全性。开发者可以通过简单的 API 调用，实现多设备间的数据同步和管理，提升了应用的用户体验和数据安全性。这一技术不仅提高了设备的利用率和灵活性，还为全场景智慧生活提供了坚实的技术基础。

6.2　分布式协同安全目标与设计理念

安全是操作系统运行的基础，特别是在万物互联时代，大量的设备连接在一起协同工作，

而对于智能家居、运动健康类等资源受限的轻量级设备，如智能摄像头、体脂秤、运动手表等，则适配基于对称密钥的高效认证协议，如利用 PSK 结合加密算法与密钥派生技术完成认证流程，在保障一定安全性的同时，有效降低了资源消耗，提高了认证效率，确保各类设备在 OpenHarmony 生态中均能实现安全、顺畅的互信认证与数据交互。

3. 认证凭据管理

该模块承担着管理设备可信信息与凭据的重要职责。它全面存储设备绑定的各类可信设备信息，涵盖同账号、跨账号及账号无关的设备，详细记录设备 ID、设备类型、绑定时间等关键数据，并与相应的认证凭据紧密关联。在设备互信认证流程中，此模块为设备发现与认证环节提供核心数据支持，使设备能够快速、准确地验证对端设备身份，确保通信对象的合法性与可靠性，是维持设备互信关系稳定的关键数据中枢。

6.3.2　设备互信关系的建立

在 Linux、Android 和 iOS 操作系统中，建立设备间互信关系的方法丰富多样，各有各的技术特点与适用场景。例如，Linux 主要通过基于安全外壳协议（Secure Shell，SSH）的公钥认证和蓝牙配对两种常见方式来建立设备间的互信关系。Android 采用蓝牙配对、账号关联及特定应用等多种方式来实现设备间的互信。iOS 主要借助 AirDrop、蓝牙配对和账号关联来建立设备间的互信关系。而 OpenHarmony 作为一款面向"万物互联"的分布式操作系统，则以创新的思路支持更广泛的应用场景，能够实现同账号、跨账号及账号无关的设备互信关系的建立。

1. 同账号设备互信关系的建立

同账号设备互信关系的建立是确保设备安全性和用户隐私的关键机制。这种机制允许通过一个中心化的账号系统来管理和验证设备的身份，为用户在多台设备间提供一致的体验。例如，智能手机和平板计算机等智能设备可以通过登录账号，生成公私密钥对并向服务器认证，将公钥与账号身份绑定，从而实现跨设备的同步和管理。此外，账号系统还提供了额外的安全层，如二次验证和密码重置，以及隐私保护措施，因为用户的数据可以与其账号关联，便于管理和控制。这种同账号设备互信关系的建立，不仅简化了用户体验，还增强了安全性与隐私保护。图 6-7 所示为同账号设备互信关系的建立。

为了实现这一目标，主要有两种方案：PKI 证书类方案和设备公钥凭据类方案。下面将详细阐述这两种方案的具体流程和特点。

（1）PKI 证书类方案

设备先通过账号密码认证，确保用户身份的合法性；认证通过后，设备向认证中心（Certificate Authority，CA）申请公钥证书；CA 在验证设备身份后，签发包含设备公钥信息的证书，并将其返回设备。

通过这一流程，设备获得了由权威机构签发的证书，证明了其公钥的有效性，从而在与其他设备建立安全通信时，能够提供可信的身份证明。

PKI证书类方案　　　　　　　　　设备公钥凭据类方案

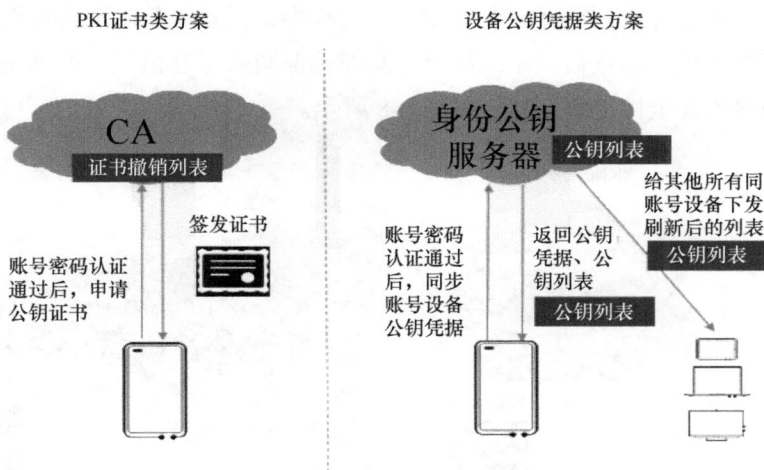

图 6-7　同账号设备互信关系的建立

此外，CA 还负责维护一个证书撤销列表（Certificate Revocation List，CRL），用于记录被撤销的证书，确保证书的实时有效性。

（2）设备公钥凭据类方案

设备通过账号密码认证后，将自身的公钥上传至身份公钥服务器；服务器验证设备身份后，将公钥添加到该账号下的设备公钥列表中。

服务器维护一个包含所有同账号设备公钥的列表，并对该列表进行签名，以确保其完整性和真实性；当有新设备加入或公钥列表更新时，服务器将刷新后的公钥列表下发给所有已登录该账号的设备，确保所有设备都能获取最新的公钥信息。

通过这一流程，设备能够获取同账号下其他设备的公钥信息，从而在设备间建立基于公钥的互信关系，实现安全通信。

无论是 PKI 证书类方案还是设备公钥凭据类方案，核心目标都是确保设备间通信的安全性。两种方案在安全性上没有本质差异，都依赖账号云的私钥签名背书。区别仅在于，PKI 方案签发的是符合 PKI 标准的证书，而设备公钥凭据方案签发的是账号下设备的公钥列表。具体选择哪种方案取决于实际业务需求和设备能力。

在实际应用中，设备的私钥管理至关重要。私钥一旦泄露，将导致设备身份的泄露，因此必须妥善保管。通过这两种方案，OpenHarmony 能够有效地建立设备间的可信关系，保障通信的安全。

当设备需要解除同账号互信关系时，若采用 PKI 证书方案，设备上的账号管理服务会向云端发送消息，请求撤销证书。云端收到请求后，会将该设备的证书从有效列表中移除，并放入CRL 中。其他设备在进行同账号认证时，会查询 CRL 以确认证书的有效性，若发现证书已被撤销，则拒绝与该设备建立连接。

若采用公钥列表方案，设备退出登录账号时，账号服务同样会向云端发送通知，云端将该设备从公钥列表中剔除，并将更新后的公钥列表推送给当前登录该账号的其他设备。若存在设备处于断网状态未及时收到更新，在后续认证过程中，一旦设备联网或重新查询云端，也会基于最新的公钥列表识别出互信关系已解除，从而确保同账号互信关系的准确解除，有效维护账号关联设备网络的安全性与稳定性，如图 6-8 所示。

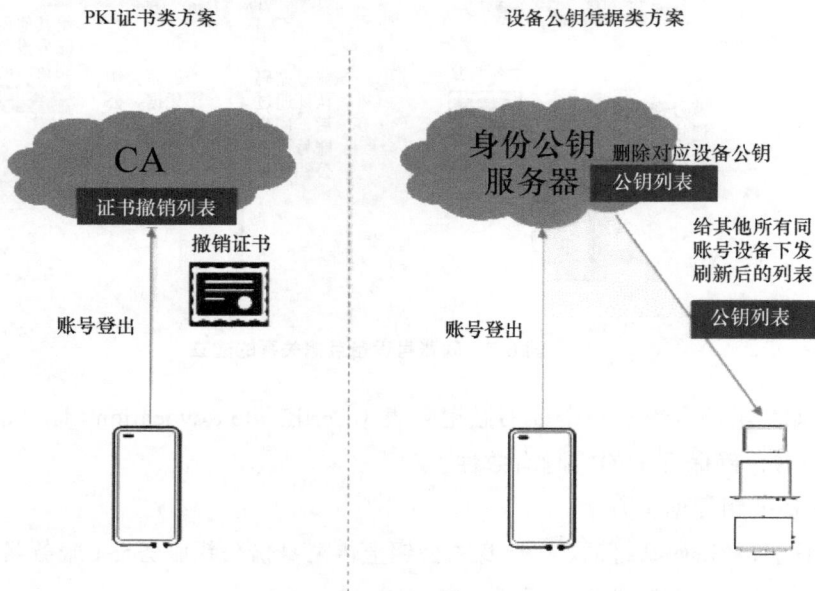

图 6-8　同账号互信关系解除

2. 跨账号设备互信关系的建立

在家庭或团队等共享设备场景下，跨账号互信关系至关重要。首先，主账号设备需要完成设备绑定操作，并在云端进行特定设置，将指定设备共享给目标账号。云端在这一过程中发挥关键枢纽作用，对共享请求进行严格审核与权限管理，确保数据安全与隐私合规。审核通过后，云端将共享设备的认证凭据精准同步至目标账号下的设备，使这些设备能够依据此凭据与共享设备建立安全、可靠的连接。例如，家庭中的智能电视绑定于家长账号，家长可通过云端授权，使子女账号下的设备能够访问电视资源，实现家庭娱乐内容的安全共享，同时严格保护家庭网络安全与个人隐私。

3. 账号无关设备互信关系的建立

在 OpenHarmony 中，除了上述设备互信关系建立机制，还引入了账号无关设备互信关系建立机制，以此实现设备间直接、安全、可信的连接。这一机制在物联网领域意义重大，特别是针对资源受限或无法主动登录账号的设备。

在物联网场景下，智能灯泡、传感器这类设备可能无法直接关联用户账号，账号无关的设备互信关系建立机制便发挥了关键作用。该机制通过设备间共享秘密，建立点对点的互信关系。

为了实现这一目标，OpenHarmony 设计了一套设备互信关系建立流程，该流程通过通信中间件（如 BLE/WiFi）实现设备间的安全绑定和互信关系建立，如图 6-9 所示。

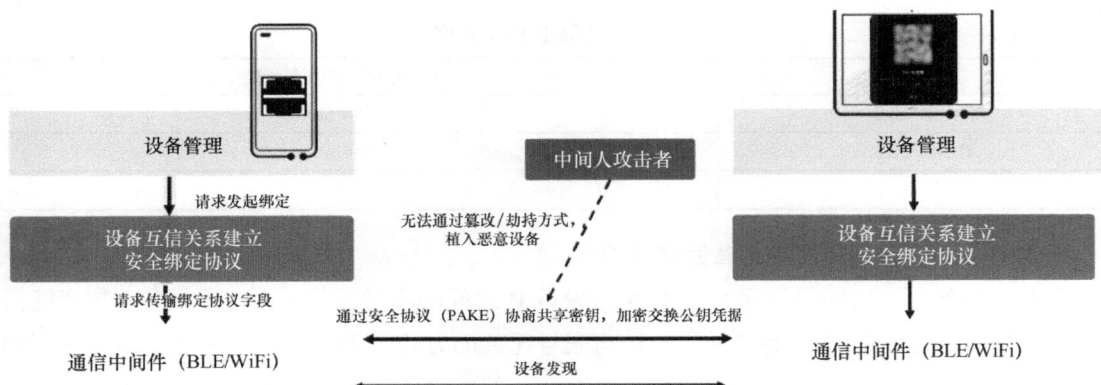

图 6-9　账号无关设备互信关系建立

　　首先，设备管理端发起请求，以建立设备间的互信关系。这一步骤标志着设备间通信安全建立过程的开始。接下来，设备通过安全绑定协议进行通信。该协议基于设备间共享的秘密信息，通过带外传输通道（如 NFC、扫码或手动输入密码）近距离完成秘密的共享。这种带外传输方式可以有效屏蔽潜在的中间人攻击者，因为攻击者无法在设备间的通信通道上监听到共享的秘密信息。完成秘密共享后，通信中间件（如 BLE、WiFi）将被用于建立加密通道。在加密通道的保护下，设备间进行公钥交换，进一步支撑设备认证和后续的安全通信。

　　为了确保设备间互信关系的安全性，这里采用了标准的密码认证密钥交换（Password-Authenticated Key Exchange，PAKE）协议。PAKE 协议允许基于共享的低熵密码（如用户设置的短密码）进行安全密钥协商。通过 PAKE 协议，设备可以在确认密码一致性的基础上，协商出一个安全的会话密钥。这个会话密钥将用于加密设备间的通信，确保设备认证凭据的安全交换。此外，为了防御中间人攻击，OpenHarmony 采取了多种措施。首先，通过带外传输通道在物理近距离内共享秘密，确保攻击者无法获取。其次，基于共享的秘密，通过 PAKE 协议协商出安全的会话密钥，用于加密设备间的通信。最后，在加密通道的保护下，设备间交换公钥，进一步增强通信的安全性。

　　账号无关互信关系建立机制优势显著。它赋予设备更大的灵活性，即便没有账号系统，也能快速建立连接，尤其适用于临时或一次性连接场景。借助 NFC 或蓝牙等近场通信技术，该机制可在无网络连接或网络不稳定的环境中实现设备间的安全连接，提升了系统的适应性和可靠性。同时，它支持设备间直接交互，降低了时延，提高了效率，在分布式应用和服务中效果明显。这一机制不仅增强了设备的灵活性和扩展性，还提升了设备的安全性，为物联网时代的设备连接提供了行之有效的解决方案。

　　在 OpenHarmony 中，设备管理提供了丰富的 API 支持设备认证，包括 PIN、NFC、二维码等多种认证方式。通过设备管理实例，开发者可以轻松实现设备间的安全认证和绑定，从而建立设备间的互信关系。

　　业务在设备间建立账号无关点对点互信关系时，需要使用带外共享的秘密信息，该秘密信息在共享方式、长度、复杂度及时效性上均需要符合安全要求。系统会对共享秘密的长度做约束，如不满足，则无法进行账号无关点对点信任关系的建立，规则如表 6-1 所示。

表 6-1　　　　　　　　　　　　　　安全协议的最小 PIN 长度

协议	共享秘密（PIN）长度
EC-SPEKE	≥6 位
DL-SPEKE	≥6 位
ISO	≥128 位

实例 6-1　基于 PIN 建立设备互信关系

在某些场景下，例如希望建立设备 A 与设备 B 之间的临时互信关系，但设备（如智能门锁等）无法登录账号。因此，需要采用一种与账号无关的方式（例如 PIN）来建立两者之间的互信关系。

具体步骤如下。

第一步，实例基础准备。

① 准备两台系统版本相同的设备，为设备 A 设置锁屏密码，设备 B 不设置。

② 下载并安装总线联通应用。安装 hdc install DMSample_Access_DM.hap。

③ 将两台设备连接至同一 WiFi 或个人热点。

④ 打开安装的分布式软总线联通应用，单击"发现"图标搜索周边设备，如图 6-10 所示。

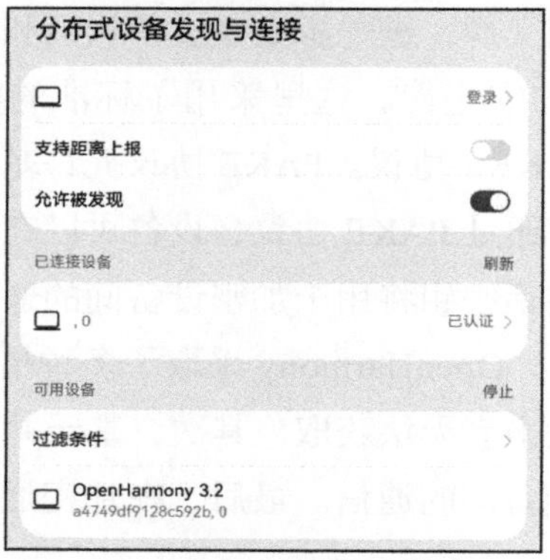

图 6-10　设备发现

⑤ 点击发现的设备，在另一设备上单击"信任"图标，输入 PIN 后完成总线连接。连接完成后将进入图 6-11 所示界面。

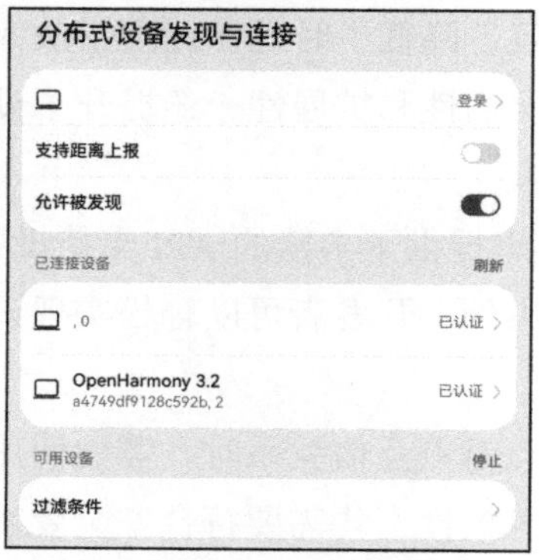

图 6-11　设备建立互信关系

可在两台设备上执行以下命令查询软总线信息：hdc shell 'hidumper -s 4700 -a "buscenter -l remote_device_info"'。返回图 6-12 所示信息。

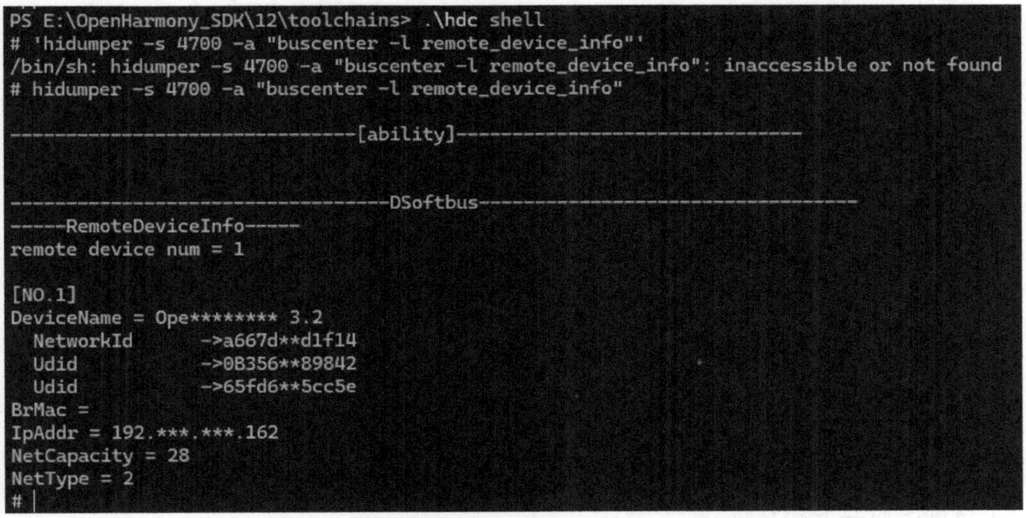

```
PS E:\OpenHarmony_SDK\12\toolchains> .\hdc shell
# 'hidumper -s 4700 -a "buscenter -l remote_device_info"'
/bin/sh: hidumper -s 4700 -a "buscenter -l remote_device_info": inaccessible or not found
# hidumper -s 4700 -a "buscenter -l remote_device_info"

----------------------------------[ability]----------------------------------


---------------------------------DSoftbus---------------------------------
-----RemoteDeviceInfo-----
remote device num = 1

[NO.1]
DeviceName = Ope******** 3.2
  NetworkId     ->a667d**d1f14
  Udid          ->0B356**89842
  Udid          ->65fd6**5cc5e
BrMac =
IpAddr = 192.***.***.162
NetCapacity = 28
NetType = 2
#
```

图 6-12　软总线信息

第二步，在采集器（设备 A）上注册 PIN 输入器。

该操作在注册 PIN 输入器的同时会产生一个对应的 TokenId，用于后续发起认证时匹配认证对象。注册 PIN 的代码实现如下所示。

```
let pinAuth: osAccount.PINAuth = new osAccount.PINAuth();
let password = new Uint8Array([0,0, 0, 0,0]);
try {
pinAuth.registerInputer({
 onGetData: (authSubType:osAccount.AuthSubType,callback:osAccount.IInputData) => {
     callback.onSetData(authSubType,password);
     }
});
console.log('registerInputer success.');
} catch (e) {
console.log('registerInputer exception = ' + JSON.stringify(e));
}
```

6.3.3　设备互信认证

设备互信认证在设备通信过程中处于关键地位，分为设备发现与连接、认证两个阶段，严格保障通信安全。

1．设备发现与连接

设备发现与连接流程如下。

（1）设备广播

如图 6-13 所示，当设备加入一个新的局域网时，它会广播设备发现信息。这一步骤是设备被发现的起点，广播信息中包含了设备的基本信息及其登录账号的摘要信息。

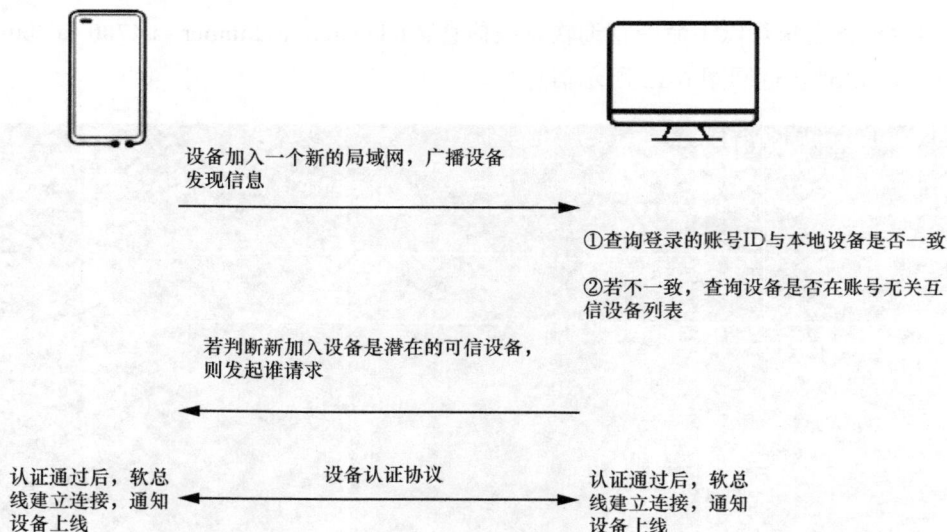

图 6-13　设备发现过程

（2）查询比对并发起认证

局域网内的其他设备接收到广播信息后，会进行两步查询与比对：首先，查询登录的账号 ID 与本地设备是否一致，以判断是否为同账号设备；若账号不一致，则进一步查询设备是否在账号无关互信设备列表中，以判断是否为跨账号的可信设备。如果新加入的设备被认为是潜在的可信设备，局域网内的设备将向其发起认证请求，启动设备认证协议流程。

（3）实现认证

设备认证协议基于设备在绑定阶段交换的身份认证凭据，通过安全密码学协议实现设备间的互信关系认证。认证成功后，设备间会协商出一个安全的会话密钥，该密钥将用于后续的数据传输加密，并且软总线建立连接，通过软总线管理会话密钥，确保业务数据的安全传输。同时，系统通知设备上线，完成整个发现与认证流程。

2.　认证

在认证流程中，依据设备互信关系类型与自身资源能力，采用差异化的认证策略与协议。

（1）基于账号的设备互信关系认证

在构建设备间互信关系和协商会话密钥的过程中，OpenHarmony 仍然采用前面介绍的两种主要方案：PKI 证书类方案和设备公钥凭据类方案。这两种方案在实现原理和性能开销上各有特点，适用于不同的设备类型和应用场景。

PKI 证书类方案依赖 CA 签发的证书来建立设备间的互信关系。在这一类方案中，设备在认证阶段会交换证书，并通过查询证书撤销列表来验证证书的有效性。这一过程涉及的数据量较大（每个证书通常超过 1 KB），因此对存储和传输提出了较高要求，尤其对轻量级设备来说，可能会造成较重的负载。

此外，PKI 证书类方案对云端服务存在依赖，因为需要查询服务器上的撤销列表，这可能导致认证过程时延较长。尽管如此，由于其较高的安全性，这一方案更适用于手机、PC 等计算能力较强的设备。

与 PKI 证书类方案相比,**设备公钥凭据类方案**在性能开销上具有明显优势。在这一类方案中,设备在认证阶段交换的是轻量级的公钥凭据,而不是完整的证书。这不仅减少了存储和传输的数据量,也降低了对设备的负载要求,更适用于轻量级设备。

设备公钥凭据类方案支持离线认证,即设备可以通过查询本地记录的公钥列表来完成认证过程,不需要依赖云端服务。这使得认证过程更加迅速,尤其适用于对时延要求较高的场景。然而,这一类方案在离线状态下可能存在一定的安全风险,例如,如果设备在断网状态下退出登录,可能无法及时更新公钥列表,导致设备间的错误连接。

综合比较两种方案,PKI 证书类方案虽然在安全性和认证准确性上略胜一筹,但其对设备性能和网络环境的要求较高,更适合计算能力较强的设备。而设备公钥凭据类方案则以其轻量级和低时延的特点,更适合轻量级设备和对时延敏感的应用场景,如图 6-14 所示。

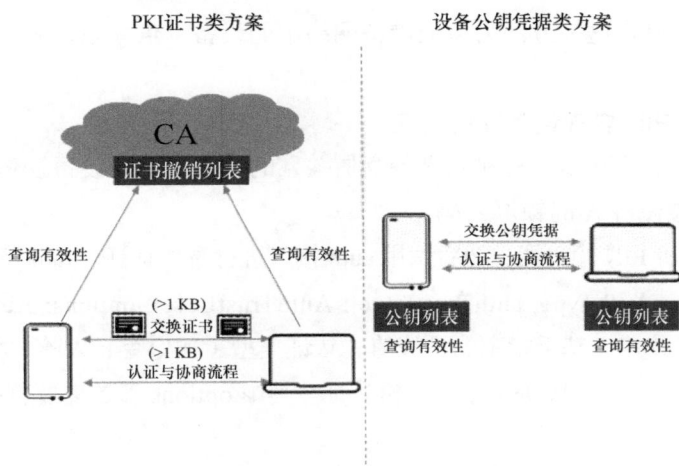

图 6-14　基于账号的设备互信关系认证

（2）账号无关的设备互信关系认证

除了基于账号的设备互信关系认证,还存在一种账号无关的设备互信关系认证方法。这种方法特别适用于那些在绑定阶段已经交换了账号无关凭据的设备。

设备认证凭据已在绑定阶段提前交换,设备在需要建立互信关系时,选取合适的认证密钥协商协议即可,如图 6-15 所示。

整个过程涉及以下方面。

查询对端设备凭据:设备首先查询本地存储的账号无关凭据列表,以确认对端设备是否已记录在列表中。

选取认证密钥协商协议:一旦确认对端设备存在于凭据列表中,设备将根据对端设备的凭据类型选取合适的认证密钥协商协议。

执行认证密钥协商协议:设备间通过选定的协议执行认证和密钥协商过程。这一过程包括身份校验和会话密钥的协商,确保双方设备的身份合法性并建立安全的通信通道。

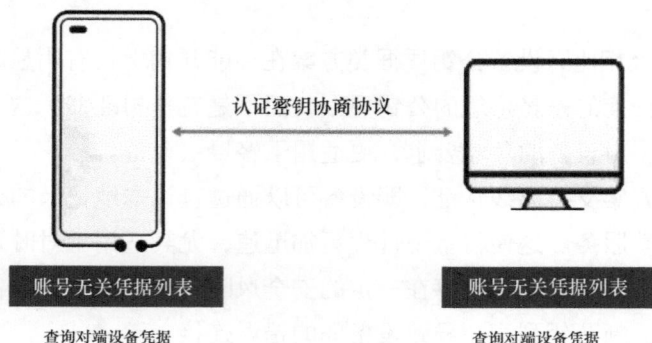

图 6-15 账号无关的设备互信关系认证

建立安全通信：协商出的会话密钥用于加密设备间的通信数据，从而建立安全的通信关系。

账号无关设备可以在不依赖账号信息的情况下，快速、安全地建立互信关系并协商会话密钥，从而实现安全通信。这一方法为智能设备网络中的设备互信关系建立提供了一种高效、灵活的解决方案。

实例 6-2　基于 PIN 实现设备互信认证

本实例是实例 6-1 的延续，在建立设备互信关系的基础上实现设备互信认证，最终实现在设备 B 上输入和校验设备 A 的锁屏密码。

根据实例 6-1 注册 PIN 输入器，随后调用 auth 接口进行身份认证。auth 接口为 auth(challenge: Uint8Array, authType: AuthType, authTrustLevel: AuthTrustLevel, options: AuthOptions, callback: IUserAuthCallback)，该接口基于指定的挑战值、认证类型（如口令、人脸、指纹等）、ATL 及可选参数（如账号标识、认证意图等）进行身份认证。其中 options 参数需要特别注意，包含表 6-2 所示部分。

表 6-2　　　　　　　　　　　　　　　　options 说明

名称	类型	必填	说明
accountId	number	否	系统账号标识
authIntent	AuthIntent	否	认证意图
remoteAuthOptions	RemoteAuthOptions	是	远程认证选项

其中，accountId 和 authIntent 可不填，remoteAuthOptions 要完整填写，具体如表 6-3 所示。

表 6-3　　　　　　　　　　　　　　　　remoteAuthOptions 说明

名称	类型	必填	说明
verifierNetworkId	string	是	凭据验证者的网络标识
collectorNetworkId	string	是	凭据采集者的网络标识
collectorTokenId	number	是	凭据采集者的令牌标识

注意：以上表格来自官方 API 文档，"必填"项以本实例为准。具体步骤如下。

① 获取验证者（设备 B）网络 ID：verifierNetworkId，代码实现如下所示。

```
try {
  let deviceNetworkId: string = dmInstance.getLocalDeviceNetworkId();
  console.log('local device networkId:'+ JSON.stringify(deviceNetworkId));
} catch (err){
  let e: BusinessError = err as BusinessError;
  console.error('getLocalDeviceNetworkId errCode:'+ e.code + ',errMessage:' +
  e.message);
}
```

② 获取采集者网络 ID：collectorNetworkId。

要获取另一设备的网络 ID，首先要获取另一设备的信息，如使用接口 getAvailableDevice ListSync(): Array<DeviceBasicInfo>。该接口返回值为 DeviceBasicInfo，其中包含了网络 ID。

③ 获取采集者 Token：collectorTokenId。

使用接口 getBundleInfoForSelf(bundleFlags:number):Promise<BundleInfo>获取 TokenId，该 TokenId 对应 PIN 输入器。该接口返回的 BundleInfo 中包含 ApplicationInfo，TokenId 就包含在其中。

准备好以上 3 个参数后，将他们填入 AuthOptions，然后发起认证即可实现在设备 B 输入和验证设备 A 的锁屏密码，代码实现如下所示。

```
let userAuth = new osAccount.UserAuth();
let challenge: Uint8Array = new Uint8Array([0]);
let authType: osAccount.AuthType = osAccount.AuthType.PIN;
let authTrustLevel:osAccount.AuthTrustLevel=osAccount.AuthTrustLevel.ATL 1;
let options:osAccount.AuthOptions ={
  accountId: 100
};
try{
  userAuth.auth(challenge,authType,authTrustLevel,options,{
    onResult: (result: number,extraInfo:osAccount.AuthResult) => {
        console.log('auth result = ' + result);
        console.log('auth extraInfo ='+ JSON.stringify(extraInfo));
    }
  });
} catch (e) {
  console.log('auth exception =' + JSON.stringify(e));
}
```

6.3.4　认证凭据管理

认证凭据管理在 OpenHarmony 设备互信体系中扮演着不可或缺的核心角色,其功能贯穿设备互信的全生命周期,对保障系统安全稳定运行至关重要。

在设备互信关系建立初期,无论是基于账号登录获取的云端下发凭据,还是通过账号无关方式在设备间协商生成的认证信息,认证凭据管理模块都能精准地进行收集、整理与存储。它如同一个严密的信息保险柜,将各类凭据按照设备类型、账号关联及绑定关系进行分类归档,确保信息的完整性与可追溯性。

在设备日常运行与通信过程中,该模块持续为设备互信认证服务提供实时、准确的数据支持。当设备进行身份验证与连接请求时,认证凭据管理模块迅速响应,依据存储的丰富信息快速检索、提取对应设备的认证凭据，并传递给认证服务模块。这一过程高效且准确，确保认证服务能够依据可靠的数据进行严格的身份校验与安全的密钥协商，有效防止非法设备的伪装与入侵，维护网络通信的安全秩序。

同时，认证凭据管理模块具备动态更新与维护能力。当设备状态发生变更，如账号登出、设备权限调整或凭据信息更新时，它能及时感知并同步更新本地存储的信息，确保数据始终与设备实际状态保持一致。此外，在面对复杂网络环境与潜在安全威胁时，模块还承担着部分安全审计功能，通过对凭据使用情况的监测与分析，及时发现异常行为并触发预警机制，为系统安全防护提供有力支持，全方位保障 OpenHarmony 设备互信体系的稳健运行与用户数据安全。

本章小结

本章首先介绍了分布式操作系统的基本架构和核心技术，由此引出分布式协同安全的设计理念，然后在该设计理念的指导下详细介绍了设备互信关系的建立与认证过程，并以基于 PIN 的设备互信关系建立与认证为例展示了相关代码实现。

通过对本章的学习，读者应该对分布式操作系统的基本架构和核心技术有一定的了解，能够理解分布式协同安全的安全目标和设计理念，并掌握设备互信关系建立与认证的原理和方法。

思考与实践

1. 简述分布式操作系统的基本概念及其在万物互联时代的重要作用。
2. OpenHarmony 的分布式设备虚拟化技术有哪些关键特性？
3. 简述分布式软总线在设备间通信中的作用及其 4 个核心部分。
4. OpenHarmony 分布式协同安全的目标是什么？
5. 简述账号无关的设备互信关系的建立机制及其优势。
6. 结合实际应用场景，讨论分布式协同安全在智能家居环境中的重要性。
7. 如何理解 OpenHarmony 分布式协同安全中的"分级安全"理念？

参考文献

[1] BAL H E, STEINER J G, TANENBAUM A. Programming languages for distributed computing systems[J]. ACM Computing Surveys, 1989, 21(3): 261-322.

[2] 张尧学，宋虹，张高. 计算机操作系统教程[M]. 4 版. 北京：清华大学出版社，2013.

[3] 华为技术有限公司. 鸿蒙操作系统白皮书：技术架构与应用前景[R]. 深圳：华为技术有限公司，2021.

[4]　华为技术有限公司. 鸿蒙操作系统白皮书：分布式技术与生态发展[R]. 深圳：华为技术有限公司，2022.

[5]　东北证券股份有限公司. 鸿蒙元年已至，百亿市场蓄势待发——鸿蒙生态深度报告 [R/OL]. (2024-01-17) [2024-01-24].

[6]　数字学习与教育公共服务教育部工程研究中心. 泛终端时代智慧教育新生态白皮书 [R/OL]. (2023-02-04) [2024-01-24].

[7]　OpenHarmony 兼容性工作组. OpenHarmony3.1 产品兼容性规范[S/OL]. (2022-06-30) [2024-01-24].

[8]　吴帆. 操作系统原理与实现[M]. 北京：人民邮电出版社，2024.

第 7 章
应用安全

学习目标

① 理解应用生态安全目标与治理架构。
② 理解沙箱原理，并掌握沙箱的使用方法。
③ 掌握应用权限申请方法与流程。
④ 理解应用签名原理及作用。

7.1 应用安全概述

随着移动互联网技术的迅猛发展及电子设备的广泛普及，各类应用呈现出前所未有的增长趋势，已渗透到人们工作与生活的方方面面。应用由开发者提供，经过多种途径分发到用户手中。开发者拥有技术知识和资源，能够创建应用，而用户则依赖这些应用来满足自己的需求，同时，用户对应用的内部运行和数据处理方式了解有限，导致他们在使用过程中容易受到应用行为不受控、用户隐私泄露等问题的困扰。这种信息不对称，导致应用开发者与用户之间存在着不平衡关系。伴随而来的是应用安全问题的日益突出。

7.1.1 应用安全面临的威胁与挑战

为了深入剖析应用所面临的安全威胁，我们将从以下 5 个方面进行阐述。

1. 诱导用户下载安装恶意应用

在恶意应用的传播过程中，攻击者首先需要确保大量用户下载安装恶意程序，以便为后续的恶意行为做铺垫。为了达到这一目的，攻击者通常通过各种手段诱导用户安装这些应用，其中最常见的方式是通过虚假广告、社交媒体、恶意链接等途径，误导用户下载和安装这些恶意应用。

通常情况下，开发者会依赖官方的应用分发平台来进行应用发布。然而，如果应用分发不再仅限于官方平台，攻击者便会有机可乘，借助不受监管的渠道将恶意应用传播到用户的设备上。这些应用常常缺乏必要的安全审查，可能会对用户设备造成各种危害。

2. 窃取用户数据

用户数据是企业和组织的宝贵财富，被广泛用于市场营销、客户服务和产品开发等多个领域。攻击者通过窃取用户数据，可以获得经济利益，例如在黑市上出售数据、进行身份盗窃或网络诈骗等。此外，用户的个人数据也可能成为勒索的目标，攻击者可能威胁用户或企业支付赎金以防止数据泄露。

为了窃取这些数据，恶意应用通常会要求用户授予不必要的权限，如访问联系人、短信、相机和麦克风等，进而获取敏感信息。虽然某些应用在特定场景下确实需要这些权限，但大多数用户缺乏足够的安全意识和经验，很容易在不知情的情况下过度授权。

3. 强制推送广告

广告收入是许多恶意应用的主要盈利方式。通过提供部分功能吸引用户使用，恶意应用随后通过强制插入广告、弹出广告窗口、伪造关闭按钮等手段，迫使用户观看广告以获取收益。这种强制广告行为不仅严重影响用户的体验，还可能对用户造成经济损失，如虚假的赚钱机会或伪劣商品广告等。

恶意应用利用系统提供的"保活"机制（如通知推送和后台弹窗）来提升自身的存活时间，并通过伪造关闭按钮等手段避免用户关闭广告。这些行为扰乱了正常的用户体验，损害了用户对广告主的信任。

4. 利用漏洞攻击其他应用

由于软件生态系统的复杂性和各组件间的相互依赖，软件几乎不可能做到完全无漏洞。应用、操作系统、库文件等在开发和维护过程中不可避免地会存在漏洞。攻击者不断寻找这些漏洞，一旦发现，便会通过缓冲区溢出、恶意代码注入等手段操控应用，从而执行恶意操作。

在这种情况下，用户很难分辨恶意行为是由于应用本身的问题，还是由于应用被攻击者入侵而产生的。一旦应用遭到攻击，不仅会损害用户的利益，而且可能严重影响应用开发者的信誉。

5. 盗版软件

盗版软件一直是全球范围内的一个长期问题，尤其在互联网时代，这一问题愈加严重。盗版软件通过仿冒或重新打包应用的方式传播，不仅侵犯了开发者的知识产权，剥夺了他们应得的利益，也带来了严重的安全隐患。盗版软件通常会篡改源代码或注入恶意代码，用户在下载和安装这些软件时，很难知道其中是否含有恶意程序，从而对个人隐私和信息安全构成严重威胁。

盗版软件还直接影响了正版软件市场的健康发展，减少了用户对正版软件的需求，给合法软件市场带来了冲击。

在操作系统的设计中，"用户"和"生态"至关重要。从操作系统的技术角度看，用户的本质是交互体验，而生态的本质是开发体验。面对恶意软件的传播、用户数据的非法窃取、不受欢迎的广告推送、软件漏洞的利用及盗版软件的横行等安全威胁，作为应用生态系统的构建者和守护者，操作系统必须采取全面的治理策略，从各个层面入手，确保应用的安全性、可靠性，并严密保护用户隐私。

7.1.2 应用生态安全模型

在应用生态系统中，用户、应用开发者和生态构建者三方共同构成了一个紧密相连、互相依存的整体。这个生态系统的健康与稳定，依赖三者的相互作用与协作。而在其中，安全是至关重要的属性。因为一旦某一方出现安全问题，就有可能对整个系统造成深远的影响。

为了构建一个安全、纯净的应用生态系统，需要用户、应用开发者和生态构建者共同努力，形成一个良性循环，如图 7-1 所示。

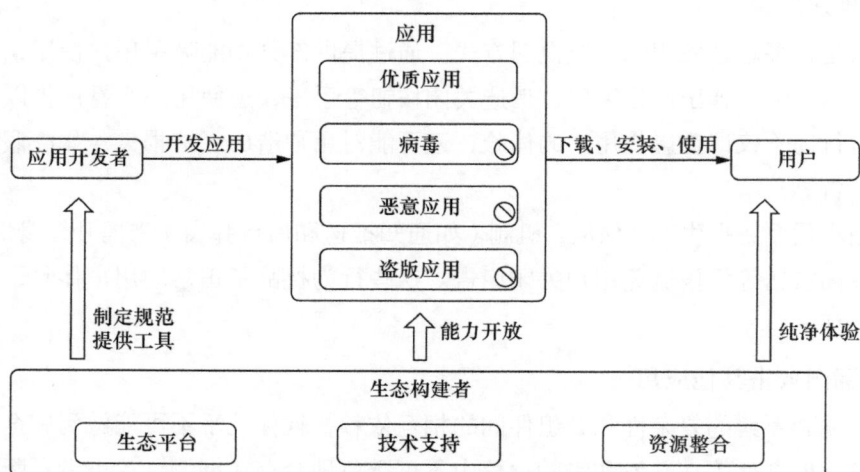

图 7-1 应用生态安全模型

用户是应用生态系统中的最终使用者，也是生态系统中最为重要的角色。用户的需求与反馈，直接决定了应用开发者和生态构建者的产品迭代与优化方向。用户的体验与满意度，直接影响应用的市场表现和生态系统的健康发展。用户在使用应用时，除了关注应用的功能性和便捷性，还对应用的安全性有着基本的需求，特别是在隐私保护方面。用户期望通过应用获得一个安全、纯净的使用体验，避免隐私泄露等安全隐患。

应用开发者则是应用生态系统的核心推动者。他们通过开发应用，满足用户日益增长的需求，并不断优化产品以适应市场的变化。然而，开发者的责任不仅限于满足功能需求，更在于确保应用的安全性，防止任何可能威胁用户安全的漏洞或恶意代码的植入。应用必须符合用户隐私保护的要求，且能及时修复发现的安全漏洞，确保不对用户造成任何安全风险。

生态构建者在整个应用生态系统中扮演着组织者和推动者的角色。他们不仅负责构建生态平台，提供技术支持和资源整合，优化服务与用户体验，还肩负着确保整个生态系统安全的责任。只有确保生态系统的安全，用户与应用开发者才能放心地使用和开发应用。生态构建者的职责体现在以下几个方面。

保障用户安全：生态构建者需要充分理解用户的安全需求，包括个人信息保护、支付安全、网络安全等。他们需要在平台上建立完善的安全机制，如加密技术、身份验证等，确保用户的安全与隐私得到有效保护。

保护开发者的安全需求：应用开发者同样有着自己的安全需求，尤其是在保护知识产权、代码安全等方面。生态构建者需要为开发者提供相应的保障措施，如应用加密、代码签名等，帮助开发者保护自己的成果，防止恶意攻击和数据泄露。

维护整个生态系统的安全：生态构建者还需要关注整个生态系统的安全性。每一个应用的安全状况都会对整个生态系统产生影响。因此，生态构建者需要对所有应用进行严格的安全审查，确保没有漏洞或恶意行为，避免任何可能对生态系统安全造成威胁的因素。

7.1.3　应用生态安全目标与治理架构

应用生命周期主要分为开发、发布和运行 3 个阶段。生态构建者为应对上述安全挑战，需要在应用生命周期的 3 个阶段分别给出解决方案。由于 OpenHarmony 是一款开源智能终端操作系统的根社区版，不具备相应的生态运营与维护能力，本小节以商用发行版 HarmonyOS 为例进行介绍。

HarmonyOS 将"以开发者为中心，构建端到端应用安全能力，保护应用自身安全、运行时安全，保障开发者权益"作为其应用生态构建的核心目标，如图 7-2 所示。

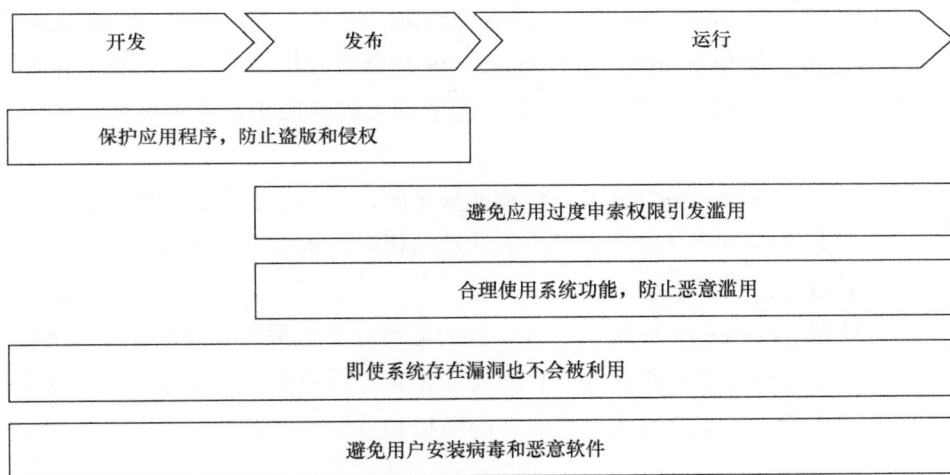

图 7-2　HarmonyOS 应用生态安全目标与治理架构

1.　开发阶段：确保开发者身份合法并提供安全工具

在应用开发阶段，首要任务是确保开发者的身份合法，防止恶意开发者或不法分子利用平台发布不安全的应用。

2.　发布阶段：确保应用质量与开发者权益

在应用发布阶段，需要对应用质量进行严格把控。首先，应用必须满足"最小权限原则"，即只请求完成基本功能所需的最少权限，同时在数据使用方面保持透明，明确告知用户其个人信息的使用方式。其次，确保应用中不包含恶意内容，杜绝任何潜在的恶意行为。与此同时，开发者的知识产权需要得到充分保护，确保应用在发布过程中不被篡改、盗用或滥用。

3. 运行阶段：确保环境安全与行为可控

当应用进入运行阶段时，重点转向确保应用运行环境的安全性，以及应用行为的可知可控。

为了实现上述目标，HarmonyOS 构建了一套应用生命周期治理架构，该架构对应用从开发、发布、运行到下架的整个生命周期进行严格管理，如图 7-3 所示。

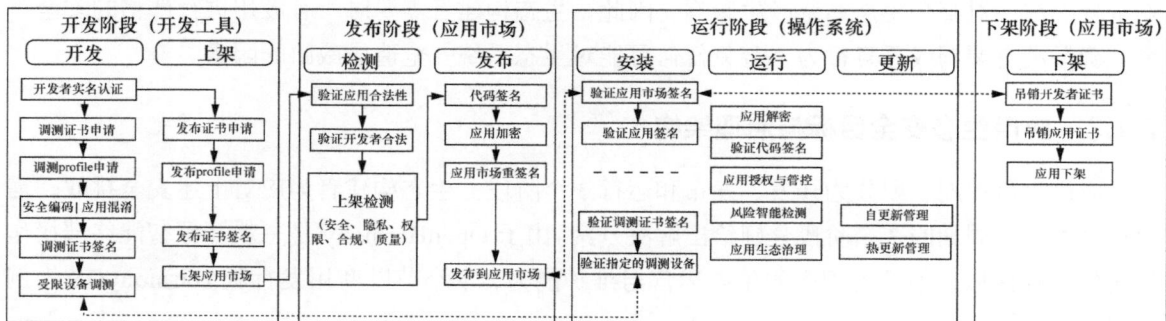

图 7-3　应用生命周期治理架构

在开发阶段，平台要求开发者遵循严格的安全标准，确保每一款应用都经过全面的安全审查和隐私保护设计。应用必须满足平台的安全要求，并且不得存在潜在的安全漏洞或恶意代码。随着应用进入上架和发布阶段，HarmonyOS 对所有应用进行详细的审核，确保其符合行业安全标准，并且来源明确、可信。只有经过平台审核的应用，才能进入应用市场，供用户下载与使用。

一旦用户选择安装应用，平台会进一步验证其来源，并通过签名机制确保应用的完整性未被破坏。用户在安装过程中被充分告知应用所请求的权限，从而能自主决定是否授予相应的访问权限，确保安装过程透明且安全。

在应用运行阶段，HarmonyOS 提供了多层次的运行时安全保障，确保应用在执行时能够维持可信的行为。操作系统通过沙箱技术、权限管理和实时行为监控等手段，防止应用越权访问敏感信息或进行其他潜在的恶意行为。消费者的隐私和数据始终处于保护之中，应用不得擅自收集或泄露用户数据。

此外，平台还建立了全面的安全监控和行为追踪机制，确保任何恶意行为都可以被及时发现并追溯，保证生态系统中的所有应用都在一个可控、安全的环境中运行。

作为 HarmonyOS 的开源基座，OpenHarmony 通过沙箱隔离、权限管控及应用签名构建应用安装及运行时的安全基座，为以 HarmonyOS 为代表的众多商业发行版提供了灵活的安全增强空间。下面将对这 3 个核心机制的技术实现路径进行深入解析。

7.2　沙箱隔离

沙箱是一种用于隔离正在运行程序的安全机制，用于限制不可信进程或不可信代码运行时的访问权限。OpenHarmony 中的沙箱机制是一项重要的安全特性，它为每个应用提供了一个独立、安全的运行环境。这种机制通过将应用的文件（包括安装文件、资源文件和缓存文件）隔离在一个独立的沙箱目录下实现，这样每个应用都能够在自己的沙箱中运行，互不干扰，从而提高了系统的安全性和稳定性。

每个应用在安装时会被分配一个独立的私有目录，用于存储应用的数据和文件，其他应用无法直接访问。操作系统通过文件系统的权限控制机制（如 DAC、MAC）限制应用对文件系统的访问，只有经过授权的应用才能访问特定文件或目录，如图 7-4 所示。

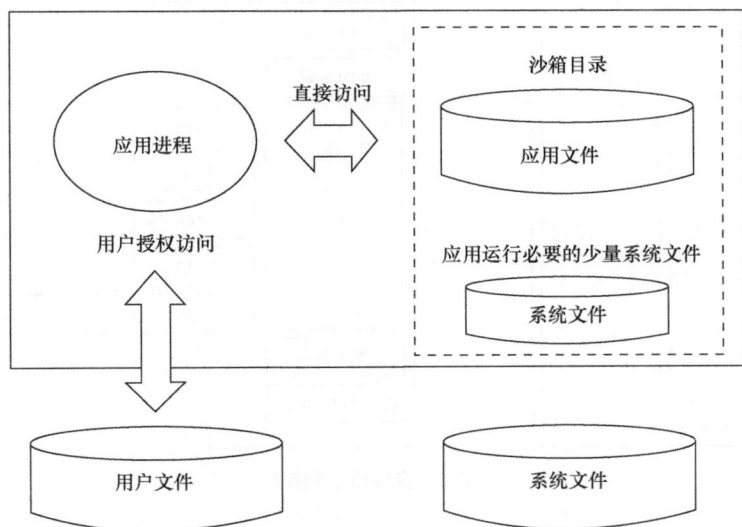

图 7-4　沙箱示意图

沙箱目录是应用文件与一部分系统文件（应用运行必要的少量系统文件）所在的目录的集合，这些目录包含应用所需的必要资源。应用可以在应用文件目录下保存和处理自己的应用文件。系统文件及其目录对于应用是只读的。应用访问用户文件需要通过特定 API 并得到用户的相应授权才能实现。如果应用需要访问其他沙箱或系统资源，必须通过 Access Token（访问令牌）进行授权。这种机制严格限制了资源的访问范围，进一步增强了系统的安全性。

作为应用可见的目录范围，沙箱目录的结构如图 7-5 所示。

其中，一级目录 data/代表应用文件目录，二级目录 storage/代表本应用持久化文件目录，三级目录 el1/、el2/代表不同文件加密类型。

el1 是设备级加密区，即设备开机后即可访问的数据区；el2 是用户级加密区，设备开机后，需要至少一次解锁对应用户的锁屏界面后，才能够访问的加密数据区。

四级目录包括 base/、bundle/、database/、distributedfiles/等子目录。base/是应用在本设备上存放持久化数据的目录，子目录包含 cache/、files/、temp/和 haps/等。bundle/是应用安装后 HAP 资源包所在的目录。database/是应用存放通过分布式数据库服务操作的文件目录，仅用于保存应用的私有数据库数据，主要包括数据库文件等。此路径下仅适用于存储分布式数据库相关文件数据。distributedfiles/是应用存放分布式文件的目录，应用将文件放入该目录即可分布式跨设备访问。

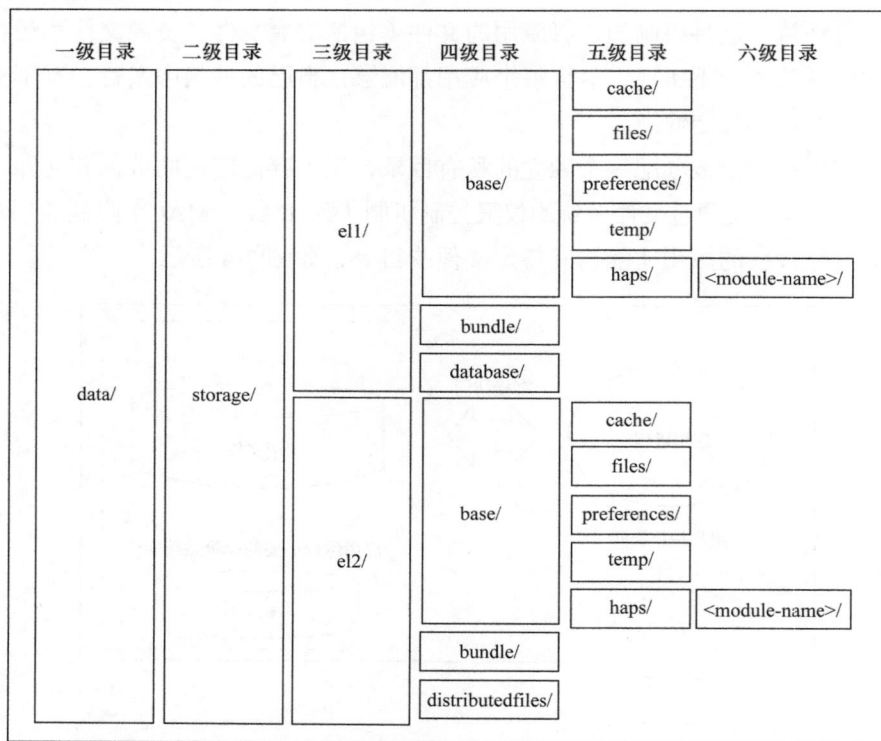

图 7-5　沙箱目录的结构

五级目录是应用包目录，包括 cache/、files/、preferences/、temp/和 haps/等子目录，这 5 个子目录对应一个完整应用的目录。cache/用于存储应用缓存下载的文件或可重新生成的缓存文件；files/用于存储通用的默认长期保存的文件；preferences/用于存储配置或首选项；temp/用于存储应用运行期间产生的临时文件；haps/存放所有与 HAP 有关的文件，存放在此目录的文件会随 HAP 的卸载而被删除。

六级目录<module-name>代表应用中子模块的目录。开发阶段，一个应用最终打包成一个 HAP 包，而 HAP 又至少由一个模块组成，通过该目录访问不同模块中的内容。

在使用沙箱的过程中，对于四级目录和五级目录，通过 ApplicationContext 的属性获取文件路径。对于六级目录，即访问 HAP 级别下的模块，通过 UIAbilityContext、AbilityStageContext、ExtensionContext 等属性获取文件路径。

基于沙箱机制，OpenHarmony 还引入 UGO 划分，对应用与系统服务间的数据访问进行细粒度管理。

用户级别隔离：每个应用的沙箱绑定的唯一的用户身份，只有该用户有权访问该沙箱中的数据。

组级别隔离：应用组内共享的资源由组权限控制，例如某些分布式文件可能被多个相关联的应用共同使用。

其他级别限制：非授权的其他应用或系统进程默认无法访问沙箱中的资源。

实例 7-1　沙箱功能

OpenHarmony 沙箱所涉及的进程隔离、内存管理等技术依赖操作系统内核和硬件支持，对用户不可见，难以直观展示。应用级沙箱（如 Web 浏览器中的沙箱）与系统级沙箱在实现原理上一致，且对用户可见，这里将通过应用级沙箱的例子来帮助读者体验系统级沙箱功能，示例代码如下所示。

```
// (1)初始化沙箱
private context: ability.Context = getContext(this) as ability.Context;
let sandbox = new security.Sandbox(this.context);

// 设置沙箱的权限
sandbox.setPernissions(['ohos.permission.READ_USER_STORAGE','ohos.permission.WRITE_USER_STORAGE']);

// 启动沙箱
sandbox.start();

// (2)在沙箱中执行操作
sandbox.execute(() => {
   console.log('Running in sandbox...');

   // 获取沙箱目录
   let sandboxDir = this.context.filesDir;
   console.log('Sandbox Directory: ' + sandboxDir);

   // 在沙箱目录中创建文件
   let filePath = sandboxDir + '/test.txt';
   let file = fileio.openSync(filePath,fileio.OpenMode.CREATE | fileio.OpenMode.READ_WRITE);
   fileio.writeSync(file.fd,'Hello, Sandbox!');
   fileio.closeSync(file.fd);
   console.log('File created in sandbox: ' + filePath);

   // 尝试访问系统目录(会被沙箱限制)
   try {
   let systemDir = '/system';
   let systemFile = fileio.openSync(systemDir + '/test.txt',fileio.OpenMode.CREATE | fileio.OpenMode.READ_WRITE);
   console.log('Access to system directory succeeded (this should not happen)');
   fileio.closeSync(systemFile.fd);
   } catch (error){
   console.error( 'Access to system directory failed: ' + error.message);
   }
});

// (3)停止沙箱
sandbox.stop();
```

定义私有属性 content，用于封装并存储当前 Ability 实例的上下文数据。通过调用 getContext(this)方法获取上下文对象，并将其转为 ability.Context 类型。这个上下文对象后续用于获取沙箱目录及创建沙箱实例。

1. 初始化沙箱

首先，通过 new security.Sandbox(this.context) 创建一个沙箱实例，并将当前 Ability 的上下文作为参数传入。然后，使用 setPermissions 方法为沙箱设置权限，例如 ohos.permission.READ_USER_STORAGE 和 ohos.permission.WRITE_USER_STORAGE，这些权限允许沙箱中的代码读写用户存储的数据。最后，调用 start 方法启动沙箱。沙箱启动后，代码将在沙箱环境中运行，并受到沙箱的限制和保护。

2. 在沙箱中执行操作

sandbox.execute( )方法用于执行沙箱环境中的操作。首先，打印日志"Running in sandbox..."以验证代码是否正在沙箱中执行。然后，通过 this.context.filesDir 获取沙箱目录的路径（通常是/data/storage/el2/base/files），并打印该路径。最后，在沙箱目录下创建一个名为 test.txt 的文件，写入字符串"Hello, Sandbox! "，最后关闭文件句柄。

尝试访问系统目录/system 并创建文件时，会因沙箱限制而失败并抛出错误。使用 try-catch 结构捕获并打印错误信息："Access to system directory failed"。这证明了沙箱机制阻止了应用访问系统目录，确保了系统安全。

3. 停止沙箱

sandbox.stop( )方法用于停止沙箱。确保沙箱不会持续占用系统资源非常重要。因此，在沙箱中的操作执行完毕后，需要释放沙箱所占用的资源，终止其运行环境。

实例 7-2 沙箱目录访问

在 OpenHarmony 的沙箱架构中，若想对文件或目录实施操作，首先需要获取沙箱的路径。沙箱路径由一个名为 path 的字符串来标识。Context 作为基础类，具备获取应用文件路径的能力，ApplicationContext、AbilityStageContext、UIAbilityContext 及 ExtensionContext 均继承了这一能力，然而它们所获取的路径有可能存在差异。以基础类为例，获取路径的方法如下所示。

```
import { UIAbility } from '@kit.AbilityKit';
import { window } from '@kit.ArkUI';

export default class EntryAbility extends UIAbility {
  onWindowStageCreate(windowStage: window.WindowStage) {
    let context = this.context;
    let pathDir = context.filesDir;
  }
}
```

通过 ApplicationContext 可以获取应用级的文件路径，该路径用于存放应用全局信息，路径下的文件会跟随应用的卸载而删除。通过 AbilityStageContext、UIAbilityContext、ExtensionContext 可以获取模块级的文件路径。该路径用于存放模块相关信息，路径下的文件会跟随 HAP 或 HSP 的卸载而删除。HAP 或 HSP 的卸载不会影响应用级路径下的文件，除非该应用的 HAP 或 HSP 已全部卸载。

AbilityStageContext：由于 AbilityStageContext 比 UIAbilityContext 和 ExtensionContext 早创建，通常用于在 AbilityStage 中获取文件路径。

UIAbilityContext：可以获取 UIAbility 所在模块的文件路径。

ExtensionContext：可以获取 ExtensionAbility 所在模块的文件路径。

此外，在获取沙箱上下文后，还可以通过其他属性访问目录，如表 7-1 所示。

表 7-1　沙箱上下文常用属性

属性	说明	获取 ApplicationContext 的路径	获取 AbilityStageContext、UIAbilityContext、ExtensionContext 的路径
bundleCodeDir	安装包目录	<路径前缀>/el1/bundle	<路径前缀>/el1/bundle
cacheDir	缓存目录	<路径前缀>/<加密等级>/base/cache	<路径前缀>/<加密等级>/base/haps/<module-name>/cache
filesDir	文件目录	<路径前缀>/<加密等级>/base/files	<路径前缀>/<加密等级>/base/haps/<module-name>/files
preferencesDir	preferences 目录	<路径前缀>/<加密等级>/base/preferences	<路径前缀>/<加密等级>/base/haps/<module-name>/preferences
tempDir	临时目录	<路径前缀>/<加密等级>/base/temp	<路径前缀>/<加密等级>/base/haps/<module-name>/temp
databaseDir	数据库目录	<路径前缀>/<加密等级>/database	<路径前缀>/<加密等级>/database/<module-name>
distributedFilesDir	分布式文件目录	<路径前缀>/el2/distributedFiles	<路径前缀>/el2/distributedFiles/
resourceDir11+	资源目录 说明：需要开发者手动在 /<module-name>/resource 路径下创建 resfile 目录	不涉及	<路径前缀>/el1/bundle/<module-name>/resources/resfile
cloudFileDir12+	云文件目录	<路径前缀>/el2/cloud	<路径前缀>/el2/cloud/

7.3　权限管控

OpenHarmony 的应用权限管控遵循本书 5.4.2 小节提到的"洋葱"访问控制模型，严格控制应用对系统资源和用户数据的访问权限，确保每个应用只能在授权的范围内操作。具体而言，权限管控应涵盖访问前、访问中及访问后的各个环节。在访问前，应用需要申请相关权限，并且开发者必须明确填写权限使用理由，以便用户理解并作出明智选择；在访问中，系统通过状态栏提醒用户敏感数据或能力被应用访问；在访问后，支持用户查看应用访问敏感数据的历史记录，帮助用户全面审视应用的行为。当某个应用长时间未被使用或存在风险行为时，系统将自动回收其权限，从而保护用户的隐私。

7.3.1　权限等级与授权方式

在 OpenHarmony 中，为了防止应用过度索取和滥用权限，系统基于 APL 配置了不同的权限开放范围。APL 指的是应用的权限申请优先级，具有不同 APL 的应用能够申请的权限等级也不同。根据权限对于不同等级应用有不同的开放范围，权限类型对应分为以下 3 个等级：normal、 system_basic、system_core，等级依次提高。权限 APL 与应用 APL 相互匹配，normal 和 system_basic 等级的应用权限申请见表 7-2。

表 7-2   **normal 和 system_basic 等级的应用权限申请**

应用等级	权限等级	授权方式	是否通过 ACL 跨级别申请（ACL 使能）	操作路径
normal	normal	system_grant	—	声明权限 → 访问接口
normal	normal	user_grant	—	声明权限 → 向用户申请授权 → 访问接口
normal	system_basic	system_grant	TRUE	声明权限 → 声明 ACL 权限 → 访问接口
normal	system_basic	user_grant	TRUE	声明权限 → 声明 ACL 权限 → 向用户申请授权 → 访问接口
system_basic	normal、system_basic	system_grant	—	声明权限 → 访问接口
system_basic	normal、system_basic	user_grant	—	声明权限 → 向用户申请授权 → 访问接口
system_basic	system_core	system_grant	TRUE	声明权限 → 声明 ACL 权限 → 访问接口
system_basic	system_core	system_grant	TRUE	声明权限 → 声明 ACL 权限 → 向用户申请授权 → 访问接口

当应用需要访问数据或执行特定操作时，必须先判断是否需要相关权限。如果确定需要目标权限，应在应用安装包中明确申请。

OpenHarmony 提供了两种授权方式：system_grant 和 user_grant。对于 system_grant 类型的权限，应用被允许访问的数据不会涉及用户或设备的敏感信息，应用被允许执行的操作对操作系统或其他应用产生的影响是可控的。因此，OpenHarmony 会在应用安装时自动预授予这些权限，开发者无须进行额外操作即可直接使用。对于 user_grant 类型的权限，应用被允许访问的数据将涉及用户或设备的敏感信息，应用被允许执行的操作可能对系统或其他应用产生严重影响。例如，定位、本地文件访问等权限都属于这一类别。因此，开发者需要在配置文件中声明所需权限，并在应用中明确关联权限与操作目标，确保用户能够清楚了解权限的用途。当用户触发相关操作时，开发者需要调用接口精准触发动态授权弹窗，检查用户授权结果，在获得用户确认授权后才能继续操作。

除了上述两种授权方式，在少量特殊场景下，应用可能需要使用一些受限权限。这些权限通常涉及系统的核心功能或敏感操作，必须经过官方的审批后才能在应用中使用。如果应用中涉及获取受限权限，直接发布应用上架可能会被驳回。例如，应用需要克隆、备份或同步音频、图片、视频类文件时，需要申请允许读取、修改用户公共目录的音频、图片或视频文件的权限。这些权限的使用需要经过专门渠道申请并进行严格的审核，以确保应用的合法性和安全性。

原则上，拥有低 APL 的应用无法使用更高等级的权限。但是可以通过特殊渠道 ACL 解决低等级应用访问高等级权限的问题。例如，开发者正在开发 APL 为 normal 的 A 应用，由于功能场景的需要，A 应用需要申请 APL 为 system_basic 的 P 权限。在 P 权限的 ACL 使能为 TRUE

的情况下，A 应用可以通过 ACL 方式跨级申请权限 P。

由于每一个权限的权限等级、授权方式不同，申请权限的方式也不同，开发者在申请权限前，需要先根据图 7-6 所示的流程判断应用能否申请目标权限。

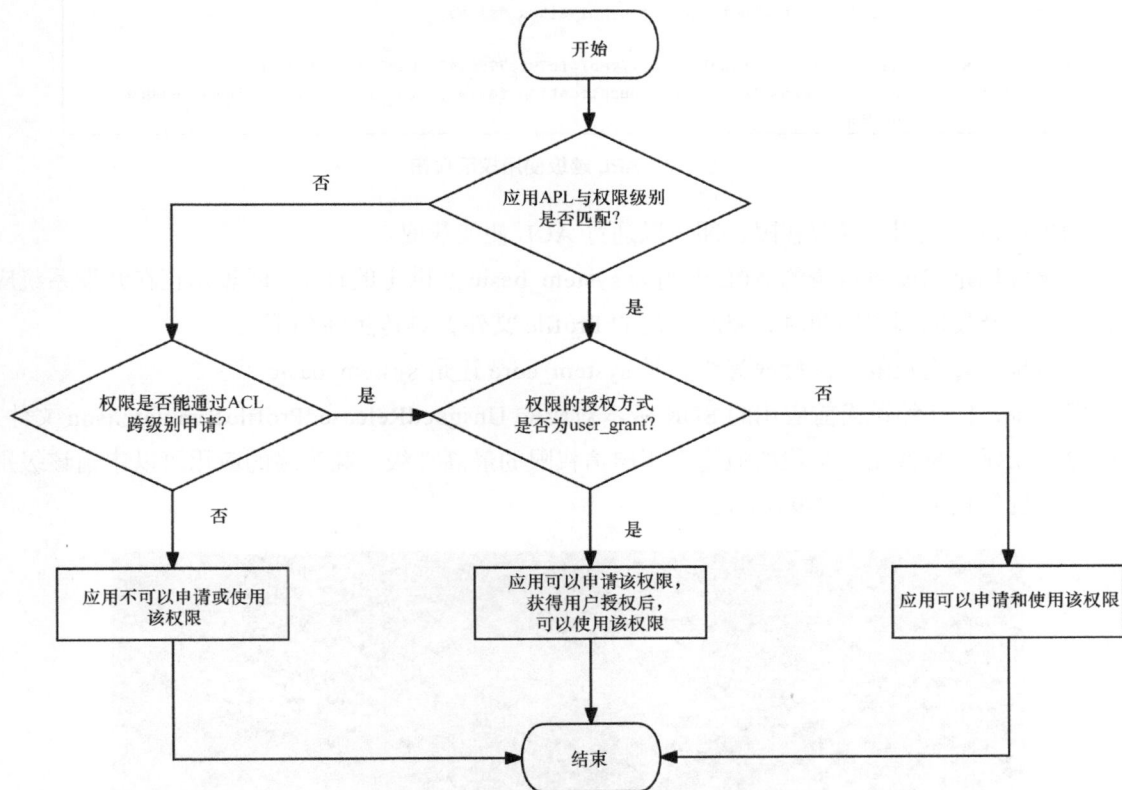

图 7-6 APL 与权限等级校验流程

实例 7-3 APL 权限检测与调整

默认情况下，第三方开发者开发的应用的 APL 一般为 normal，如果使用更高 APL 的权限，例如使用仅对移动设备管理（Mobile Device Management，MDM）应用开放的权限——这些权限要么是 system_core，要么是 system_basic 级别的——则会在安装时会报错。

如下列代码所示，这里使用允许应用激活设备管理应用的权限。

```
{
"module": {
  "name": "entry",
  "type": "entry",
  //...
  "requestPermissions": [
  {
     name: "ohos.permission.ENTERPRISE_GET_DEVICE_INFO"
   }
   ]
  }
 }
```

在应用安装时会提示没有相应权限，如图 7-7 所示。

```
18:25:57.760: $ hdc shell bm install -p data/local/tmp/4fc795b798e4414cbeb2c25f91f33466    in 253 ms
Install Failed: error: failed to install bundle.
code:9568289
error: install failed due to grant request permissions failed.
View detailed instructions.
18:25:57.869: $ hdc shell rm -rf data/local/tmp/4fc795b798e4414cbeb2c25f91f33466
18:25:57.869: Launch com.example.permissionapplication failed, starting handle failure progress
Error while Deploy Hap
```

图 7-7　APL 越级使用权限报错

如果该权限表明是受限权限，即可以通过 ACL 使能获取。

如果应用是需要将自身的 APL 声明为 system_basic 及以上的级别，即表示正在开发系统应用，需要在开发应用安装包时，修改应用的 Profile 文件，具体步骤如下。

第一步，查询权限所需授权等级，是 system_core 还是 system_basic。

第二步，打开编译当前应用的 SDK 版本对应的 UnsgnedReleasedProfileTemplate.json 文件，如图 7-8 所示；修改 apl 字段的值为应用申请权限的最高等级，高等级的应用可以申请该级别及以下级别的权限，如图 7-9 所示。

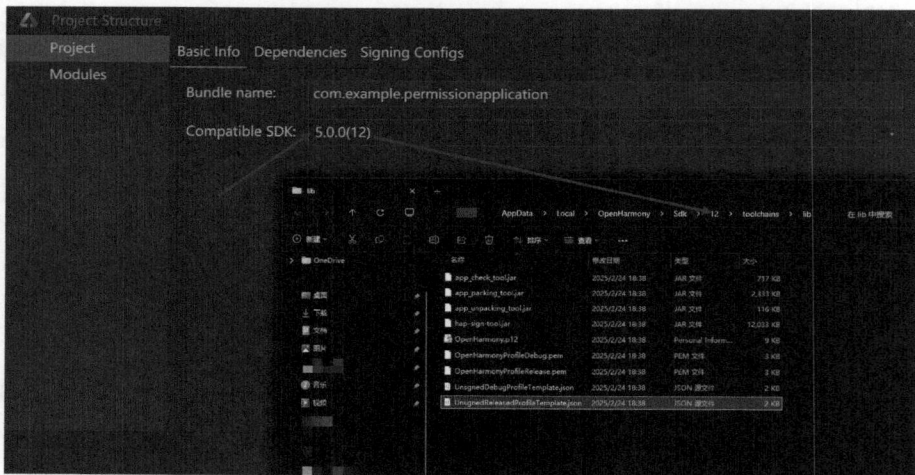

图 7-8　SDK 版本对应的 UnsgnedReleasedProfileTemplate.json 文件

```
"bundle-info": {
  "developer-id": "OpenHarmony",
  "distribution-certificate": "",
  "bundle-name": "com.OpenHarmony.app.test",
  // "apl": "normal"
  "apl": "system_core",
  "app-feature": "hos_normal_app"
},
```

图 7-9　修改 apl 字段为对应 APL

之后就能正常安装了，如图 7-10 所示。

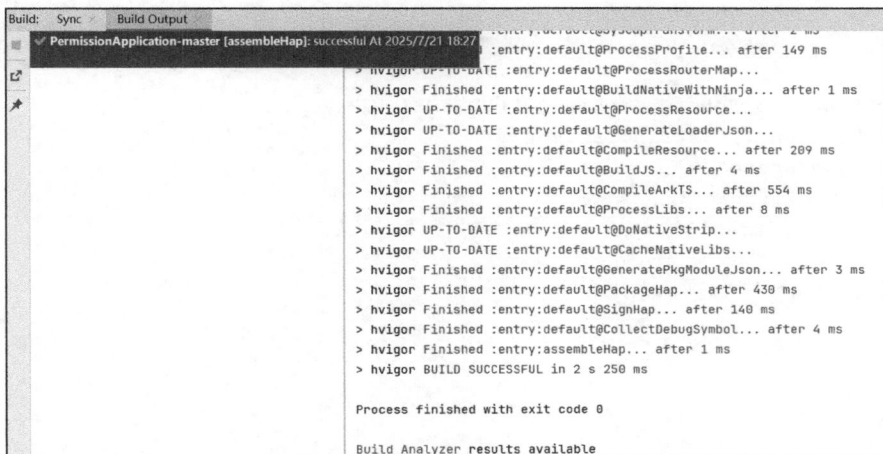

图 7-10 修改 APL 后重新运行

7.3.2 权限申请

1. 在配置文件中声明权限

在 OpenHarmony 应用开发过程中，需要在 module.json5 配置文件的 requestPermissions 标签中声明权限。表 7-3 列出了配置文件中可用的权限配置属性。

表 7-3　　　　　　　　　　　　　权限配置属性表

属性	含义	数据类型	取值范围
name	需要使用的权限名称	字符串	权限申请时必填，需为系统已定义的权限
reason	申请权限的原因	字符串	申请用户权限时必填，格式为$string: ***
usedScene	权限使用的场景，包括 abilities（使用权限的 UIAbility、ExtensionAbility 组件的名称）和 when（调用时机）两个子项	对象	申请用户权限时必填。 - abilities：可以配置为多个 UIAbility、ExtensionAbility 名称的字符串数组； - when：inuse（使用时）、always（总是）

配置文件的代码如下所示，这里包含了两类权限申请。

```
{
  "module" :{
    // ...
    "requestPermissions":[
      //系统权限
      {"name ":"ohos.permission.INTERNET"},
      //用户权限
      {
        "name": "ohos.permission.PERMISSION1",
        "reason": "$string:reason",
        "usedScene": {
          "abilities": [
            "FormAbility"
```

163

```
          ],
          "when":"inuse*
        }
      },
      {
        "name" : "ohos.permission.PERMISSION2*,
        "reason": "$string:reason*,
        "usedScene": {
          "abilities": [
            "FormAbility*
          ],
          *when":"always
        }
      }
    ]
  }
}
```

系统权限申请：向系统申请权限的方式比较简单，直接在 requestPermissions 中以 {"name":"ohos.permission. PERMISSION0"} 的形式添加对应系统权限的名称即可，示例中是对系统网络使用权限的申请。

用户权限申请：向用户申请权限的方式比较复杂，需要先按照以下格式在该配置文件申明。其中 "ohos.permission.PERMISSION1" 与 "ohos.permission.PERMISSION2" 为要向用户申请的权限名称，之后将在代码中向用户动态申请。

下面先介绍系统权限申请，然后介绍用户权限申请，最后介绍受限权限申请。

2. 系统权限申请

通过发送 HTTP 请求的实例来演示系统权限申请与授权。在 module.json5 文件的 module 模块中添加如下属性。HTTP 数据请求功能主要由 http 模块提供，使用该功能需要申请 ohos.permission. INTERNET 权限，代码如下所示。

```
"requestPermissions":[
  {
    name: "ohos.permission.INTERNET"
  }
]
}
```

之后发送一个 HTTP 请求，代码如下所示。

```
//发送 HTTP 请求的方法
async sendHttpRequest() {
  let httpRequest = http.createHttp(); // 创建 HTTP 请求对象
  let url = 'https://www.baidu.com'; // 请求的 URL

  try {
    let response = await httpRequest.request(url, {
      method: http.RequestMethod.GET, // 使用 GET 方法
    });
```

```
    // 检查响应状态码
    if (response.responseCode ===200){
      this.responseText =`响应数据:${response.result}`; //显示响应数据
    } else {
      this.responseText =`请求失败，状态码:${response.responseCode}`;
    }
  } catch (error) {
    this.responseText =`请求异常:${error.message}`; // 捕获异常
  } finally {
    httpRequest.destroy(); // 销毁 HTTP 请求对象
  }
}
```

获取的请求结果如图 7-11 所示。

如果删去 ohos.permission.INTERNET 这部分的网络权限申请，再次运行程序，单击"发送 HTTP 请求"按钮则会提示没有权限，如图 7-12 所示。

图 7-11　获取的请求结果

图 7-12　请求使用网络失败示意图

3. 用户权限申请

当应用需要访问用户的隐私信息或使用敏感的系统能力，例如获取位置信息、访问日历、使用相机拍摄照片或录制视频时，应该向用户请求授权，这部分权限就是用户权限。也可以检查当前应用是否已经被授权过，如果已被授权过，则不需要再次授权。常见的用户权限如图 7-13 所示。

```
//允许应用接入蓝牙并使用蓝牙能力,例如配对、连接外围设备等.
ohos.permission.ACCESS_BLUETOOTH
//允许应用访问用户媒体文件中的地理位置信息.
ohos.permission.MEDIA_LOCATION
//允许应用读取开放匿名设备标识符.
ohos.permission.APP_TRACKING_CONSENT
//允许应用读取用户的运动状态.
ohos.permission.ACTIVITY_MOTION
//允许应用使用相机.
ohos.permission.CAMERA
//允许不同设备间的数据交换.
ohos.permission.DISTRIBUTED_DATASYNC
//允许应用在后台运行时获取设备位置信息.
ohos.permission.LOCATION_IN_BACKGROUND
//允许应用获取设备位置信息.
ohos.permission.LOCATION
//允许应用获取设备模糊位置信息.
ohos.permission.APPROXIMATELY_LOCATION
//允许应用使用麦克风.
ohos.permission.MICROPHONE
//允许应用读取日历信息.
ohos.permission.READ_CALENDAR
//允许应用添加、移除或更改日历活动.
ohos.permission.WRITE_CALENDAR
//允许应用读取用户的健康数据.
ohos.permission.READ_HEALTH_DATA
//允许应用接入星闪并使用星闪能力,例如配对、连接外围设备等.
ohos.permission.ACCESS_NEARLINK
//允许应用访问公共目录下Download目录及子目录.
ohos.permission.READ_WRITE_DOWNLOAD_DIRECTORY
//允许应用访问公共目录下的Documents目录及子目录.
ohos.permission.READ_WRITE_DOCUMENTS_DIRECTORY
//允许应用读取用户外部存储中的媒体文件信息.
ohos.permission.READ_MEDIA
//允许应用读写用户外部存储中的媒体文件信息.
ohos.permission.WRITE_MEDIA
```

图 7-13　常见的用户权限

一旦应用启动并尝试使用某些敏感功能时（如读取存储、位置、联系人等），系统会弹出权限请求对话框，询问用户是否同意授予应用这些权限。

动态向用户申请权限是指在应用运行时向用户请求授权的过程。可以通过调用 requestPermissionsFromUser( )函数来实现。

下面通过一个实例，介绍如何向用户申请地理位置权限。

第一步，在 module.json5 文件中声明要申请的权限，如下列代码所示。ohos.permission. APPROXIMATELY_LOCATION 允许应用获取设备模糊的位置信息，ohos.permission. LOCATION 允许应用获取设备信息。那么为什么要声明两个权限呢？因为 OpenHarmony 规定只有申请这两个权限，应用才能获取用户的地理位置。地理位置权限配置代码如下所示。

```
"requestPermissions":[
{
  "name": "ohos.permission.APPROXIMATELY_LOCATION",
  "reason": "$string:location_reason",
  "usedScene": {
    "abilities": [
      "EntryAbility"
      ],
      "when":"inuse"
   }
 },
 {
  "name": "ohos.permission.LOCATION",
  "reason": "$string:location_reason",
  "usedScene": {
```

```
      "abilities": [
      "EntryAbility"
      ],
      "when": "inuse"
    }
  }
  ]
```

第二步，完成通过弹窗向用户动态申请权限的代码，如下所示。

```
requestPermissions():void {
// 步骤 1:创建权限管理对象
let atManager = abilityAccessCtrl.createAtManager():

try {
  // 步骤 2:请求权限
  atManager.requestPermissionsFromUser(this.context, [
    'ohos.permission.APPROXIMATELY_LOCATION',
    'ohos.permission.LOCATION'
  ]).then((data) => {
    // 步骤 3:处理权限请求结果
    if (data.authResults[0]=== -1||data.authResults[1]=== -1) {
    if(data.dialogShownResults && (data.dialogShownResults[0]|| data.dialog
ShownResults[1])) {
        this.isShowPermissions = true;
        this.permissionsMessage = data.authResults[0]=== -1
          ? $r('app.string.obtain_location_permission')
          : $r('app.string.obtain_precise_positioning');
        } else {
          this.openPermissionsSetting();
           return;
        }
      } else {
        this.isShowPermissions = false:
        }

        if (data.authResults[0] !== 0) return;

//步骤 4:权限授予后执行逻辑
  this.isLocationToggle();
  }).catch((err: Error) =>{
  hilog.error(0x0000, 'Index', 'requestPermissionsFromUser err:' + JSON.stringify(err));
  });
  } catch (err) {
  hilog.error(0x0000,'Index', 'requestPermissionsFromUser err:' + JSON.stringify(err));
  }
}
```

其中 requestPermissions( )函数用于向用户请求定位权限。它通过 abilityAccessCtrl.AtManager 实例调用 requestPermissionsFromUser( )方法，请求用户授予 ohos.permission.APPROXIMATELY_ LOCATION 和 ohos.permission.LOCATION 权限。根据用户的授权结果，函数会更新 UI 状态：如果用户未授予权限，显示权限提示信息；如果用户授予了权限，则隐藏提示并调用 isLocationToggle( )

方法。如果用户未通过弹窗授权，函数会调用 openPermissionsSetting( )方法跳转到系统设置页面。该函数通常用于动态请求权限。

第三步，完成打开权限设置页面的代码，如下所示。

```
private openPermissionsSetting(): void {
  // 步骤 1:创建权限管理对象
  let atManager = abilityAccessCtrl.createAtManager();
  // 步骤 2:请求权限设置
  atManager.requestPermissionOnSetting(this.context, [
    'ohos.permission.APPROXIMATELY_LOCATION',
    'ohos.permission.LOCATION'
  ]).then((data: Array<abilityAccessCtrl.GrantStatus>) => {
    // 步骤 3:处理权限设置结果
    if (data[0] === -1 && data[1] === -1) {
      // 如果两个权限都被拒绝
      this.isShowPermissions = true;
      this.permissionsMessage = $r('app.string.obtain_location_permission');
      return;
    } else if (data[0] === 0 && data[1] === -1){
      // 如果精确定位权限被拒绝
      this.isShowPermissions = true;
      this.permissionsMessage = $r('app.string.obtain_precise_positioning');
    } else {
      // 如果权限已授予
      this.isShowPermissions = false;
    }
    // 步骤 4:权限设置后执行逻辑
    this.isLocationToggle();
  }).catch((err: BusinessError) => {
    // 捕获异常
    hilog.error(0x0000,'Index', 'data:'+ JSON.stringify(err));
  });
}
```

openPermissionsSetting( )函数用于打开系统的权限设置页面，并检查用户是否授予了应用所需的权限。它通过 abilityAccessCtrl.AtManager 实例调用 requestPermissionOnSetting( )方法，请求用户授予 ohos.permission.APPROXIMATELY_LOCATION 和 ohos.permission.LOCATION 权限。根据用户的授权结果，函数会更新 UI 状态：如果用户未授予权限，显示权限提示信息；如果用户授予了部分权限，提示需要精确位置权限；如果用户授予了所有权限，则隐藏提示并调用 isLocationToggle( )方法。该函数通常用于引导用户在系统设置中手动授予权限。

综上所述，应用获取用户地理位置的大致过程总结如下。

① 调用 requestPermissionsFromUser( )方法向用户申请授权，通过返回结果 authResults 判断用户是否授权，通过返回结果 dialogShownResults 判断是否有系统弹窗。

② 若 authResults 为 -1，dialogShownResults 为 false，表示当前应用未被授权且没有向用户展示请求授权的弹窗，此时应用可调用 requestPermissionOnSetting( )方法，拉起权限设置弹窗。

③ 通过 isLocationEnabled( )方法判断位置服务是否开启，若关闭可使用 requestGlobalSwitch( )方法拉起全局开关设置弹窗。

单击"获取当前位置"按钮，弹出位置权限申请弹窗，如图 7-14 所示。

选择"本次使用允许"或"仅使用期间允许"，此时会弹出另一个弹窗用于用户打开位置权限，如图 7-15 所示。

图 7-14　申请位置权限示意

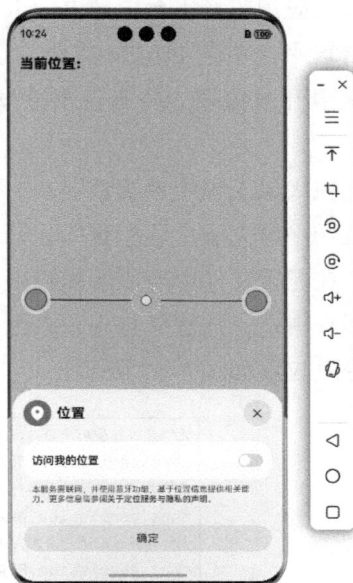

图 7-15　用户打开位置权限示意

之后获取当前位置，如图 7-16 所示。

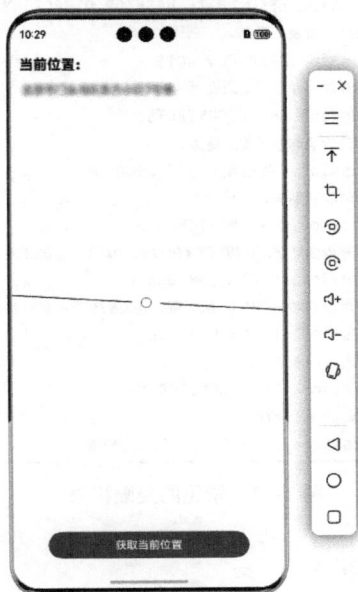

图 7-16　获取当前位置示意

4. 受限权限申请

在 OpenHarmony 中，系统对某些受限权限（如读取用户公共目录的音频文件、联系人、剪贴板数据等）提供严格的审核机制，开发者需要在应用市场平台中申请相应权限，以确保对应用功能确有必要，避免权限滥用，同时加强用户隐私保护。

受限权限申请流程如下。

第一步，在应用市场平台申请 Profile 文件。

在应用市场平台申请 Profile 文件，该文件用于后续应用签名信息配置。若应用因特殊场景需要使用受限开放权限，务必在申请发布 Profile 文件时注明相应权限；否则，应用审核将遭驳回。

第二步，在代码工程中声明权限。

在应用市场平台完成上述配置后，开发者需要依据实际需求，在代码工程中声明权限，具体内容如下：在配置文件中声明所需权限；若权限授权方式为 user_grant（用户授权），还需要通过弹窗向用户申请，这部分与用户权限申请类似。

常见的受限权限如图 7-17 所示。

```
// 允许读取用户公共目录的音频文件。
ohos.permission.READ_AUDIO
// 允许修改用户公共目录的音频文件。
ohos.permission.WRITE_AUDIO
// 允许读取用户公共目录的图片或视频文件。
ohos.permission.READ_IMAGEVIDEO
// 允许修改用户公共目录的图片或视频文件。
ohos.permission.WRITE_IMAGEVIDEO
// 允许应用保存图片、视频到用户公共目录。
ohos.permission.SHORT_TERM_WRITE_IMAGEVIDEO
// 允许应用访问公共目录下Desktop目录及子目录。
ohos.permission.READ_WRITE_DESKTOP_DIRECTORY
// 允许应用读取联系人数据。
ohos.permission.READ_CONTACTS
// 允许应用添加、移除或更改联系人数据。
ohos.permission.WRITE_CONTACTS
// 允许应用使用全局悬浮窗的能力。
ohos.permission.SYSTEM_FLOAT_WINDOW
// 允许应用读取剪贴板。
ohos.permission.READ_PASTEBOARD
// 允许扩展外设驱动访问USB DDK接口开发USB总线扩展外设驱动。
ohos.permission.ACCESS_DDK_USB
// 允许扩展外设驱动访问HID DDK接口开发HID类扩展外设驱动。
ohos.permission.ACCESS_DDK_HID
// 允许应用监听输入事件。
ohos.permission.INPUT_MONITORING
// 允许应用拦截输入事件。
ohos.permission.INTERCEPT_INPUT_EVENT
```

图 7-17 常见的受限权限

7.3.3 安全控件和系统 Picker

OpenHarmony 中除了传统的 APL 权限管理机制，还引入了一种创新的安全访问机制，彻底改变了应用获取隐私数据的方式。在特定场景下，这种机制使用户从管理"权限"转变为管理"数据"，应用无须向用户申请权限即可临时访问受限资源，从而实现精准化权限管控，更好地保护用户隐私。以更换社交平台头像为例，在这种按需授予系统数据的方式下，应用不能直接获取整个图库的访问权限，用户只能选择特定的照片，应用也只能获取用户选择的那张照片。这种安全访问机制的实现有两种方式：安全控件和系统 Picker。

1. 安全控件

安全控件的应用场景主要涉及用户行为识别。具体而言，只有当用户主动进行交互操作（如点击控件）时，系统才会授予相应的临时权限。此外，权限的有效期是可控的：一旦用户退出当前界面，临时授权即被取消，用户再次进入应用时，应用将不再拥有相应的权限。这种机制能够有效减少不必要的权限暴露，如图 7-18 保存控件所示。安全控件能够有效替代传统的授权弹窗，减少频繁的权限请求，从而提升用户体验。在用户使用应用的过程中，系统能够智能识别和控制权限授予的时机，避免干扰用户正常操作的授权弹窗。

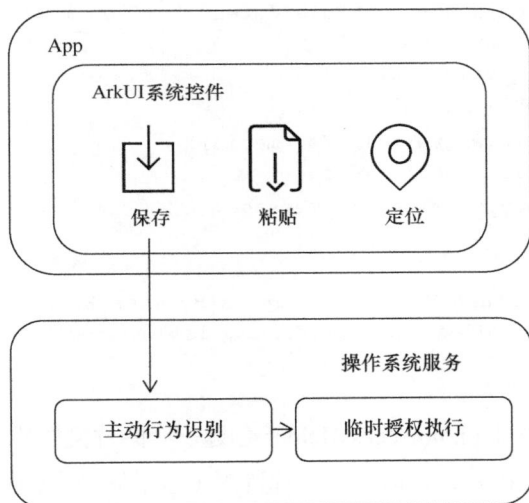

图 7-18　保存控件权限管理机制示意

安全控件是一组特殊的 ArkUI 组件，它们以一种直观、便捷的方式融入应用界面，实现用户点击即许可的授权模式。目前，OpenHarmony 提供了 3 种主要的安全控件：粘贴控件（PasteButton）、保存控件（SaveButton）和位置控件（LocationButton）。这些安全控件为用户提供了更精细的权限控制，使应用在获取特定权限时更加灵活和安全。

上述 3 种控件的功能和使用场景如表 7-4 所示。

表 7-4　　　　　　　　　　　　　　安全控件分类表

安全控件	功能	使用场景
粘贴控件	无弹窗读取剪贴板数据	快速粘贴文本，如登录界面粘贴账号密码等
保存控件	临时获取存储权限保存文件到媒体库	保存图片、视频，如拍照应用保存照片等
位置控件	点击获取临时精准定位授权	定位城市、打卡、分享位置，如旅游应用分享位置等

使用保存控件保存图片的代码如下所示。

```
import { photoAccessHelper } from '@kit.MediaLibraryKit';
import { fileIo } from '@kit.CoreFileKit';
import { common } from '@kit.AbilityKit';
import { promptAction } from '@kit.ArkUI';
import { BusinessError } from '@kit.BasicServicesKit';

// 保存照片到媒体库的函数
async function savePhotoToGallery(context: common.UIAbilityContext) {
    let helper = photoAccessHelper.getPhotoAccessHelper(context);
    try {
        // 创建图片文件，这里使用默认的图片类型和格式，实际应用中可根据需求调整
        let uri = await helper.createAsset(photoAccessHelper.PhotoType.IMAGE,'jpg');
        // 打开文件，准备写入内容
        let file = await fileIo.open(uri,fileIo.OpenMode.READ_WRITE |fileIo.OpenMode.
CREATE);
        // 假设这里有一个图片资源，实际应用中应替换为真实的图片资源
        context.resourceManager.getMediaContent($r('app.media.startIcon').id,0)
            .then(async value => {
                let media = value.buffer:
                // 将图片数据写入媒体库文件
                await fileIo.write(file.fd, media);
                await fileIo.close(file.fd);
                promptAction.showToast({ message:'已保存至相册!'});
            });
    } catch (error) {
        const err: BusinessError = error as BusinessError;
        console.error('Failed to save photo. Code is ${err.code}, message is ${err.message}');
    }
}
```

在上述代码中，首先通过 photoAccessHelper 创建一个图片文件的资源路径，然后使用 fileIo 打开文件并准备写入数据。接着，获取一个图片资源（这里假设为$r('app.media.startIcon')，实际应用中应替换为真实图片），并将其写入媒体库文件中。最后，在 SaveButton 的 onClick 事件处理函数中，当用户点击保存控件且授权成功时，调用 savePhotoToGallery( )函数将照片保存到媒体库，并根据保存结果显示相应的提示信息。

2. 系统 Picker

系统 Picker 是 OpenHarmony 提供的一种系统级组件，由独立进程实现，其功能类似于一个智能的资源选择器。它提供了一个不需要应用集成的、系统预定义的数据选择器，允许应用在不直接获取相关权限的情况下，通过用户交互的方式选择特定的资源，如文件、照片、联系人等。

开发者只需要调用系统 Picker 接口，应用便可以直接访问敏感数据，而无须显式申请相关权限。在使用系统 Picker 时，应用通过拉起 Picker 界面，允许用户在预定义的数据集合中选择想要授权访问的数据范围。用户选择后，Picker 将所选资源的统一资源标识符（Uniform Resoure Identifier，URI）返回应用，并授予应用临时访问权限，这种权限通常有时间限制，仅在用户操作期间有效。一旦授权过期，应用就无法继续访问资源，除非用户再次通过系统

Picker 选择并授权。

这种机制有效防止了应用长期滥用权限,增强了安全性和隐私保护:应用只能访问用户明确选择的资源,无法自由浏览系统资源集合,且临时授权的时效性确保了用户隐私的安全。这就像是在一个大型图书馆中,应用不需要获取所有书籍的借阅权限,只需要通过图书管理员(系统 Picker)帮助用户挑选出所需的书籍(资源)。这种方式既保护了用户隐私,又简化了权限管理流程。

以下是一个使用系统 Picker 进行临时授权的示例。

- 应用需要访问用户的图片资源,于是拉起系统 Picker 组件。
- 用户在 Picker 界面上浏览并挑选了一张图片,随后确认选择。
- 系统 Picker 将所选图片的 URI 返回给应用,并同时授予应用临时访问这张图片的权限。该授权具有时间限制,仅在用户操作期间有效。
- 应用在授权有效期内可以使用这张图片的 URI 进行后续操作,例如显示、编辑或分享图片等。
- 一旦授权过期,应用将无法继续访问这张图片,除非用户再次通过系统 Picker 进行选择并授予权限。

下列代码是调用 photoViewPicker 选择图片的代码实例。

```
import { photoViewPicker} from '@kit.SomePhotoPickerKit';

async function selectUserPhoto() {
   const photoUri = await photoViewPicker.showPhotoPicker();
   if (photoUri) {
       // 用户选择了照片,应用可以根据 photoUri 进行显示、编辑或分享等操作
       console.log('用户选择的照片路径:', photoUri);
   }
}
```

7.4 应用签名

签名机制在 OpenHarmony 应用安全中起着十分重要的作用。OpenHarmony 应用签名过程主要包括开发者证书生成和应用签名两部分,开发者在应用开发过程中需要生成包含公私密钥对的开发者证书,该证书遵循 PKCS#12 标准并以 p12 格式存储公钥和私钥,确保在证书申请和制作过程中所有信息的真实有效。应用安装包的签名证书通过证书链从根 CA 开始签署,由 DevEco Studio 平台提供工具支持。

应用签名是将应用放入其沙箱的第一步,OpenHarmony 实施一套严格的应用签名验证机制,在应用安装时进行签名校验,校验失败则阻止安装,以确保应用的安全性和完整性,防止恶意软件的安装和运行。下面是 OpenHarmony 签名验签过程的具体展示。

实例 7-4 应用签名验签
在应用开发阶段,应用最终打包成 HAP 包发布时,会报错 "hvigor WARN: Will skip sign

'hos_hap'. No signingConfigs profile is configured in current project." 如图 7-19 所示。这是没有开发者签名导致的。

```
> hvigor WARN: Will skip sign 'hos_hap'. No signingConfigs profile is configured in current project.
          If needed, configure the signingConfigs in
              D:\tmp\HarmonyProject\PermissionApplication-master\PermissionApplication-master\build
              -profile.json5.
```

图 7-19　没有签名导致报错

解决措施是先在 DevEco Studio 中登录，然后依次经过 File→ Project Structure→ Project→ Signing Configs，选中 Automatically generate signature 复选框，如图 7-20 所示。

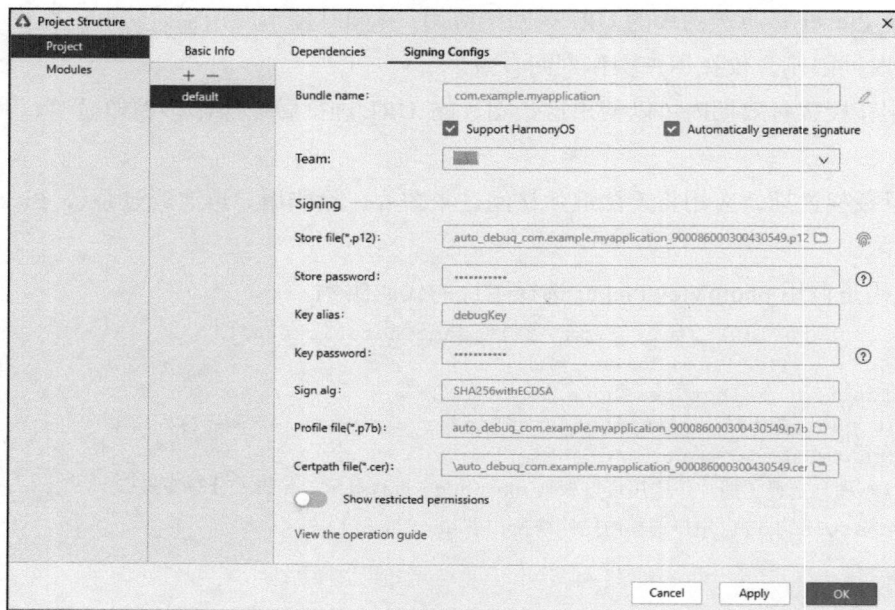

图 7-20　打开自动签名

之后会在 build-profile.json5 文件中自动生成签名信息，如图 7-21 所示。

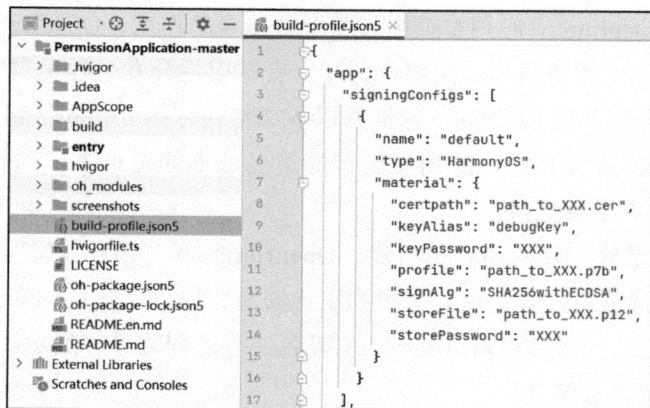

图 7-21　签名配置信息

在 HAP 包安装过程中进行签名验证，如果出现图 7-22 所示的 code 为 9568320 的错误，则代表没有签名文件。用文本编辑器打开 HAP 包，搜索 app-feature，该字段为签名信息中的字段，如果找不到，说明 HAP 没有签名，如果找到了，有可能是 hdc 在推包过程中 HAP 包发生损坏，需要对 HAP 包进行签名。

```
01/09 16:04:17: Install Failed: error: failed to install bundle.
code:9568320
error: no signature file.
Open signing configs
$ hdc shell rm -rf data/local/tmp/38a392a0167748f495b8b7002846c7dc
Error while Deploy Hap
```

图 7-22　签名文件缺失 9568320 报错

如果在安装 HAP 包时提示 "code:9568332 error: install sign info inconsistent."，如图 7-23 所示，这说明设备上已经安装了相同包名的应用，但是设备上的应用和即将安装的应用的签名不一致。如果在 Run→Edit Configurations 界面中选择 "Keep Application Data" 复选框（不卸载应用，覆盖安装），并且对新应用重新进行了签名，将导致该报错。这类错误主要为了防止不同签名的新应用继承旧应用的存储数据和权限（如联系人、定位权限），导致敏感信息泄露。

解决方法是卸载设备上已安装的应用，或取消选中 "Keep Application Data" 复选框后，重新安装新的应用。

```
06/09 16:47:24: Install Failed: error: failed to install bundle.
code:9568332
error: install sign info inconsistent.
View detailed instructions.
$ hdc shell rm -rf data/local/tmp/82a46f2e3fc6407cb8d96243d4539bb7
Error while Deploy Hap
```

图 7-23　签名文件不一致导致的 9568332 报错

本章小结

本章为开发者理解 OpenHarmony 生态中的应用安全提供理论指导和实践演示。首先围绕应用生态安全体系，分析了应用生态安全目标与治理架构，通过阐述应用生态系统中的关键角色及其在安全治理中的职责分工，展示了从开发阶段到运行阶段的全生命周期安全治理框架。之后通过代码示例详细说明了 OpenHarmony 中的沙箱、权限管控和应用签名的实现与使用方式。通过本章的学习，希望读者能够认识到应用生态安全的复杂性，理解应用生态安全的目标与治理架构，并掌握应用安全关键技术的原理与方法。

思考与实践

1. 请阐述沙箱的工作原理。

2. OpenHarmony 系统基于 APL 配置了不同的权限开放范围。请问 APL 分为哪 3 个等级？

3. 在 OpenHarmony 中，应用如何申请系统权限？

4. 在 OpenHarmony 中，应用如何申请用户权限？

5. 请问 OpenHarmony 的安全控件是什么？常用的安全控件有哪几个？

参考文献

[1] 华为技术有限公司. 鸿蒙生态应用安全技术白皮书 V2.0 [R]. 深圳：华为技术有限公司，2024.

[2] 张淼，邵帅，王浩宇，等. 移动终端安全[M]. 北京：北京邮电大学出版社，2019.

[3] 李毅，任草林. 鸿蒙操作系统设计原理与架构[M]. 北京：人民邮电出版社，2024.

[4] SameX-4869. 鸿蒙 Next 安全访问新范式：系统 Picker 与安全控件解析[EB/OL]. (2024-11-05) [2025-02-05].

第 8 章
数据安全

08

学习目标

1. 理解数据安全总体目标。
2. 理解数据分类分级方法。
3. 理解不同级别数据的加密方法。
4. 熟悉系统级文件加密方法。
5. 理解分布式数据传输安全体系。
6. 理解跨用户文件分享安全。

8.1 数据安全总体目标

在当今数字化时代，数据安全的重要性不言而喻。随着信息技术的飞速发展，数据已成为企业和个人的核心资产，同时也关乎国家的安全与稳定。数据不仅包含商业机密和用户隐私等敏感信息，还直接影响工业生产的连续性、组织与行业的核心竞争力，以及社会的稳定运行。一旦数据遭受泄露、篡改或破坏，不仅会造成经济损失，而且可能引发法律纠纷、信任危机，甚至社会动荡。因此，确保数据的安全性，保障数据的合法、有序流动，是维护国家、企业和个人利益的关键所在。

操作系统作为计算机系统的核心，负责管理硬件资源和软件，因此在数据安全中发挥着关键作用。现代操作系统一般采取以下技术维护数据安全。

用户认证与权限管理：通过用户身份验证和权限分配，确保只有授权用户才能访问特定数据。

数据加密：对存储和传输中的数据进行加密，防止数据被窃取和篡改。

安全审计与监控：记录系统操作和数据访问行为，以便追踪和调查安全事件。

漏洞管理与补丁更新：及时发现和修复系统漏洞，防止被黑客利用。

在万物互联的时代，数据的范畴、数量、传输速度和质量都呈现显著增长的态势，这使得数据安全的风险也随之增加。OpenHarmony 作为新一代智能终端操作系统，为不同设备的智能化、互连与协同提供了统一的语言，能够统一管理不同设备的数据资源。这种管理方式使分布式超级终端上的任意设备和任意应用都可以像访问本地文件或数据一样，无缝访问跨设备的文件和数据。

　　然而，这种文件和数据的无缝流转也带来了新的挑战。传统的数据安全防护机制主要部署在单设备上，而在分布式系统中，数据安全防护需要从单设备扩展到整个系统。这不仅增加了防护的复杂性，也对安全机制提出了更高的要求。

　　为了应对分布式环境中数据安全防护难度不断提高这一问题，OpenHarmony 采取访问控制、加密保护及数据分类分级机制，对数据访问严格遵循分级生命周期管理，确保数据的安全性，图 8-1 为 OpenHarmony 数据访问生命周期管理流程。

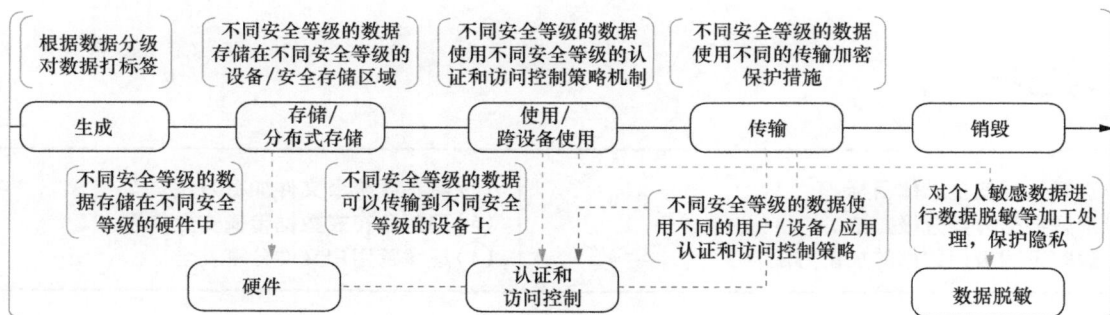

图 8-1　OpenHarmony 数据访问生命周期管理流程

　　这些机制具体涵盖以下 3 个方面内容。

　　用户个人数据的分类分级：依据数据敏感程度对用户个人数据进行分类，确保各级别数据获得相应保护。参考 FIPS-199、ISO/IEC 27005、NIST SP800-122 等标准，OpenHarmony 协助应用开发者根据数据敏感性、价值及泄露带来的潜在影响对数据进行识别和分类，并按数据分类分级规范，将数据划分为 s0、s1、s2、s3、s4 这 5 个安全等级。

　　系统级文件加密：加密技术利用复杂的算法对数据进行转换，将可直接读取的明文数据加密为密文，从而确保数据在传输和存储过程中的安全性。OpenHarmony 采用 AES - 256 加密算法（XTS 模式），并构建了分层密钥体系（由设备唯一密钥和用户密码组成），同时结合硬件安全芯片，为用户提供了系统级的文件加密功能。应用不需要自行设计加密算法和策略对文件进行加密，可以直接指定需要加密保护的文件，由系统完成加密操作。

　　分布式数据传输安全：在不同设备间传输数据时，确保数据安全性，防止泄露。OpenHarmony 提供与数据风险等级匹配的跨设备访问控制机制，确保跨设备传输数据的目的设备具备相应安全等级。若接收方设备安全等级与数据风险等级不匹配，需要在发送端设备上获得用户明确授权后，方可进行数据传输。

　　通过这些综合措施，OpenHarmony 能够在分布式环境中有效地保护数据安全，确保用户和设备能够安全地访问和使用数据。

　　此外，为了进一步提高数据防泄露能力，应对跨用户文件分享场景，OpenHarmony 引入了系统级的数据防泄露（Data Loss Prevention，DLP）服务，提供文件权限管理、加密存储、授权访问等能力。

8.2　数据分类分级

数据分类是根据数据的属性或特征，按照一定的原则和方法进行区分和归类，以便更好地管理和使用数据。数据分类不存在唯一的分类方式，而是根据对用户数据的管理目标、保护措施等多个维度形成不同的分类体系。数据分级则是按数据的重要性和影响程度区分等级，确保数据得到与其重要性和影响程度相匹配的保护。数据影响的对象一般包含三类，分别是国家安全和社会公共利益、企业利益（包括业务影响、财务影响、声誉影响）、用户利益（用户财产、声誉、生活状态、生理和心理影响）。

8.2.1　数据分类

数据分类是数据资产管理的第一步。不论是对数据资产进行编目、标准化，还是数据的确权、管理，或是提供数据资产服务，进行有效的数据分类都是首要任务。在 OpenHarmony 安全框架中，数据被分为个人数据和非个人数据两大类，其中个人数据主要包括以下几方面内容。

关键资产数据：与用户的核心资产密切相关的数据，例如银行卡信息、银行卡密码、交易记录等，这类数据泄露或被篡改可能导致重大个人损失。

个人身份数据：包括用户的种族、文化背景等敏感信息，涉及个人的社会身份和历史背景。这类数据泄露可能引发歧视或个人隐私泄露问题。

健康数据：包括用户的健康状况、疾病记录、体检报告等信息，属于高度敏感的信息。这类数据泄露可能导致用户的隐私受到侵犯，甚至对用户的职业发展或社会交往造成负面影响。

家居控制数据：智能家居设备的控制信息，涉及智能锁、家用电器、安防系统等的控制数据。这类数据泄露可能危及用户的家庭安全和个人财产。

年龄生辰数据：包括用户的出生日期和年龄信息。这类数据虽然敏感性较低，但泄露可能帮助不法分子推测出其他隐私信息，并用于身份盗用等非法行为。

虚拟网络身份标识：指用户在互联网环境中的身份信息，如社交媒体账号、个人电子邮箱账号、网络平台账号、宽带账号等。泄露这些数据可能导致身份盗用、账户被黑或隐私泄露。

一般社会识别标识：包括用户的姓名等基础身份信息。这类数据虽然敏感性较低，但与其他数据结合使用时，可能被用来识别特定个人。

权威社会识别标识：包括能够唯一标识个人身份的官方认证信息，如身份证号码、驾驶证号码、护照号、签证授权编号等。这类数据泄露可能会导致身份盗用、诈骗或其他更严重的隐私侵犯。

个人多媒体信息：包括照片、视频、音频、录音、备忘录、日历日程等。这些数据通常包含大量的个人隐私，泄露可能对用户的声誉和隐私安全产生直接威胁。

一般注册信息：用户在注册过程中提供的基础信息，如昵称、性别、头像、国籍、出生地、教育背景等。这类数据泄露可能被用于广告推送或社会工程学攻击。

正向名誉数据：指与用户正面社会形象或职业成就相关的信息，例如荣誉记录、职业成就、专业能力等。这类数据泄露可能被恶意利用，导致不必要的干扰。

负向名誉数据：包括个人的负面记录或社会评价，例如犯罪记录、负面新闻或法律纠纷。这类数据泄露可能对个人声誉和社会地位造成长期的不良影响。

匿名化数据：指经过匿名化处理后无法直接识别用户身份的数据。这类数据用于统计分析或市场研究，能被间接用于用户行为分析。

非个人数据是指与用户身份无关的通用数据，例如设备运行日志、系统信息、政策参数等。这些数据公开后通常不会对用户隐私构成威胁，但结合其他数据可能间接影响用户的行为或发生广告推送。

8.2.2 数据分级

根据 FIPS-199 标准，基于数据的机密性、完整性、可用性三大安全目标进行风险评估，主要需要考虑对个人、组织或公众的影响，从而确定数据的风险等级。数据对于公众、组织或个人的影响越高，则风险等级越高。通用的数据分级原则如表 8-1 所示。

表 8-1　　　　　　　　　　　　通用的数据分级原则

安全目标、潜在影响	低级	中级	高级
机密性：通过加密和访问控制等手段保护信息的访问和披露，包括个人隐私和专利信息	未授权的信息披露可能会对组织运行、组织资产、个人产生有限的不利影响	未授权的信息披露可能会对组织运行、组织资产、个人产生严重的不利影响。例如造成威胁或负面影响等	未授权的信息披露可能会对组织运行、组织资产、个人产生严重或灾难性的不利影响。例如造成重大商业损失、声誉损失、退出特定行业等
完整性：防止信息被非法修改和销毁，确保信息的完整性和真实性	未授权的信息修改和信息销毁可能对组织运行、组织资产、个人产生有限的不利影响	未授权的信息修改和信息销毁可能会对组织运行、组织资产、个人产生严重的不利影响	未授权的信息修改和信息销毁可能会对组织运行、组织资产、个人产生严重或灾难性的不利影响
可用性：确保信息能够可靠地被访问和使用	对信息或信息系统的使用或访问能力的破坏可能对组织运行、组织资产、个人产生有限的不利影响	对信息或信息系统的使用或访问能力的破坏可能对组织运行、组织资产、个人产生严重的不利影响	对信息或信息系统的使用或访问能力的破坏可能对组织运行、组织资产、个人产生严重或灾难性的不利影响

在通用分级原则的基础上，OpenHarmony 根据数据分类结果及更加细化的数据分级需求，进一步提出 OpenHarmony 数据分级原则，将数据分为非个人数据、一般个人数据和敏感个人数据（见图 8-2），其中，敏感个人数据为严重等级，非个人数据为公开等级，一般个人数据又分为高、中、低 3 个等级（见表 8-2）。为了更好地满足实际管理需求，如图 8-3 所示，OpenHarmony 基于数据分类结果，对个人数据和非个人数据进行了更加细致的划分，如表 8-3 所示。通过对这些数据详细的分类与分级，OpenHarmony 可以引导应用了解其业务采集和处理的用户数据属于何种等级，并指导应用对不同敏感等级的数据打上标签，进行处理和保护。

表 8-2　　　　　　　　　　　　OpenHarmony 数据分级原则

数据类型	解释
敏感个人数据	针对敏感个人数据（如欧盟 GDPR 要求的特殊类型个人数据和 GB/T 35273—2020《信息安全技术 个人信息安全规范》定义的敏感个人信息）和业界优秀实践，增加"严重"风险级
一般个人数据（高、中、低）	OpenHarmony 按照数据泄露造成的影响程度和业界优秀实践，对数据进行分级（参考 ISO/IEC 27005、FIPS-199、NIST SP800-122）。个人数据风险等级可分为高、中、低 3 个等级
非个人数据	针对非个人数据，增加公开风险等级

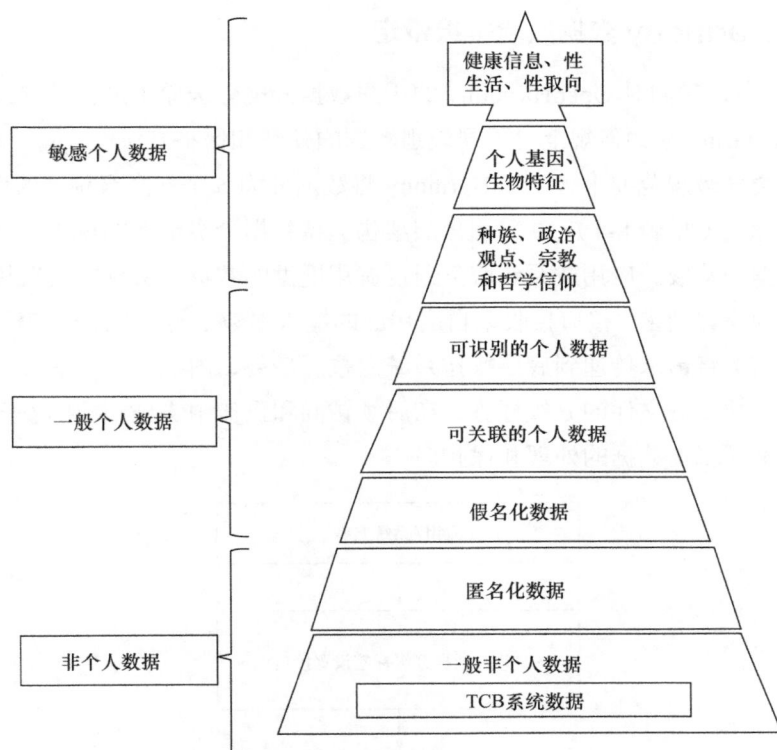

图 8-2 数据分级划分总体框架

表 8–3   OpenHarmony 数据分类分级

数据类型		数据分级	举例
个人数据	关键资产数据	严重	银行卡信息、银行卡密码等
	个人身份数据		种族、文化背景
	健康数据	高	健康数据（身高、体重、体脂、血压、血糖、心率等）、医疗记录、性生活
	家居控制数据		智能锁、家用电器、安防系统等
	年龄生辰数据		出生日期、年龄
	虚拟网络身份标识		社交媒体账号、个人电子邮箱账号、网络平台账号、宽带账号
	一般社会识别标识	中	姓名
	权威社会识别标志		身份证号码、驾驶证号码、护照号、签证授权编号
	个人多媒体数据		照片、视频、音频、录音、备忘录、日历日程等
	一般注册信息		昵称、性别、头像、国籍、出生地、教育程度等
	正向名誉数据	低	职业成就
	负向名誉数据		犯罪记录（刑事、民事犯罪和诉讼记录）、入狱记录、纪律处分
	匿名化数据		匿名化处理后的个人数据
非个人数据	非个人数据	公开	系统、设备信息中公开发布的数据，如 TCB 模块的版本信息、访问控制策略数据的完整性度量值、策略数据等

8.2.3 OpenHarmony 数据风险等级设定

在 8.2.2 小节中，我们对 OpenHarmony 的用户数据分类分级原则进行了详细介绍，本小节我们将讲解 OpenHarmony 如何规范对不同级别数据的处理和保护方法。

按照数据分类分级规范要求，OpenHarmony 将数据分为 5 个安全级别，对应 s0、s1、s2、s3、s4 安全等级标签（见表 8-4），并采用分层架构支持数据分级标签的设置（见图 8-3）。在业务生成文件或数据的阶段，应用或系统服务通过调用提供的数据分级标签设置接口发起对文件或数据风险等级的设置请求。接口接收来自应用层的输入参数（如文件路径和标签值），并通过 NAPI（Native API）将请求传递到底层操作系统内核。最终，内核文件系统负责将标签作为文件属性写入存储，并依据文件的分级标签，在后续访问和操作中实施相应的安全策略，从而从系统层面做到对不同级别数据的处理和保护。

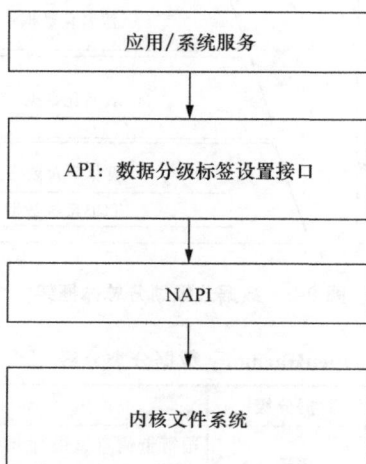

图 8-3　数据分级标签设置流程

表 8-4　　　　　　　　　　　　　　　　数据风险等级定义

数据分级	标签等级	定义与举例
严重	s4	业界法律法规定义的特殊数据类型，涉及个人最私密领域的信息或一旦发生泄露、篡改、破坏、销毁可能会给个人或组织造成重大的不利影响的数据。 举例：政治观点、宗教和哲学信仰、工会成员资格、基因数据、生物信息、健康和性生活状况、性取向等或设备认证鉴权、个人信用卡等财物信息
高	s3	数据的泄露、篡改、破坏、销毁可能会给个人或组织导致严峻的不利影响。 举例：个人实时精确定位信息、运动轨迹等
中	s2	数据的泄露、篡改、破坏、销毁可能会给个人或组织导致严重的不利影响。 举例：个人标识符、姓名昵称等
低	s1	数据的泄露、篡改、破坏、销毁可能会给个人或组织导致有限的不利影响。 举例：性别、国籍、用户申请记录等
公开	s0	系统、设备信息中公开发布的相关数据

通过 OpenHarmony 提供的 setSecurityLabel( ) 和 getSecurityLabel( ) 等接口（见表 8-5），开发者可以方便地为数据添加安全标签，并依据标签级别（s0～s4）制定适当的安全策略，确保

用户数据在存储和传输过程中的安全性。在文件生成或存储阶段，为文件设置安全标签的代码
示例如下所示。

```
import { BusinessError } from '@ohos.base';

//定义文件路径
let filePath = pathDir +'/test.txt';

//设置文件的安全标签为"s0"（公开级别）
securityLabel.setSecurityLabel(filePath, "s0", (err: BusinessError) => {
    if (err){
        // 如果发生错误，输出错误信息
        console.error("setSecurityLabel failed with error message:"
            + err.message + ", error code: " + err.code);
    } else {
        // 设置成功，输出成功信息
        console.info("setSecurityLabel successfully.");
    }
});
```

表 8-5　　　　　　　　　　　　设置安全标签接口及说明

接口名称	参数	类型	说明
setSecurityLabel( )	filePath	string	要设置安全标签的文件路径，例如 /data/test.txt
	label	string	安全标签值，例如 s0（公开）、s1（低）、s2（中）、s3（高）、s4（严重）
	callback	function	回调函数，用于处理设置完成后的返回结果
getSecurityLabel( )	filePath	string	要查询安全标签的文件路径，例如 /data/test.txt
	callback	function	回调函数，用于处理查询结果
*返回结果字段（可选）	err	object	如果操作失败，返回错误对象（包含 message 和 code）；操作成功时返回 null
	label	string	（仅适用于 getSecurityLabel( )）文件当前的安全标签值，例如 s0（公开）、s1（低）等

实例 8-1　设置应用文件的安全标签

对于 OpenHarmony 应用开发者，特别是在分布式场景下，掌握查询和设置应用文件数据安全等级的方法至关重要。下面将详细介绍如何利用 setSecurityLabel( )和 getSecurityLabel( )（见表 8-5）实现对用户文件数据安全等级标签的设置和查询。

具体开发步骤如下。

第一步，新建项目 app-8-1。

第二步，在 src/main/ets/pages/Index.ets 中添加实现功能所需要的组件：标题（Text）、按钮1 创建文件（Button）、输入框（TextArea）、数据等级标签选择（TextPicker）、按钮 2 设置目标文件数据安全等级（Button）、按钮 3 查看目标文件数据安全等级（Button）。

第三步，在按钮 1 的 click 事件中，使用 fileIO 创建应用文件 text.txt，通过以下代码找到应用沙箱指向的路径。

```
const context = getContext(this) as common.UIAbilityContext;
const pathDir = context.filesDir;
```

我们创建的文件保存在 **pathDir** + **'/test.txt'**中，创建文件相关代码如下。

```
createFile(filePath: string): void {
    if (fs.accessSync(filePath)){
        fs.unlinksync(filePath);
    }
    const file = fs.openSync(filePath,fs.OpenMode.READ_WRITE |fs.OpenMode.CREATE);
    const writeLen = fs.writeSync(file.fd,this.input);
    console.info(TAG, "The length of str is: "+ writeLen);
    const arrayBuffer = new ArrayBuffer(1024);
    const readoptions:ReadOptions = {
      offset: 0,
      length: arrayBuffer.byteLength
};
    const readLen = fs.readSync(file.fd, arrayBuffer,readoptions);
    const buf = Buffer.from(arrayBuffer,0, readlen);
    console.info(TAG, "the content of file: " + buf.toString());
    fs.closeSync(file);
}
```

第四步，提供 **Picker** 组件，从 **s0~s4** 中选择一个安全等级。具体代码如下。

```
type DataLevel = 's0'| 's1'| 's2'| 's3' | 's4';
private securityLabels:Datalevel[] = ['s0', 's1', 's2', 's3', 's4'];
@state selectedLabel: number 1;
TextPicker({ range: this.securitylabels, selected: this.selectedLabel }).onchange
((value: string | string[],index: number | number[]) => {
    console.info(TAG,"picker item changed, value: " + value + ", index:'+ index)
    this.selectedLabel=index as number;
})
```

第五步，根据用户选择的数据安全等级，使用 **setSecurityLabel( )**设置目标文件 **text.txt** 的安全标签，并通过 **showToast** 实现弹窗，反馈操作是否成功。具体代码如下。

```
.onclick(() => {
    const filepath = pathDir + '/test.txt';
    console.info(TAG,filePath);
    securityLabel.setSecurityLabel(filePath,this.securityLabels[this.
    selectedLabel]).then(() => {
promptAction.showToast({
message:'设置安全标签成功',
duration: 2000
});
console.info(TAG, "setSecurityLabel successfully");
}).catch((err: BusinessError) => {
promptAction.showToast({
message: '设置安全标签失败',
duration: 2000
});
console.error(TAG, "setSecurityLabel failed with error message:" + err.message + ",
error code:" + err.code);
});
})
```

第六步，使用 getSecurityLabel( )获取目标文件的安全等级，查看是否修改成功。具体代码如下。

```
.onclick(() =>{
  const filePath = pathDir + '/test.txt';
  securityLabel.getSecurityLabel(filePath).then((type: string) => {
    promptAction.showToast({
      message:'该文件安全标签为' + type,
      duration:2000
    });
    console.info(TAG, "getSecurityLabel successfully, Label:" + type);
  }).catch((err: BusinessError) => {
    promptAction.showToast({
      message: '获取安全标签失败',
      duration: 2000
    });
    console.error(TAG,"getSecurityLabel failed with error message:" + err.message + ",
error code:" + err.code);
    });
});
```

具体操作步骤如下。

第一步，在图 8-4 所示界面文本框中输入"实例 8-1 测试"，单击"创建 text.txt"按钮后，会自动创建 text.txt 应用文件并写入文本，同时弹出"创建文件成功"弹窗，并打印日志信息（见图 8-5 ）。

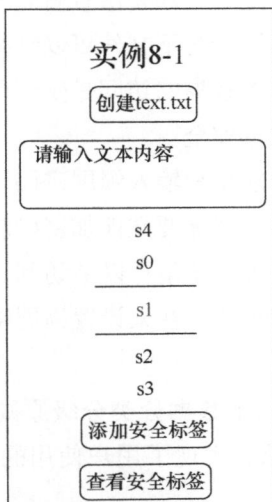

图 8-4　实例 8-1 界面

图 8-5　文件内容的日志信息

第二步，滚动选择栏，选择目标文件的数据安全等级为 s2，如图 8-6 所示。

```
com.examp...lication    I    8-1 The length of str is: 15
com.examp...lication    I    8-1 the content of file: 实例8-1测试
com.examp...lication    I    8-1 Picker item changed, value: s2, index: 2
```

图 8-6　标签日志信息

第三步，单击"添加安全标签"按钮，设置目标文件的数据安全等级为 s2，并显示弹窗。
第四步，查看目标文件数据安全等级是否已经被设置为 s2。

8.3　系统级文件加密

在设备的初始设置阶段，系统通常会引导用户设置锁屏密码。让我们以这一设置为基础，设想以下几种场景。

当设备解锁时，用户可以顺畅地打开各类社交应用，发送照片和视频，或者播放存储在设备上的视频文件。在这个过程中，系统对这些文件的对称加密操作用户是完全无感知的，用户能够自由地访问和使用这些文件，享受便捷的数字生活。

当设备处于锁屏状态时，用户可能会收到一条微信消息，但消息内容并未完全显示。同时，用户会发现，在锁屏状态下可以拨打电话，却无法查看联系人；可以打开摄像机拍照，但无法访问相册；如果正在下载文件，在锁屏状态下文件可以继续下载，但无法查看文件内容。这些现象清晰地表明，在锁屏状态下，许多数据的访问是受到严格限制的，系统通过加密和访问控制机制，有效保护了用户的隐私和数据安全。

每次设备开机，系统都会强制要求用户输入锁屏密码，而无法使用人脸或指纹解锁。

深入分析可以发现，上述场景的实现需要文件加密机制满足以下要求：不同的数据应受到不同的加密保护策略，部分数据在锁屏状态下可以被访问，而另一些数据则不能；用户数据的访问权限与用户设置的锁屏密码密切相关，在未设置锁屏密码的情况下，设备上的所有数据均可被访问。

OpenHarmony 系统级文件加密基于数据分类分级原则，通过数据分区、密钥层级及分级加密等措施，满足了上述场景的要求，实现了用户使用的便捷性和用户数据的安全性的完美平衡。

8.3.1　数据分区

在 OpenHarmony 中，文件数据依据敏感程度被划分为 5 个敏感等级，其中，低敏感个人数据和非个人数据被存储在 EL1 加密分区中，其余 3 个敏感等级的个人数据被存储在 EL2～EL4 加密分区中，其安全级别逐步提升（见表 8-6）。

表 8-6   不同级别数据对应分区表

数据分类	数据分级	应采取的保护等级	总结
个人数据	严重	EL4：增强用户凭据加密区。与用户安全信息相关的文件，放在 EL4 加密分区更合适	EL4 类数据：锁屏时不可读写
	高	EL3：补充增强用户凭据加密区。对于应用中的记录步数、文件下载、音乐播放，需要在锁屏时读写和创建新文件，放在 EL3 加密分区比较合适	EL3 类数据：锁屏时可写不可读
	中	EL2：用户凭据加密区。对于更敏感的文件，如个人隐私信息等，应用可以将这些文件放到更高级别的加密分区 EL2 中，以保证更高的安全性	EL2 类数据：开机首次解锁后可以自由访问
	低	EL1：设备级加密区，对于私有文件，如闹铃、壁纸等，应用可以将这些文件放到设备级加密分区 EL1 中，以保证用户输入密码就可以访问	EL1 类数据：在设备本地可自由访问
非个人数据	公开		

EL1 分区：主要存储非个人数据及低敏感级别数据。借助设备硬件密钥对数据实施加密保护，确保数据仅能在本设备进行解密访问，若数据转移至其他设备则无法完成解密操作。

EL2 分区：肩负保护诸如社交账户标识、照片等中敏感数据的重任。该分区的密钥运用设备硬件密钥与用户锁屏密码派生密钥的双重加密策略。只有在设备完成首次开机解锁后，这些数据方可被自由访问，且解锁密码与数据解密紧密相关，用户在首次解锁前无法获取此类数据。

EL3 分区：专门存放健康数据等高敏感个人数据。除了采用与 EL2 分区相仿的双重加密策略，该分区还施加了更加严格的访问限制，在设备处于锁屏状态期间，仅允许数据写入，禁止任何形式的读取，此规定适用于文件下载等后台任务场景，能够在设备锁屏状态下持续开展数据写入工作，而用户只有在设备解锁之后，方能正常执行读写数据操作。

EL4 分区：作为安全级别最高的分区，该分区旨在保护用户认证密钥、健康隐私信息等严重敏感数据。进入设备锁屏状态后，EL4 分区的数据将全面禁止访问，涵盖读取、写入、加密及解密等一切操作，唯有在解锁设备后，才能对其进行正常操作。

文件分区安全设计在充分保障数据敏感性的同时，又兼顾了便捷性，对低敏感数据给予基础性保护，而对高敏感数据则着重保障其在高风险环境中交易的安全性。

对于应用开发者而言，在 OpenHarmony 中，只需要指定数据存储所用的加密分区及其存储路径，系统便会依据预设的目录结构，将文件精准地存储于对应加密分区的指定位置，管理数据的加密与访问权限，不需要开发者操心具体的加解密逻辑。

当用户在系统上安装应用时，账号子系统会为该用户名下的应用创建专属目录。每个应用在各个加密分区中都拥有一个专属于自身的目录，具体路径如表 8-7 所示。应用生成文件并为其标记后，即可将其存储到对应的加密分区。应用亦可通过读写上下文的 area 属性，根据业务需求将指定数据存储至不同加密分区，从而实现数据的分级保护和存储。

表 8-7   不同分区对应路径名称

路径名称	对应的文件加密分区
/data/app/el1/<userld>/base/<packagename>/	设备级加密区存放系统应用的文件沙箱的数据区。用户首次解锁前需要访问的数据，例如闹铃
/data/app/el2/<userld>/base/<packagename>/	用户凭据加密区存放应用的文件沙箱的数据区

路径名称	对应的文件加密分区
/data/app/el3/\<userId\>/base/\<packagename\>/	用户补充增强凭据加密区存放应用的数据库的数据区
/data/app/el4/\<userId\>/base/\<packagename\>/	用户增强凭据加密区存放应用的数据库的数据区

通过读写上文的 area 属性修改存储的加密分区具体代码如下。

```
import UIAbility from '@ohos.app.ability.UIAbility';
import contextConstant from '@ohos.app.ability.contextConstant';
import AbilityConstant from '@ohos.app.ability.AbilityConstant';

export default class EntryAbility extends UIAbility {
    onCreate(want: Want,launchParam: AbilityConstant.LaunchParam) {
        // 切换到 EL1(设备级加密分区)
        this.context.area = contextConstant.AreaMode.EL1; //设置当前区域为 EL1
        console.info('数据存储到 EL1 加密区');

        // 切换到 EL2(用户凭据加密分区)
        this.context.area = contextConstant.AreaMode.EL2; // 设置当前区域为 EL2
        console.info('数据存储到 EL2 加密区');

        // 切换到 EL3(补充增强用户凭据加密分区)
        this.context.area = contextConstant.AreaMode.EL3; //设置当前区域为 EL3
        console.info('数据存储到 EL3 加密区');

        // 切换到 EL4 (增强用户凭据加密分区)
        this.context.area = contextConstant.AreaMode.EL4; // 设置当前区域为 EL4
        console.info('数据存储到 EL4 加密区');
    }
}
```

8.3.2 密钥层级

在 OpenHarmony 中，不同的加密等级对应不同的密钥层级。为便于理解加密等级与加密算法之间的关系，有必要先来介绍一下 OpenHarmony 的密钥层级。

硬件密钥：利用硬件隔离技术，将密钥存储在独立且受保护的区域，与系统内存和普通存储隔离，即使系统遭受恶意攻击，也难以直接获取硬件密钥。它作为设备的基础安全保障，参与双重加密，安全性极高。

类密钥：按分区生成，用于加密该分区内文件的加密密钥。基于硬件密钥和锁屏密码通过派生因子生成，每个分区都有独立的类密钥，以对应不同文件加密分区（如 EL1、EL2 等）。锁屏密码解锁后，类密钥被缓存，用于实时派生文件密钥。

文件密钥：用于加密单个文件，对于文件来说密钥是唯一的，动态生成。从类密钥派生而来，根据文件的派生因子生成，确保单个文件密钥被破解不影响其他文件安全。

锁屏密码：用户设置的密码，用于解锁设备，并授予用户对保护数据的访问权限。派生出根密钥，与硬件密钥结合生成类密钥，保护类密钥的解密过程。参与防暴力破解机制，限制连续错误输入次数，增加破解难度。

人脸、指纹等基于生物特征的认证：用于快速解锁设备及验证身份的基于生物特征的认证方式。提供便捷解锁方式，解锁后签发 AuthToken，系统用其验证解锁状态有效性，并允许访问缓存的类密钥以操作文件。

OpenHarmony 文件加密过程中密钥的使用和管理，如图 8-7 所示。

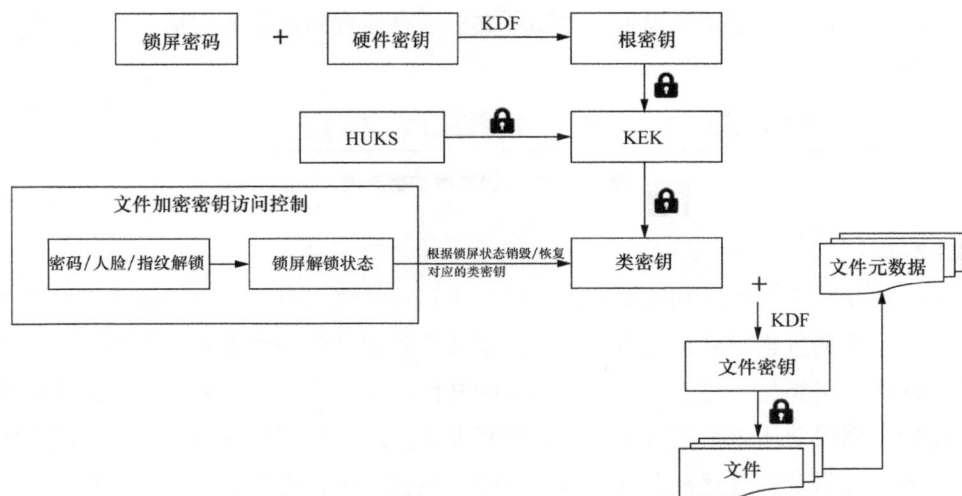

图 8-7　OpenHarmony 文件加密层级密钥关系图

文件加密的核心在于结合用户的锁屏密码（Password）和设备的硬件密钥（Hardware Key）。这两个关键要素通过密钥派生函数（Key Derivation Function，KDF）生成根密钥（root secret），它是整个加密体系的基础，用于保护后续生成的密钥链条。在此基础上，系统通过华为统一密钥存储服务（Huawei Universal Keystore Service，HUKS）生成关键加密密钥（Key Encryption Key，KEK），该密钥负责对类密钥（Class Key）进行加密和管理。根据具体分区和解锁状态动态加载类密钥，用于对文件密钥（File Key）进行进一步派生。

文件加密系统通过严格的访问控制保障类密钥的安全性。类密钥的访问受锁屏解锁状态严格限制，用户需通过密码、人脸识别或指纹认证解锁，系统验证解锁合法性后，若认证通过，相应类密钥被解密并暂时缓存，以供后续操作使用。这种设计确保只有在设备解锁情况下，才可能访问与文件相关的加密密钥。

每个文件包含自身元数据，记录与文件密钥派生相关的随机因子。读写文件时，系统结合类密钥和文件元数据，通过 KDF 生成文件密钥，用于对文件进行加密或解密操作，确保文件在存储和访问过程中始终受到保护。同时，系统采用高性能的 AES 加密算法，结合 XTS 模式（支持高吞吐量），进一步提升文件加密的效率和安全性。

8.3.3　分级加密

OpenHarmony 根据数据不同的安全级别采取不同的加密策略。

1. EL1

如图 8-8 所示，EL1 分区主要用于存储设备上的公开数据和低敏感级别的数据，其核心特点是数据的访问完全基于设备本身的硬件密钥进行保护。在 EL1 分区中，每一个文件都有自己单独的加密密钥（文件密钥），这些文件密钥是通过类密钥派生的，而类密钥则由硬件密钥加密和生成。EL1 分区的数据不需要锁屏密码即可访问，也就是说，只要设备硬件密钥有效，数据便可随时被访问，不需要其他额外认证。EL1 分区的加密方式简化了用户的操作复杂度，但仍然具备较高的安全性，特别是在设备发生物理丢失或存储介质被拆解的情况下，数据依然无法被恢复和解密。

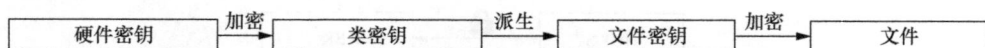

图 8-8　EL1 级数据加密流程

2. EL2

如图 8-9 所示，采用双重加密策略，即硬件密钥和锁屏密码派生的密钥共同对类密钥进行加密。当用户首次通过锁屏密码完成认证后，系统会将解密后的类密钥缓存放到内核内存中，以便后续文件的读写操作。对于每个需要加密的文件，系统会利用类密钥结合文件的派生因子生成文件密钥，然后使用该密钥对文件进行加密保护。EL2 分区加密的特点是该类密钥在通过锁屏密码完成认证后会被缓存到系统内核内存中，也就是说，设备通过开机的首次认证后，无论处于锁屏还是非锁屏状态，被加密的文件都可以自由访问。

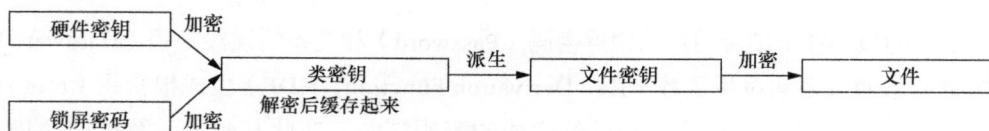

图 8-9　EL2 级数据加密流程

3. EL3

如图 8-10 所示，EL3 文件加密过程在 EL2 文件加密基础上进一步强化了访问控制，适用于高敏感级别的用户数据。这一分区的类密钥同样受到硬件密钥和锁屏密码派生的密钥的双重加密保护。用户首次通过锁屏密码、人脸或指纹完成解锁认证后，类密钥会被解密并缓存到内核内存中，为文件的加解密提供基础支持。然而，与 EL2 分区不同，EL3 分区对缓存类密钥的使用权限更为严格，具体访问受到用户锁屏解锁状态的动态管理。EL3 分区中的访问控制机制基于用户的身份认证结果。例如，当用户通过锁屏、人脸或指纹认证完成解锁后，系统会签发一个认证通过的 Token（AuthToken），并将其提供给文件系统。文件系统会校验 Token 的有效性，并判断当前用户是否确实处于解锁状态。如果认证通过，系统允许使用缓存的类密钥进一步派生出文件密钥，从而对目标文件进行加密或解密操作。此外，EL3 分区实现了更精细化的读写权限管理。在锁屏状态下，系统允许写入操作（加密新数据），但禁止读取操作（解密文件内容）。而在解锁状态下，用户可以完全读写文件。这一特性通过非对称密钥技术实现，有效地将锁屏与解锁状态的文件访问权限区分开来，从而进一步提升高敏感数据的安全性。这种分区策略确保了即使设备缓存了类密钥，未经用户解锁认证的情况下，高敏感数据仍然处于严格保护状态。EL3 分区的设计在安全性和用户体验之间取得平衡，为需要更高安全保障的场景提供了坚实的支持。

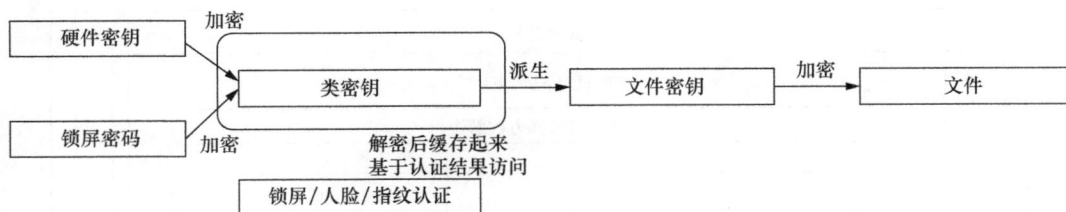

图 8-10　EL3 级数据加密流程

4. EL4

EL4 级别和 EL3 级别整体差别不大，主要区别是在 EL3 中，锁屏状态下系统允许写入操作（加密数据）但是禁止读取操作（解密数据），而在 EL4 级别中，写入和读取操作都被禁止。此外，由于访问控制策略不同，使用派生密钥的流程和密钥类型也会有一定区别，在 EL3 中由于读写的访问控制是分开的，因此采用非对称密钥来实现，而在 EL4 中则采用对称密钥来实现。

文件分级加密机制在增强数据安全保障的基础上也为开发人员提供了灵活的文件管理接口，使数据安全保护工作更为有效。

8.3.4　OpenHarmony 锁屏密码保护措施

8.3.2 小节中曾提到硬件密钥和锁屏密码派生的密钥共同对类密钥进行加密是整个加密体系的关键。硬件密钥是出厂时设置好的，并有着很强的硬件保护能力，但是锁屏密码则是人为设置的，且长度很短，因此锁屏密码必须要有防暴力破解机制，防止攻击者在很短的时间进行多次认证尝试从而进行暴力破解。

常见的防暴力破解机制是在输入错误密码后冻结设备一段时间，并随着输入错误次数的增加不断延长冻结时间，从而避免攻击者无限次地尝试锁屏密码。

OpenHarmony 将锁屏密码的认证和相关机制部署在独立的安全芯片中。如图 8-11 所示，密码验证的关键凭据被存储在安全芯片中，这些凭据几乎不可能被攻击者提取出来，从而避免了被放到云端进行强算力破解。此外，认证失败次数的记录和冻结时间的计时也在安全芯片中完成，这些记录不可篡改，即使设备重启也不影响安全时钟，确保了认证机制的可靠性。同时防暴力破解机制与设备的双重加密保护密切相关。在用户成功完成锁屏密码认证后，系统会基于设备硬件密钥和用户的锁屏密码动态派生出文件密钥。这种双重加密机制确保攻击者无法通过暴力破解获取锁屏密码，也无法解密设备上的加密数据，从而进一步提升了数据安全性。

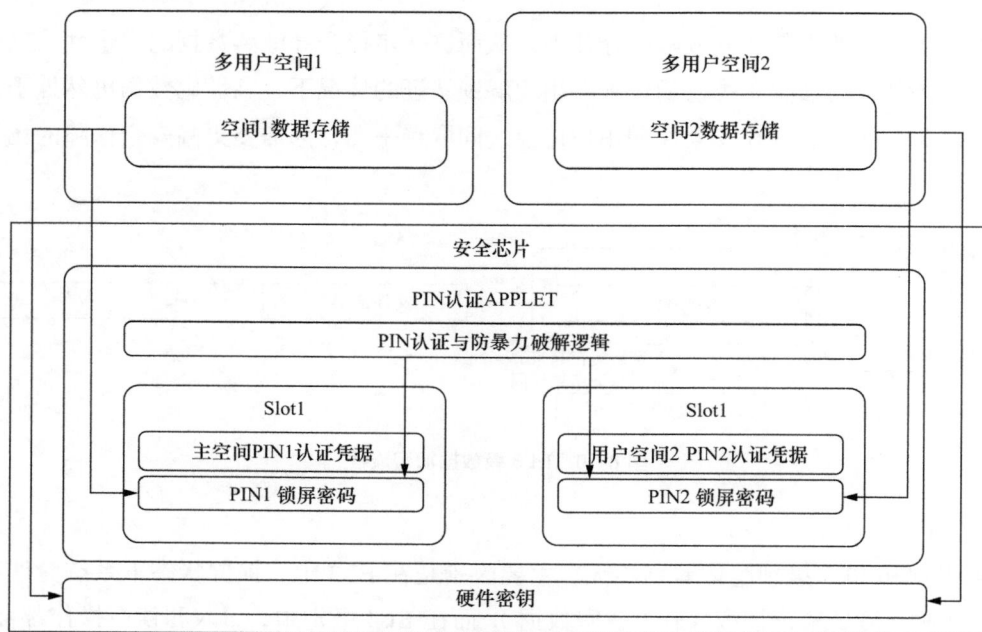

图 8-11　锁屏密码保护框架

综合来说，OpenHarmony 对锁屏密码的保护措施原理如下：锁屏认证由安全芯片控制，无法从认证凭据反推锁屏密码；防暴力破解机制（如穷举尝试次数限制）由核心可控区管控，非安全侧无法篡改惩罚计时规则；仅在锁屏认证通过后，锁屏派生值与硬件密钥派生值共同参与对文件的加解密。

实例 8-2　存储数据到不同的加密分区

应用文件加密是保障信息安全、避免未经授权访问的有效手段。在实际应用中，开发者应依据特定场景的特定要求，科学合理地选取合适的加密分区，从而确保应用数据安全。要实现加密分区的获取与设置，可以通过操作上下文的 area 属性来达成。下面将展示如何实现切换不同的存储分区，将新建的文件存储至指定的加密分区。

具体实现步骤如下。

第一步，新建项目 demo-8-2。

第二步，在 src/main/ets/pages/Index.ets 添加实现功能所需要的组件：标题（Text），4 个按钮（Button）分别表示切换到 EL1～EL4 4 个存储分区并存入文件，一个按钮（Button）表示创建文件并存入设置好的分区。

第三步，在 Button 的 Click 事件中，切换 Context.area 属性，改变存储分区。具体代码如下。

```
this.context.area = contextconstant.AreaMode.EL1;
promptAction.showToast({
   message:'已设置 EL1 分区',
   duration: 2000
});
console.info(TAG, this.context.area);
```

第四步，切换分区后，创建新文件并存入指定路径。具体代码如下。

```
const context = getContext(this) as common.UIAbilityContext;
const pathDir = context.filesDir;
const filePath = pathDir + '/text.txt';
```

具体操作步骤如下。

第一步，打开示例应用，并打开日志窗口，在图 8-12 所示界面中单击对应按钮切换不同分区，这里以 EL1 分区为例。

第二步，单击"创建并存储文件"按钮，弹窗提示该文件被存储到了 EL1 分区。

8.4 分布式数据传输安全

设想以下场景：如图 8-13 所示，小明同学使用账户 1 登录了 3 台设备：手机、平板计算机和智能手表。其中，平板计算机被配置为小明家里的家具设备操控中心，可在平板计算机上操控摄像头的开关（此处不考虑平板计算机与摄像头之间交互的安全性问题）。此外，平板计算机和手机通过蓝牙连接在一起，智能手表则可以与平板计算机通过云端进行交互。

实例8-2

设置EL1分区

设置EL2分区

设置EL3分区

设置EL4分区

创建并存储文件

图 8-12 分区切换与
文件存储界面

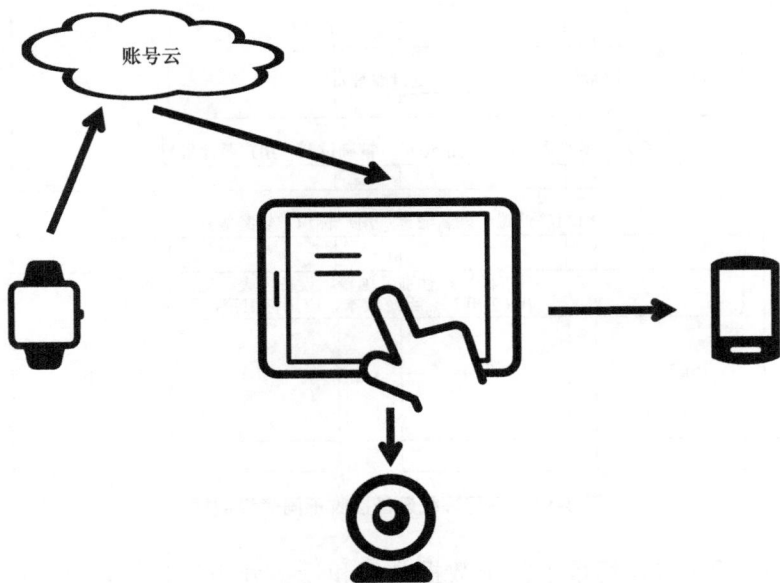

图 8-13 分布式场景

在该场景下，存在以下两种操作：对于手机和平板计算机，手机可以传输图片给平板计算机，或者开启多屏协同功能让平板计算机操作手机上的业务；对于智能手表和平板计算机，智能手表可以通过云端发送远控指令开启家里的摄像头，或者获取摄像头拍摄的图像数据。

193

不同的设备有不同的安全防护强弱等级。手机和平板计算机的系统资源非常丰富，功能也相当全面，因此其安全防护能力较强，恶意软件很难篡改和窃取数据。然而，如果安全防护能力较强的平板计算机获取了摄像头中的隐私数据，并且允许该数据被智能手表控制或远程传输给智能手表，就出现问题了。智能手表作为一个资源极其有限、功能也较为基础的设备，无论是硬件还是软件方面的安全防护能力都要低于手机和平板计算机。而这种安全防护能力较弱的设备却能够操控高敏感的摄像头数据，这就极大提高了安全风险。由于木桶效应，智能手表就成为了攻击者入侵整个超级终端的薄弱环节。

在分布式场景下，我们将资源和功能有限的设备称为瘦设备，资源和功能丰富的设备称为富设备。如何避免攻击者以用户的瘦设备为跳板，获取用户其他设备上的数据，以及如何控制哪些数据可以出现在哪些设备上，是分布式场景下必须要深入思考和解决的问题。为此，OpenHarmony 不仅对用户的个人数据进行了分类与分级，还对不同的设备进行了分类与分级，强制实施与数据风险等级相匹配的跨设备访问控制。

OpenHarmony 将数据分为 s0～s4 5 个敏感等级，设备安全分为 SL1～SL5 5 个等级。其中，公开和低敏感数据可以在所有设备上传输和共享，中敏感数据需要 SL2 以上的设备才能同步，高敏感数据需要 SL3 以上的设备才能同步，严重敏感的数据只能在 SL4 和 SL5 的设备上传输和共享，如图 8-14 所示。

图 8-14　不同等级设备接收不同等级数据

前面我们介绍了分布式场景下基于数据分级和设备分级的访问控制策略，本节将介绍 OpenHarmony 是如何在该策略的基础上，从系统服务与系统应用层面设计和实现分布式场景下的数据传输。

OpenHarmony 通过构建硬件与软件协同的安全体系，为分布式设备间的数据传输提供系统级保护，如图 8-15 所示，整体分为 3 级。

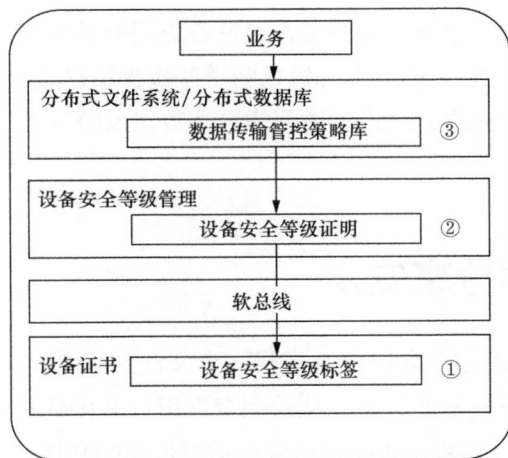

图 8-15 分布式设备传输安全体系

在 TEE 侧（①），基于芯片级安全技术建立隔离区域，专门用于存储设备安全等级证书、执行密钥派生等敏感操作，防范物理攻击和非法篡改。而设备证书中存有根据设备安全等级规范认证的设备安全等级标签。

在 REE 侧（②），运行设备安全等级管理服务，负责向其他设备证明本设备的安全等级及校验其他设备的安全等级。

在安全等级服务之上设有各种分布式业务（③），例如分布式文件系统和分布式数据库。主要作用是在设备上线后，在超级终端设备之间根据数据传输管控策略库共享和同步数据。

整个分布式数据传输体系的实现主要分为 3 步（见图 8-16）。

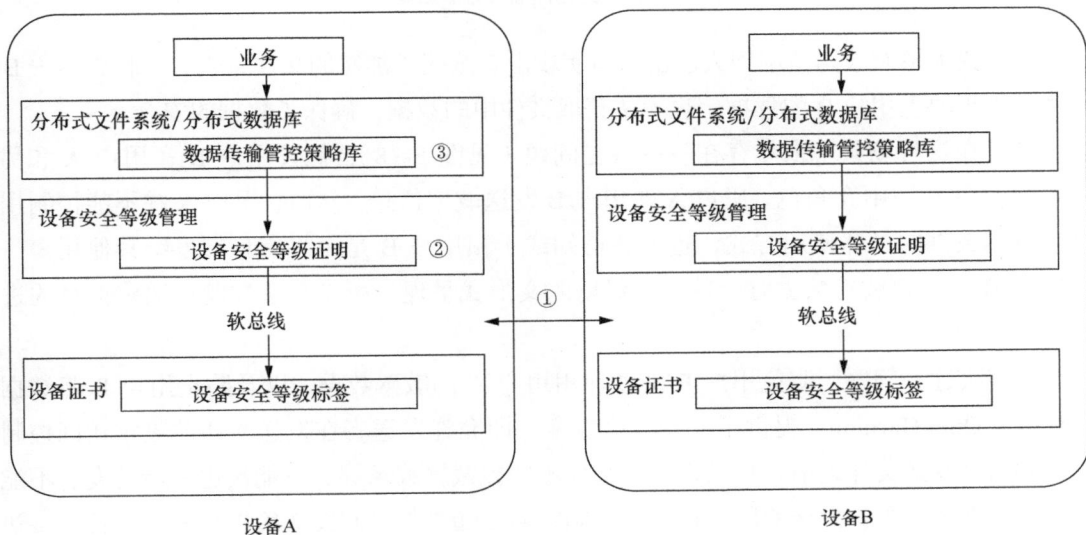

图 8-16 分布式数据传输认证流程

① 在共享和同步数据之前，设备间会通过软总线请求获取对端设备的设备安全等级。

② 分布式业务会调用该设备的安全等级管理服务接口，认证和校验目标设备，此时安全等

级管理服务会基于该设备的安全等级返回允许该设备访问的最高数据风险等级。

③ 分布式业务通过目标设备的安全等级判断哪些数据可以进行共享和同步，只有在当前文件的数据风险等级小于等于允许对端设备访问的最高数据风险等级时，才会允许文件传输给对端设备。

8.5 跨用户文件分享安全

如图 8-17 所示，用户 A 想要向用户 B 发送一个文件，需要先获取用户 B 的凭据，有以下两种方式：从设备侧获取用户 B 的凭据；从云侧查询用户 B 的凭据。

用户 A 获取用户 B 的凭据后，才能利用该凭据对传输的文件进行加密处理。

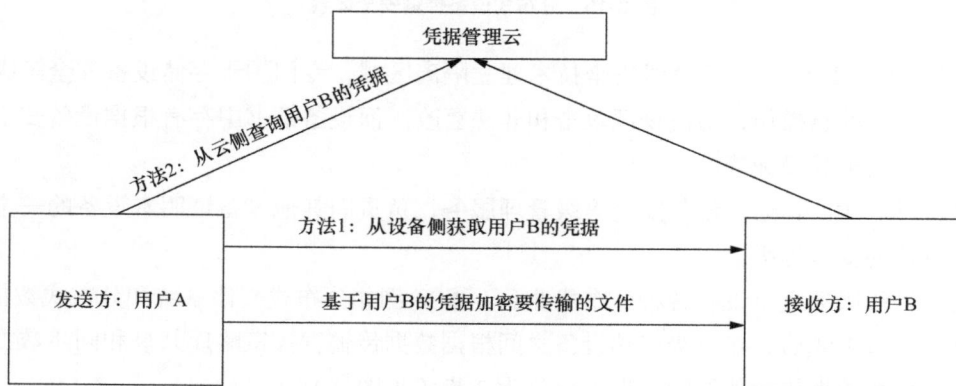

图 8-17 跨用户文件分享场景

这种方式能够有效防范中间人攻击。即使攻击者截获了加密的文件，或者伪装成用户 B 接收文件，由于缺乏用户 B 的凭据，也无法获取文件中的数据，确保了数据的安全。

不过，在这种场景下依然存在一些潜在问题（见图 8-18）：假设用户 B 在用户 A 和另一个用户 C 之间扮演中介角色，用户 A 向用户 B 发送敏感信息。然而，用户 A 并不能控制用户 B 对该敏感数据的具体使用方式，也无法得知或干预用户 B 是否将信息转发给其他用户。因为当用户 B 接收该敏感数据时，数据已经以明文形式呈现，所以无法控制该敏感信息的进一步扩散。

为了解决这一问题，避免用户 B 随意使用用户 A 的敏感数据，以及防止用户 B 将数据进一步扩散，OpenHarmony 提供了一种解决方案。即允许发送者在发送文件前设定访问控制策略。例如，在发送文件之前，可以设定该文件不能被截屏或录屏、不能被进一步转发、不能被复制、不允许修改等。发送阶段，该访问控制策略会随文件一同发送给接收者。并且，该访问控制策略具有不可修改、抹除或与文件分离的特性。同时，文件在传输过程中不会泄露，也不依赖通道安全。当文件发送给接收者后，接收者的 OpenHarmony 会根据该访问控制策略限制对文件的访问，对风险行为进行拦截。即使上层应用遭受攻击，拦截功能仍然有效。

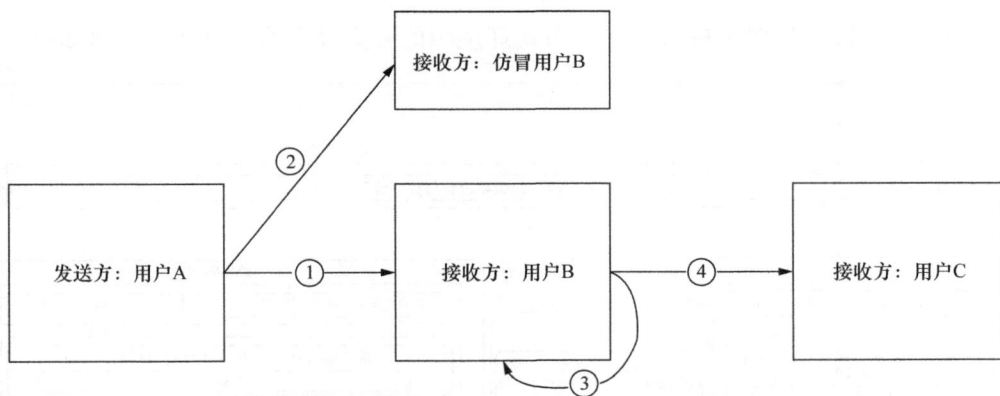

	数据泄露路径	传统加密方案是否可解决
①	攻击者监听A、B之间的通信通道获取数据	是，基于用户B的凭据端端加密
②	攻击者仿冒用户B，获取用户A发送的数据	是，发送前认证用户B的身份，或基于加密隐式认证
③	用户B已有权访问数据，恶意截屏、打印……	否
④	用户B把数据转发给其他接收方	否

图 8-18　传统加密方案的问题

　　例如图 8-19 中的情景，数据发送方需要发送一个 doc 文档，那么在数据发送前，发送方能够设定该文件的访问控制策略，限制接收方对于该文件只有有限权限，就是跨用户文件分享场景下对系统安全能力的诉求。例如限制接收方只有文档查看权限；在传输过程中保证文件内容本身不泄露及访问控制策略不被修改；在发送后能够有效执行访问控制策略，实施有效的操作拦截（例如限制文档截屏和转发等行为）。

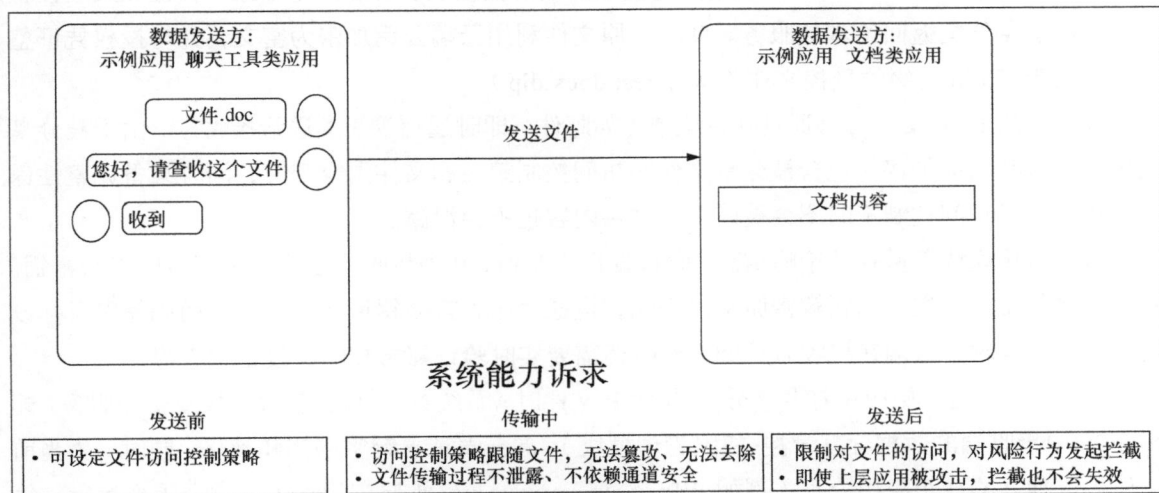

图 8-19　跨用户文件分享安全能力诉求

8.5.1　OpenHarmony 文件受控分享系统框架

　　OpenHarmony 文件受控分享系统以 DLP 服务为基础，构建了一套涵盖文件生成、传输到访问的全生命周期安全保护机制。该系统以文件的访问控制为核心，借助加密、权限管理和沙箱隔离等技术手段，确保敏感数据在分布式环境中的安全性和可控性（见图 8-20）。

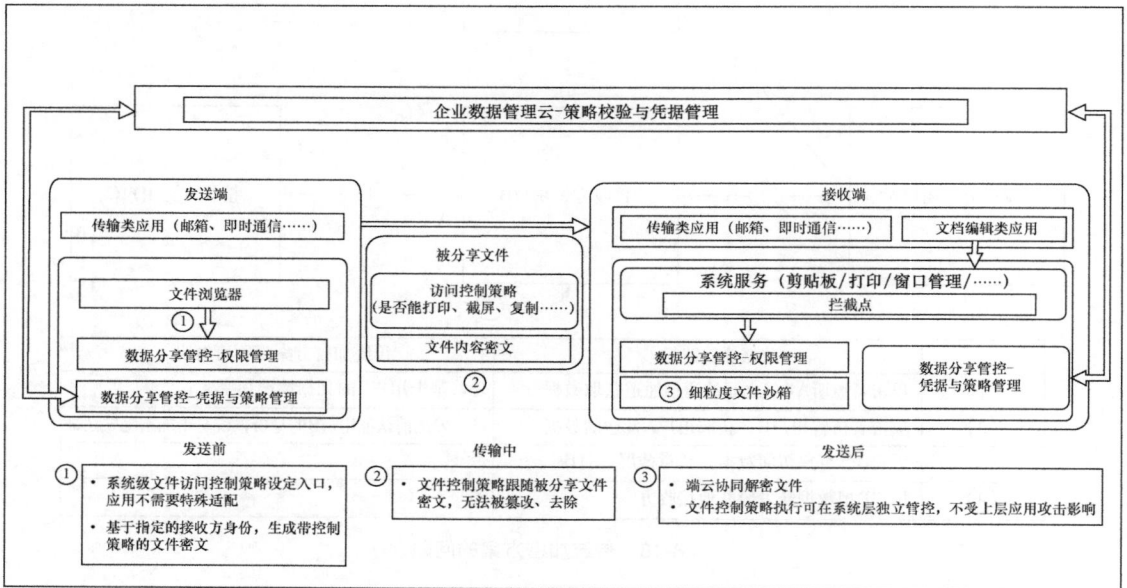

图 8-20　文件受控分享系统框架

在发送端，用户通过系统文件浏览器挑选目标文件，随后调用 DLP 权限管理应用（即图 8-20 中的数据分享管控–权限管理模块）来设定访问策略，例如只读、不可截图、不可修改、不可打印等，同时指定授权用户的账号信息。DLP 权限管理应用会将用户配置的策略信息封装成授权凭证，并通过 DLP 权限管理服务提交至云端对接模块。云端在完成账号认证和策略校验后，生成加密凭据返回给本地服务。此时，原文件利用云端公钥加密为密文，并与授权凭证整合，生成带有 .dlp 后缀的受控文件（例如 test.docx.dlp）。

加密后的 DLP 文件可以通过任意渠道（如邮件、即时通信等）发送给接收方。由于被分享文件在打包时已被加密，包含被分享文件的访问控制策略和文件内容密文，同时具备完整性保护，这确保了访问控制策略不会被破坏，文件内容也不会泄露。

云端对接模块负责存储策略信息，验证发送方身份，并为接收方生成基于账号的加密密钥。具体方法是使用发送方私钥解密原文件密钥，再通过接收方公钥重新加密，从而确保仅目标设备可解密。同时，云端在接收方访问文件时还需要实时验证账号权限、设备状态等。

在接收端，当上层应用打开被分享的 DLP 文件时，系统会自动触发 DLP 权限管理服务（即图 8-20 中接收端的数据分享管控–权限管理模块），向云端请求解密密钥和策略。同时，为当前文件生成独立的沙箱应用分身（例如 WPS 沙箱），该分身继承原应用配置但完全隔离运行，每个 DLP 文件都对应一个沙箱环境。当 DLP 权限管理服务解析出 DLP 文件中的访问控制权限后，会将其设置到沙箱中。之后，当上层应用在沙箱中打开这个文件，用户对该文件的所有操作都将受到对应的系统服务的访问控制权限检查和拦截。

此外，只要上层应用能够识别 DLP 文件，就不需要进行额外的适配，或者仅需要进行一些用户体验层面的优化。例如，使用 WPS 应用打开 DLP 文件时，若只有读权限而没有写权限，WPS 中的编辑按钮会相应地被置灰，这样用户能够明显感知到权限的变化，从而改善用户的使用体验。

8.5.2　DLP 权限管理部件

在 8.5.1 小节中，我们对 OpenHarmony 文件受控分享系统框架进行了介绍，不难发现，文件受控分享系统框架的关键是 DLP 技术及 DLP 权限管理部件。图 8-21 展示了 OpenHarmony DLP 技术方案，包括上层应用（第三方应用及 DLP 管理应用）、SDK、DLP 权限管理部件。其中，作为 DLP 模块的入口应用——DLP 管理应用（DLP 权限应用部件）提供对原始文件添加权限保护，修改 DLP 文件权限配置，以及解除 DLP 文件权限保护的功能；SDK 则向第三方应用开发者提供 DLP 模块的拓展能力，例如获取 DLP 文件访问记录，DLP 沙箱应用的安装、卸载等，以优化第三方应用在 DLP 场景下的使用体验；DLP 权限管理部件作为 DLP 技术的基石，通过证书管理、沙箱管理、访问记录、加密读写和文件解析等模块的协同工作，实现从文件从生成、传输到访问的全生命周期安全保护。

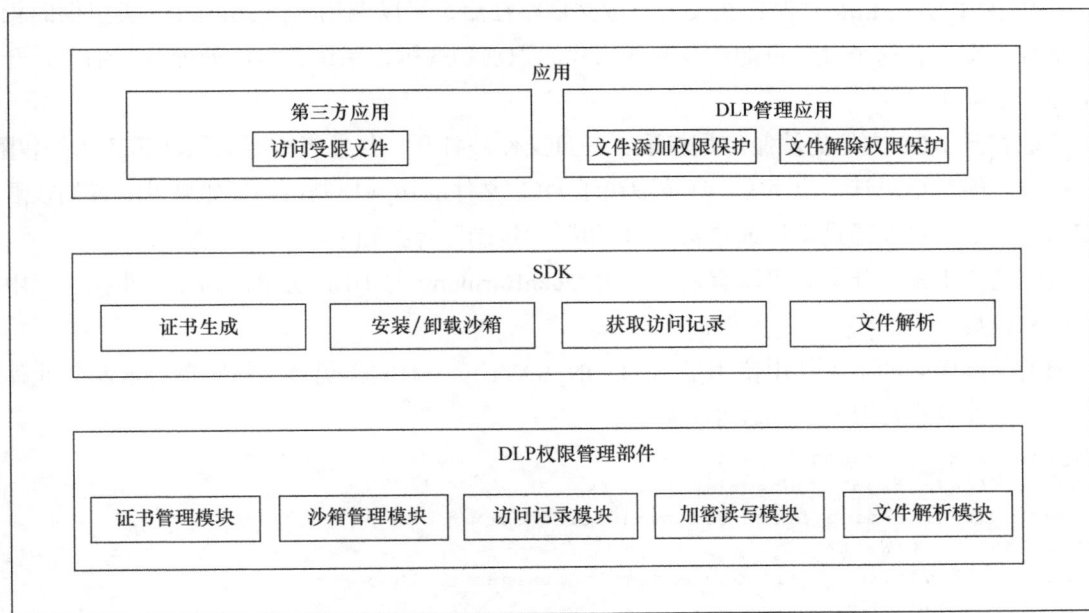

图 8-21　OpenHarmony DLP 技术方案

第三方应用采用该技术方案的具体流程如下。

第一步，生成 DLP 文件。第三方应用通过调用 startAbility( )拉起 DLP 权限应用部件，DLP 权限应用部件通过 SDK 调用 DLP 权限管理部件，通过证书管理模块和加密读写模块生成对应的 DLP 文件。

第二步，打开 DLP 文件。第三方应用通过调用 startAbility( )拉起 DLP 权限应用部件，DLP 权限应用部件通过 SDK 调用 DLP 权限管理部件，通过证书管理、加密读写和沙箱管理模块拉起沙箱应用对 DLP 文件进行解密。

第三步，修改、删除 DLP 文件权限。第三方应用通过调用 startAbility( )拉起 DLP 权限应用部件，DLP 权限应用部件通过 SDK 调用 DLP 权限管理部件，通过证书管理和加密读写模块对 DLP 文件的权限进行修改，或者删除、解密生成未加密文件。

第四步，获取 DLP 文件访问记录。第三方应用通过 SDK 调用 DLP 权限管理部件，通过访问记录模块获取本应用对于 DLP 文件的访问记录信息。

作为开发者，我们可以通过 OpenHarmony 提供的系统级方法来访问 DLP 文件。以下是一个简要的指南，通过 dlpPermission 类实施操作禁用和管控。

判断当前应用是否为 DLP 沙箱应用：在尝试访问 DLP 文件时，首先需要确认当前应用是否为 DLP 沙箱应用。这一步骤可以通过 dlpPermission 类的相关方法来实现，确保应用处于符合安全要求的运行环境中。

获取 DLP 明文 link 文件的路径：无论是从本地存储中检索文件，还是通过网络接收的文件，都需要确保能够准确获取 DLP 明文 link 文件的路径。这是后续能够访问和操作该文件的基础。

打开 DLP 明文 link 文件：在成功获取文件路径后，可以调用 dlpPermission 类提供的相应方法来打开文件。这个过程可能涉及文件格式的识别和解析，系统会自动处理这些细节，开发者不需要手动干预。

获取打开 DLP 文件的沙箱应用权限：一旦文件被打开，开发者需要获取沙箱应用的权限。这些权限可能包括只读、读写等，具体取决于 DLP 文件的访问控制策略。如果可以查询权限的详细信息，应用可以通过禁用或置灰 "打印" "复制" 等按钮来实现操作管控。

通过这些步骤，开发者可以有效地利用 OpenHarmony 的 DLP 功能，确保文件在应用中的安全性和合规性。

相关示例代码如下，其中使用了 ACTION_SAVE_AS 对文件另存为权限进行限制，此外还可以对其他权限进行限制，如表 8-8 所示。

```
import fs from '@ohos.file.fs';
import fileIo from '@ohos.fileio';
import dlpPermission from '@ohos.dlpPermission';
onNewWant(want:Want) {
  let isInSandbox = await dlpPermission,isInSandbox();
  if (isInSandbox){
  let permissionInfo=dlpPermission.getDLPPermissionInfo();
  let isWriteAble = !(permissionInfo.dlpFileAccess === dlpPermission.DLPFileAccess.
READ_ONLY);
  let file = fs.opensync(want.parameters.uri,iswriteAble ? fs.OpenMode.READ_WRITE
:fs.OpenMode.READ_ONLY);
  let size = fileIo.fstatsync(file.fd).size;
  let buf = new ArrayBuffer(size);
  let len = fileIo.readSync(file.fd, buf);
  let fileName = want.parameters.fileName.name;
  this.saveAsButtonEnable = permissionInfo.flags & dlpPermission.ActionFlagType.
ACTION_SAVE_AS;
    }
  }
```

表 8-8　　　　　　　　　　　　　　　　DLP 文件沙箱应用权限

名称	值	说明
ACTION_VIEW	0x00000001	文件的查看权限
ACTION_SAVE	0x00000002	文件的保存权限
ACTION_SAVE_AS	0x00000004	文件的另存为权限
ACTION_EDIT	0x00000008	文件的编辑权限
ACTION_SCREEN_CAPTURE	0x00000010	文件的截屏权限
ACTION_SCREEN_SHARE	0x00000020	文件的共享屏幕权限
ACTION_SCREEN_RECORD	0x00000040	文件的录屏权限
ACTION_COPY	0x00000080	文件的复制权限
ACTION_PRINT	0x00000100	文件的打印权限
ACTION_EXPORT	0x00000200	文件的导出权限
ACTION_PERMISSION_CHANGE	0x00000400	修改文件权限

8.5.3　DLP 访问控制权限检查及拦截

在 8.5.2 小节中，我们提到在 DLP 权限管理服务解析出 DLP 文件中的访问控制权限后，会将其设置到沙箱中，当上层应用在沙箱中打开这个文件后，用户对该文件的所有操作都会被对应的系统服务进行访问控制权限的检查和拦截。

而这个检查和拦截的过程涉及多种系统服务及多个步骤，较为分散。下面介绍两种场景下的访问控制权限拦截原理。

第一种是对截屏权限的拦截，当我们分享一些图片或视频，而不希望图片中的信息被进一步截屏转发时，就需要对其截屏权限进行检查和拦截，具体步骤如图 8-22 所示。

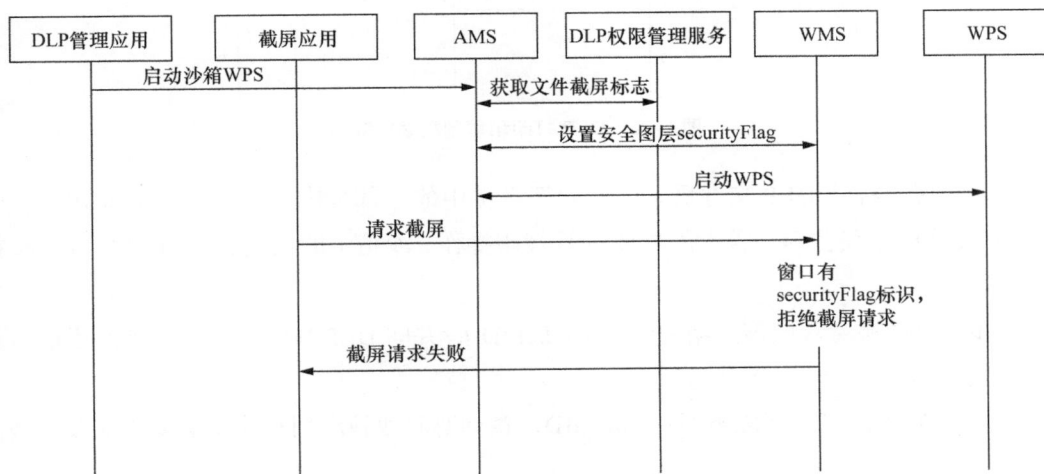

图 8-22　DLP 截屏权限拦截原理

第一步，当一个 DLP 文件被打开时，DLP 管理应用会启动沙箱，交由活动管理器服务

（Activity Manager Service，AMS）管理。

第二步，AMS 询问 DLP 权限管理服务该文件是否可以进行截屏，假设返回不能截屏。

第三步，AMS 通过窗口管理器服务（Window Manager Service，WMS）在该文件打开的窗口中设置安全图层标记（securityFlag）。

第四步，设置完成后启动 WPS 应用，此时该窗口已被设置安全图层标记。

第五步，当应用请求截屏时，窗口管理服务会判断该窗口是否有 securityFlag 标记，若有，则拒绝截屏请求。

第六步，应用截屏被拦截。

第二种是打印和复制权限检查和拦截，当我们不希望目标文本被复制或打印时，也可以通过 DLP 服务限制这两种操作，区别于对截屏权限的拦截操作依靠对安全图层的设置，对打印和复制的拦截操作依靠 DLP 权限管理服务直接对打印或剪贴板服务的限制，具体步骤如图 8-23 所示。

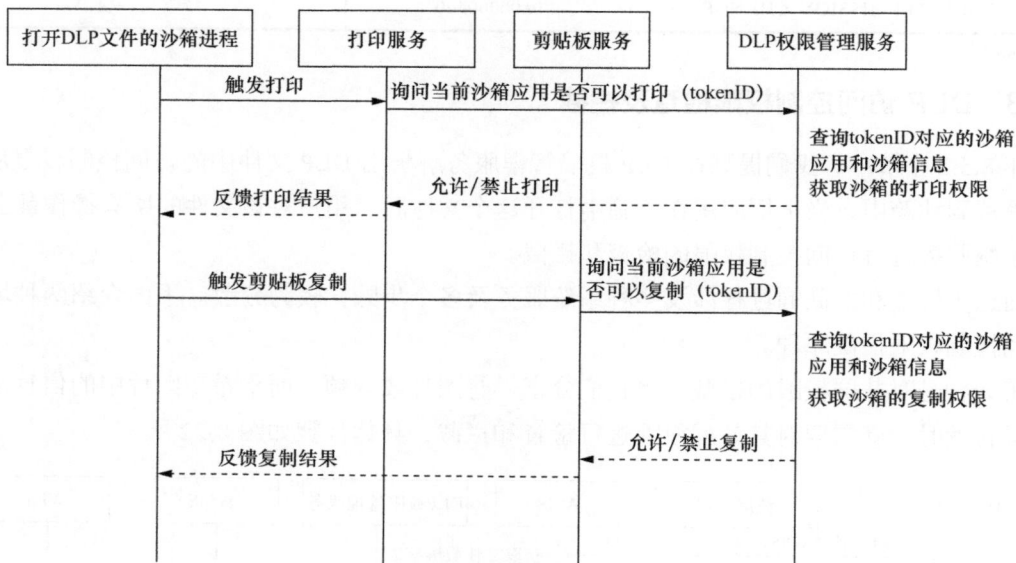

图 8-23　DLP 打印和复制权限拦截

第一步，用户打开 DLP 文件后，如果要把文件中的一部分内容打印或者复制出来，就会触发 DLP 文件的系统拦截。假设用户要进行打印操作，沙箱中的应用会向打印服务发起打印请求。

第二步，打印服务获取该沙箱的标记（tokenID），并向 DLP 权限管理服务询问当前沙箱应用是否可以打印。

第三步，DLP 沙箱管理服务通过 tokenID，查询对应沙箱应用和沙箱信息，获取其是否具有打印权限。

第四步，假设禁止打印，DLP 权限管理服务会返回结果到打印服务，从而禁止应用的打印请求。

同理，复制和打印也是一样，只是由剪贴板服务代替了打印服务的角色。

本章小结

本章首先介绍了 OpenHarmony 在数据安全方面的主要机制与实践，涵盖数据分类分级、系统级文件加密、分布式数据传输安全及跨用户文件共享等方面的内容。OpenHarmony 将数据属性按敏感程度进行分类与分级，针对不同敏感等级的数据，提供了不同的系统级文件加密机制。OpenHarmony 的分布式数据传输安全架构能够有效管理不同安全等级设备间的数据访问权限，确保只有符合安全要求的设备能接收相应等级的数据。

然后详细介绍了 OpenHarmony 文件受控分享系统框架及其核心技术 DLP，确保敏感数据在分享之后仍能够根据发送方的设置进行受控访问。通过本章的学习，读者应理解 OpenHarmony 在数据安全方面的关键技术，并能灵活应用到多设备分布式系统的数据安全保护方案中。

思考与实践

1. 某智能家居 App 中，用户的智能门锁控制记录（如开锁时间、操作者身份）属于 OpenHarmony 数据分类中的哪种类型？需要将其设置为哪种安全级别，为什么？

2. 假设攻击者通过信道侧攻击获取了 OpenHarmony 的类密钥明文，但无法获取硬件密钥和锁屏密码。在 EL2 分区场景下，攻击者能否解密该分区的历史文件？能否解密新生成的文件？说明理由。

3. 设计一个智能家居 App 的数据存储方案，要求摄像头实时流数据在锁屏时可继续存储但不可查看，门禁数据在密钥锁屏时完全不可用。

4. 若某 SL3 设备的证书被篡改，伪装成 SL5 设备，系统如何通过校验流程发现异常？

5. 用户 A 通过文件受控分享系统向用户 B 发送了一个机密设计文档（test.dlp），权限设置为"仅查看"。一周后，用户 A 发现用户 B 可能泄露信息，需要立即收回其访问权限。但用户 B 的设备处于离线状态（如飞行模式）。请分析：① OpenHarmony 如何确保用户 B 设备在重新联网后无法继续访问该文件？② 若用户 B 在离线期间已打开过文件并缓存了内容，系统如何防止其继续传播？

参考文献

[1]　中国国家标准化管理委员会. 数据安全技术　数据分类分级规则：GB/T 43697—2024[S]. 北京：中国标准出版社，2024.

[2] 华为技术有限公司. HarmonyOS 3 安全技术白皮书[R]. V1.0. 深圳：华为技术有限公司，2022.

[3] 华为技术有限公司. HarmonyOS 5.0.0(12)应用开发官方文档 [EB/OL]. (2024-01-01)[2024-03-21].

[4] 李毅，任革林. 鸿蒙操作系统设计原理与架构[M]. 北京：人民邮电出版社，2024.

[5] 谷歌公司. Activity 生命周期 [EB/OL]. (n.d)[2023-10-01].